機器學習：類神經網路、模糊系統以及基因演算法則

蘇木春、張孝德　編著

全華圖書股份有限公司

國家圖書館出版品預行編目資料

機器學習：類神經網路、模糊系統以及基因演算法則 / 蘇木春, 張孝德編著. -- 四版. -- 新北市：全華圖書, 2016.04
面； 公分
ISBN 978-986-463-206-0(平裝)
1.人工智慧 2.神經網路 3.模糊理論
312.83 105006102

機器學習：類神經網路、模糊系統以及基因演算法則

作者 / 蘇木春、張孝德
發行人 / 陳本源
執行編輯 / 張曉紜
出版者 / 全華圖書股份有限公司
郵政帳號 / 0100836-1 號
印刷者 / 宏懋打字印刷股份有限公司
圖書編號 / 0332403
四版三刷 / 2021 年 06 月
定價 / 新台幣 390 元
ISBN / 978-986-463-206-0(平裝)
全華圖書 / www.chwa.com.tw
全華網路書店 Open Tech / www.opentech.com.tw
若您對本書有任何問題，歡迎來信指導 book@chwa.com.tw

臺北總公司(北區營業處)
地址：23671 新北市土城區忠義路 21 號
電話：(02) 2262-5666
傳真：(02) 6637-3695、6637-3696

中區營業處
地址：40256 臺中市南區樹義一巷 26 號
電話：(04) 2261-8485
傳真：(04) 3600-9806(高中職)
(04) 3601-8600(大專)

南區營業處
地址：80769 高雄市三民區應安街 12 號
電話：(07) 381-1377
傳真：(07) 862-5562

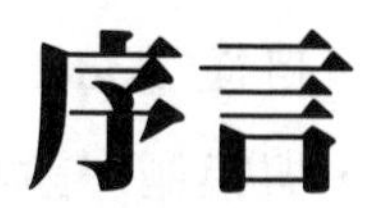

序言

本書所要探討的是向生物及自然演化現象取法的三種機器學習(machine learning)技術：類神經網路(neural networks)、模糊系統(fuzzy systems)、以及基因演算法(genetic algorithms)，這三種技術近年來不斷地吸引許多研究者的投入。乍看起來，三者之間的關連性不高，可是實際上，在這個資訊爆炸的世紀，每天有各式各樣的新資訊產生，多得讓人即使窮首皓髮，仍然會覺得自己所瞭解的，有如滄海中的一粟地微渺，在即將到來的 21 世紀，誰能掌握資訊，誰就能在日益競爭的世界中脫穎而出。這三種持續發展中的技術，將能幫助我們處理日益增多的資訊，以便在自動化控制、智慧型機械人、消費性電子產品、以及醫療保健等等各種領域上，能有更進一步的突破。

類神經網路的研究起源於一群科學研究者的共同夢想，希望能夠設計出像人類一樣，具有思考及學習能力的機器。在影像處理、語音辨認、以及決策處理上，往往人的表現，讓現今之最高速的數位電腦瞠目其後。因此，50 年代左右的科學研究者思索著，倘若我們能創造出具有類似生物神經細胞的資訊處理能力的類神經元(artificial neuron)，然後再將這些類神經元組合成較複雜的網路，如此是否就能創造出具有學習能力的智慧型機器呢？這方面的研究雖然在 60 年代末期遭到人工智慧(AI)先驅者 Minsky 的撰書批評，因而沉寂一段期間，可是由於後繼者的重新投入，導至類神經網路的研究又再度欣欣向榮，許許多多的新理論及實際應用都如雨後春筍一般地被發表及開發出來。雖然現今的類神經網路，離眞正會獨立思考且具有學習能力的智慧型系統仍有一大段距離，但只要這方面的研究能持續發展，我們就能越接近這個看似遙不可及的目標。

自從 Zadeh 教授於 1965 年提出模糊集合(fuzzy sets) 的開創性想法之後，與模糊理論相關的研究與應用正高速地成長，譬如在：人工智慧(AI)、控制工程、決策決定、醫療診斷、機器人、圖樣識別(pattern recognition)等方面。而毫無疑問地，注入了模糊理論的新血之後，使得我們更能有效地處理這些問題。模糊邏輯比起傳統的二元邏輯，更能處理許多日常生活中所遭遇到的模糊性(fuzziness)及不確定性(uncertainty)等現象。當傳統的專家系統與模糊理論相結合時，所形成的「模糊系統」(fuzzy systems)為原先的人工智慧領域，開拓了新的視野，模糊系統更能處理人類思維的模糊性。與類神經網路正好相反，模糊系統採行直接從人類高階的認知(cognition)著手，試圖達成上述的神聖目標，建立一個能夠模擬人類決策能力的機器。

我們剛才簡介了兩條建立智慧型機器的不同途逕：一是利用從下而上的類神經網路，另一條路徑就是採用從高階著手的模糊系統。這兩條路逕看似不同，但若能結合在一起，必能發揮相輔相成的效果。類神經網路的最大優點是：它具有學習的能力，但其缺點在於，它從許多的範例中所歸納出來的概念，是隱藏在一組網路參數中，對我們人類來說太過抽象而無法理解，而模糊系統的優點是它提供我們一條便捷的路徑，可以善加利用人類處理事物的經驗法則來處理許多工作，而這些工作若以傳統技術處理，必定十分耗時或成效不彰，更重要的是它可以提供我們邏輯上的解釋。可是建立模糊系統的瓶頸，就在於那些必要的模糊規則是從何而來？因為要建立一個完整且有效的模糊規則庫(rule base)是無法單靠人類口語所給予的經驗法則來建立的，因此，如何整合類神經網路與模糊系統雙方面的優點，是近幾年來在相關領域中十分迫切且重要的研究課題。而目前常聽到的「類神經網路化的模糊系統」(neuro-fuzzy systems)或「模糊化的類神經網路」(fuzzy neural network)都是這方面研究的初步成果。其實，這兩種技術必須作整合的原因是不難理解的，因為我們人類本身就是一複雜的神經網路，外界的刺激透過神經系統，進行不為人知的處理，我們便可以用高階的思維方式，來因應事物的變化。既然我們的研究目標是希望建立像人類一樣的智慧型機器，那麼達成這項目標的工具，當然就要具備這兩項特徵了。

至於基因演算法則，其實這是一種根據自然演化現象而發展出來的最佳化(optimization)工具。根據達爾文的物競天擇說，物種越能適應環境則生存的機會越高，而達成這種演化的關鍵在於基因的複製(reproduction)、交配(crossover)、以及突變(mutation)的三種特徵。基於仿傚此種演化法則，基因演算法對於最佳化問題所要搜尋的參數解，予以編碼成字串，然後依據求解之條件來設計適應函數(fitness function)，緊接著利用複製、交配、以及突變的演化過程，歷經數代的篩選，以產生一組讓適應函數達到最佳化的解。Holland 的基因演算法起初並沒有在密西根大學以外的電腦科學界激起回響，因為主流的電腦學者喜歡的是簡潔、有嚴謹數學根據、證明無誤的演算法，而基因演算法的方法太古怪了，一點數學根據都沒有，怎能進得了主流的學術廟堂之內呢？但是，基因演算法在當時的人工智慧領域中，還算稍微有引起一點的反應，所以，他寫的書每年都還可以賣個兩三百本左右。平心而論，Holland 是個不玩學術圈自我推銷的把戲的學者，所以他並沒有大力推銷自己的論點，也就是說，他沒有到重要學術會議上大力宣揚自己的基因演算法，只是偶而發表幾篇論文，有人邀請的時候，去作作演講，僅此而已。幸好，布袋是藏不住尖錐的，這種大躍進式的突破想法，終究獲得極為熱烈的迴響，在幾乎各種領域的文獻中，我們都會發現到基因演算法的蹤跡。

當下決心要寫這本書時，心中感到十分惶恐，深怕自己學識仍不足以到著書論文的地步；除此之外，更怕的是要如何為這本書定位，也就是我們期待將這本書獻給什麼樣的讀者？幾經思量後，我們做了以下決定：

一、為了讓一般讀者能夠很快地掌握到這三種技術的精神，而不會迷失於繁雜的數學運算，我們儘可能地先用一些非數學的言語來闡釋重要的觀念，即使讀者對隨之而來的數學式，覺得艱深難懂也無妨。

二、對於那些已經入門或正在從事這方面研究的讀者們，我們希望他們能在這本書中得到一些啓發，與我們一同讚嘆自然與生命的奧妙。原來學工程的我們，並非只能整天鑽研於數學符號裏，其實解決繁雜問題的關鍵，可能就存在於我們每天視而不見的週遭現象中，期待這本書能刺激這類的讀者產生新的想法，不要墨守成規，讓我們一同向大自然取經，畢竟要讓機器像人一樣可以思考及學習，光靠有限之計算能力的電腦是不夠的。

其實，這本書的內容與份量足以各別寫成三本不同的書，但我們希望用一種較統一的觀點來闡述這三種日漸蓬勃發展的技術，因此，其它較爲枝節、或沒有直接與此目標相關的理論或觀念，我們就儘量省略不提。本書共分爲三部份，合計十章。

● **第一部份探討的是類神經網路：**

第一章是神經網路之簡介。先就生物神經網路做重點說明，引申出其處理資訊的能力所在。然後，介紹類神經細胞的模型是如何塑造而成，繼而探討如何使得類神經網路具備學習的能力。第二章介紹的是最早被提出的類神經網路模型，也就是感知機。第三章介紹的是應用最廣泛的多層感知機，以及倒傳遞演算法以作爲其學習演算法則。第四章介紹常被應用於特徵萃取的自我組織特徵映射圖，以及最符合人類學習法則的 ART 網路。第五章介紹聯想記憶，其中以 Hopfield 網路最爲著名。第六章介紹增強式學習演算法。

● **第二部份探討的是模糊系統：**

在第七章中，我們首先介紹模糊集合及模糊邏輯的概念及其專有名詞。第八章將探討模糊集合間的關係與推論。在第九章中，我們探討模糊系統並

加以比較各種建模(modeling)的優劣。以上三章所介紹之內容，是將模糊的概念應用於類神經網路中所必須具備的背景知識

● **第三部份探討的是基因演算法則：**

最後在第十章中，我們介紹最近有大量研究者投入研究的基因演算法則，以作爲全域最佳值的搜尋工具，因此基因演算法則可被用來作爲類神經網路或是模糊系統中的學習演算法則。

本書能順利完成，得感謝全華科技圖書公司及我們家人的支持與協助。雖然經過多次的仔細校對，然才疏學淺，如有疏漏謬誤之處，尚祈請海內外先進專家，不吝賜教。

蘇木春　張孝德

謹識於中央大學資訊工程系

編輯部序

「系統編輯」是我們的編輯方針，我們所提供給您的，絕不只是一本書，而是關於這門學問的所有知識，他們由淺入深，循序漸進。

本書主要探討取法類似生物及自然演化現象的三種機械學習技術：一、類神經網路：首先就生物神經網路做重點說明，引伸初期處理資訊的能力所在。二、模糊系統：先就模糊集合及模糊邏輯的概念及其專有名詞做重點的介紹與解釋，再探討模糊系統的相關理論。三、基因演算法則：介紹大量研究者投入研究的基因演算法則，以作爲最佳值的的搜尋工具，因此基因演算法則可被用來作爲類神經網路及模糊系統中的學習演算法則。其觀念新穎爲同類書中之翹楚。

同時，爲了使您能有系統且循序漸進研習相關方面的叢書，我們以流程圖方式，列出各有關圖書的閱讀順序，以減少您研習此門學問的摸索時間，並能對這門學問有完整的知識。若您在這方面有任何問題，歡迎來函聯繫，我們將竭誠爲您服務。

相關叢書介紹

書號：06417
書名：人工智慧
編著：張志勇.廖文華.石貴平.
王勝石.游國忠
16K/344 頁/520 元

書號：06293037
書名：類神經網路(第四版)
(附範例光碟)
編著：黃國源
16K/632 頁/730 元

書號：0576101
書名：認識 Fuzzy 理論與應用
(第四版)
編著：王文俊
20K/344 頁/370 元

書號：19382
書名：人工智慧導論
編著：鴻海教育基金會
16K/228 頁/380 元

書號：0523972
書名：模糊理論及其應用
(精裝本)(第三版)
編著：李允中.王小璠.蘇木春
20K/568 頁/600 元

書號：05925007
書名：類神經網路與模糊控制理論入
門與應用(附範例程式光碟)
編著：王進德
20K/386 頁/350 元

書號：0260801
書名：Fuzzy 控制：理論、實作與應用
(修訂版)
編著：孫宗瀛.楊英魁
16K/464 頁/450 元

◎上列書價若有變動，請
以最新定價為準。

流程圖

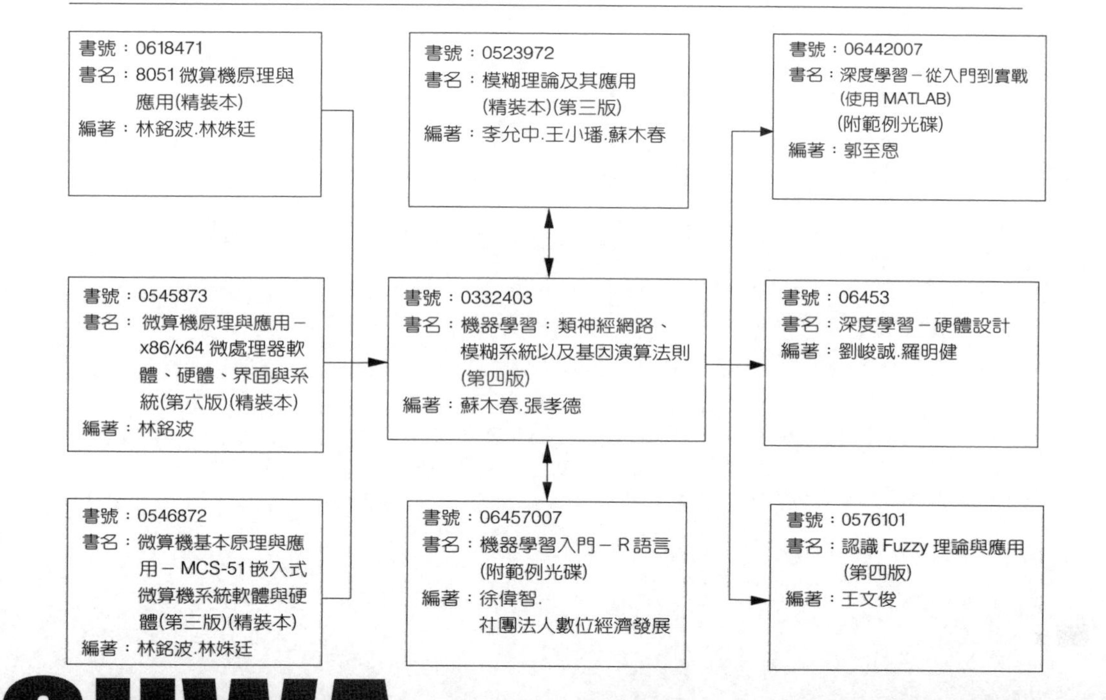

目錄

第 1 章　類神經網路之簡介

第 2 章　感知機

第 3 章 多層感知機

第 4 章 非監督式類神經網路

第 5 章 聯想記憶

第 6 章 增強式學習

第 7 章 模糊集合

第 8 章 模糊關係及推論

第 9 章 模糊系統

第 10 章 基因演算法則

附錄 A 網路資源

機器學習

CHAPTER 1

類神經網路之簡介

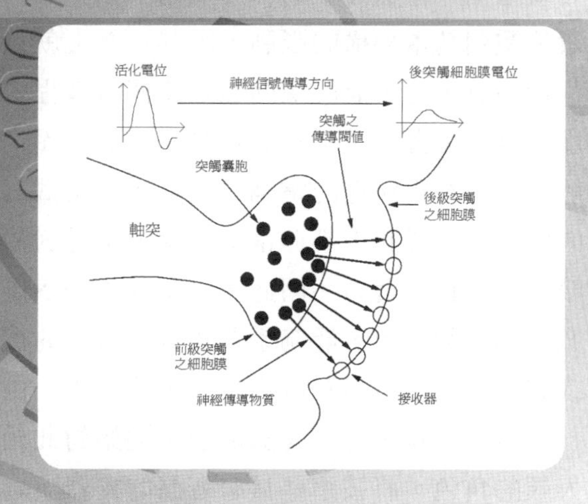

1.1 引言

自從人類開始立足於地球之上，工具與機械的創造以及改良，便持續不斷。種種的發明，都源於如何使人類的生活能夠更加豐富與便利的想法。而如今數位電腦的普及，更將開創出新的社會風貌與居家生活。雖然製造數位電腦的技術日新月異，其運算速度也不斷地以倍數的方式增長，但是在某些工作上，電腦的有效性卻仍然令我們失望。譬如說在影像辨識、語音辨認、以及決策處理等方面的問題上，即使是使用現今的高速電腦，仍然比我們人類或甚至一些低等生物都還遠遠不如。之所以會有這種現象的產生，乃在於數位電腦基本架構的限制，因其本質上就只能根據使用者撰寫的電腦程式來執行運算，能不能解決問題是這個電腦程式的責任，而不在於執行運算的電腦本身。因此，我們面對的問題若複雜到無法以有效的演算法(algorithm)來解決，那麼再快速的電腦也是英雄無用武之地。相反地，人類的大腦對數學的運算，一般說來都非常地遲緩，可是對於上述的那些工作卻運作地十分流暢、一點也不費力。因此，科學界的許多研究者，便期望能夠設計出一部能像人類大腦一樣，能夠學習及具有智慧的機器，如此一來，許多複雜難解、或有生命危險等高難度的工作，便可以交由此等智慧型的機器來完成。

當然，也有許多有識之士，開始對此種科技的發展憂心忡忡，深恐未來人類的角色，將被這些具有智慧的機器所取代。許許多多的著作如電影以及小說等，一再地都透露出人類對未來科技的不安，有關這些問題的答案實已超出本書所探討的範圍，然而我們想強調一點，那就是科學研究者的職責就是不斷地去發掘眞理，許多時候我們不能因噎廢食，若不持續地研究發展，這種科技的夢想是永無實現的一天。而在研發的過程中，我們可能便享受到部份的成果；更何況，或許在發展此種科技的過程中，如何能避免不良後果的方法，也能夠被規範出來了。

如何藉助生物神經系統處理資訊的模式及架構，來設計出有智慧的機器是一大挑戰。於是，我們必須首先對生物神經系統的整體架構及其處理資訊的能力來源，作一番徹底的瞭解，然後，我們才能加以仿效，創造出像人一樣能看、能聽、以及能思考的機器。

1.2 生物神經網路

人類對大腦的正確認知，是藉由逐漸地修正錯誤知識而形成的。十七世紀的人們認爲腦是個巨大的腺體，而腦內各區域的功能都相同。18 世紀初，弗盧杭從移除各種動物的大腦的不同區域的實驗中，觀察有哪些功能仍能遺留下來？最後他認定腦部各區不可能具有不同的功能。但有些人卻認爲腦部可區分成明確的區域，此派學說以高爾醫生最爲著名。他設計了一頂特製的帽子，帶上此特製的帽子後，帽子上的探針便因頭顱的骨架突出而刺破紙張，藉由觀察紙張上穿孔的分布來判斷出人的性格。此種似乎符合科學之道的『**腦相術**』在當時的歐洲非常流行，但腦相術後來被證實與大腦的正確認知是相差十萬八千里[1]。

從前的人們也認爲腦部越大，此種物種越聰明。但這種認知卻禁不起考驗，因爲大象的大腦是人的五倍大，難道大象比人聰明五倍？然後，有人修正此說法，認爲腦部與體重之比例越大越聰明。乍看之下，似乎比前一種說法正確多了，因爲大象的腦部與體重之比例是 0.2%，而人是 2.33%；但後來發現地鼠是 3.33%，難道地鼠會比人類聰明嗎？所以，又有人認爲大腦皮質層面積越大且其皺摺複雜度越複雜越聰明。

根據解剖實驗發現，地鼠的大腦皮質層面積是郵票大小、黑猩猩是標準打字紙張大小以及人是 4 倍標準打字紙張大小。所以，此種說法似乎是正確無誤。很不幸地，海豚的大腦皮質層雖比人類的大腦皮質層薄，但海豚的大腦皮質層比人還大，所以，此種說法又被推翻。可以預期的是，將來一定又會有新的說法[1]。

經過數百年演化，大腦逐漸由下層組織發展出高階之上層組織，如圖 1.1 所示。人類胚胎的大腦大抵遵循此發展。基本上，人類的大腦具有 **(1) 腦幹 (brainstem)**：又稱爬蟲類大腦(reptilian brain)。負責呼吸等基本生命功能，

並控制生存所必須之反應及運動。純粹機械性、無意識的過程；(2) **邊緣系統**(limbic system)：又稱哺乳類大腦。情緒中樞，進化過程中又逐漸多了學習及記憶功能；以及 (3) **大腦新皮層**(neocortex)：大腦的最外層的皺摺組織，思考重鎮，有了它才使得人與其他生物之差別[2]。這些與大腦有關的正確認知，是經過許多相關專家不斷地經驗累積及修正而來的。以前不是借助海洋生物或動物來作相關實驗，就是必須搭腦部手術便車來作大腦功能實驗。闢如說，奧杰曼就曾使用暫時的電流，來刺激病人切開後之腦部區域來了解大腦相關功能。

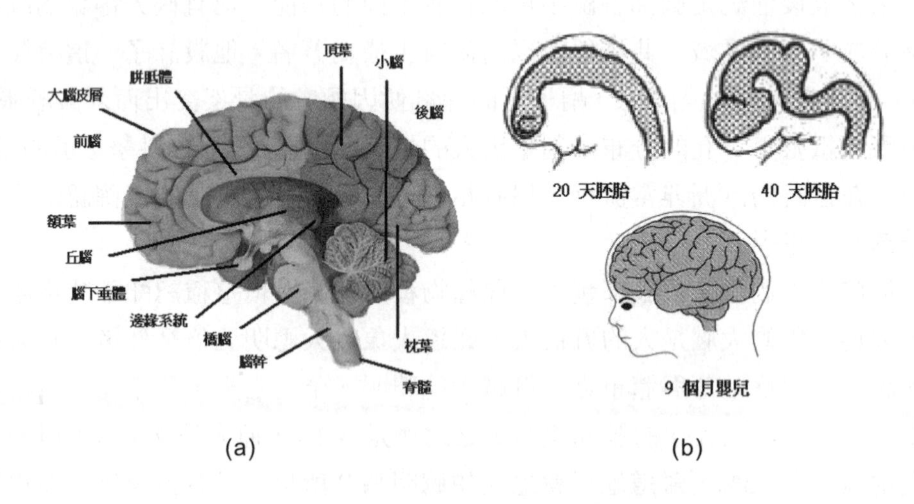

圖 1.1　(a) 人類大腦組織示意圖(本圖摘自[11])；
(b) 人類胚胎大腦成長變化(本圖摘自[1])。

由於科技的發展越來越迅速，有了腦電波(EEG，Electroencephalography)、核磁共振(MRI，Magnetic Resonance Imaging)、功能性核磁共振(fMRI)、正子斷層掃描(PET，Position Emission Topography)、近紅外光光譜儀(NIRS，Near-infra-red Spectroscopy)、以及腦磁波(MEG，Magneto encephalography)等相關設備的問世，使得對於大腦的研究越來越方便、也越準確。近數十年來，認知科學的興起，讓人類對大腦的全盤認識，越來越有指日可待的期盼。

1872 年發生了神經科學史上的重大突破，義大利的年輕醫學院畢業生高基，在一次的意外事件中觀察到神經細胞。他不小心將一團腦塊碰落在盛有硝酸銀溶液的碟子裡，經過數個星期後才發現。他將此腦塊置於顯微鏡下觀察，才發生神經科學史上，第一次可用肉眼看到腦部的最基本的構成單元—神經細胞的重大發現[1]。

人類的大腦是由大約 10^{11} 個神經細胞(nerve cells)所構成，每個神經細胞又經由約 10^4 個突觸(或譯爲胞突纏絡)(synapses)與其它神經細胞互相聯結成一個高度非線性且複雜、但具有平行處理能力的資訊處理系統。目前，我們對大腦運作模式的瞭解仍然有限。基本上，有兩種不同的途徑來嘗試研究大腦的功能。第一種屬於由下而上的方式，通常生物神經學家(neurobiologists)採用此種方式，藉由對單一神經細胞的刺激與反應(stimulus-response)特徵的瞭解，進而對由神經細胞聯結而成的網路能有所認識；而心理學家(psychologists)或認知科學家採取的是由上而下的途徑，他們從知覺(cognition)與行爲反應來瞭解大腦。

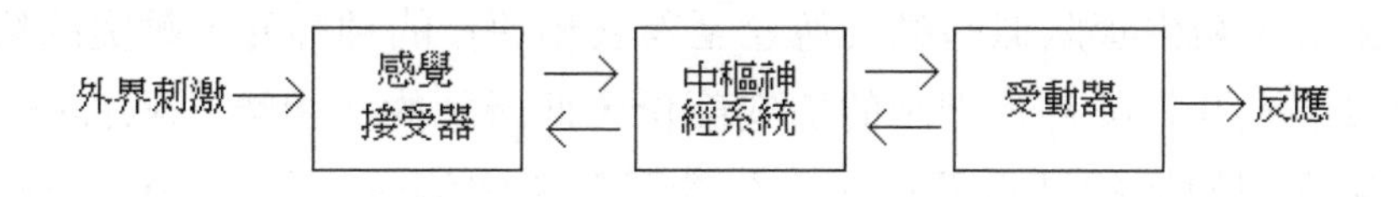

圖 1.2　人類神經系統示意圖

人類的神經系統可用不同的方法分類，其中一種是將它分爲三部份：脊髓、腦幹及大腦皮質層所在的前腦。令一種是將它視爲三個子系統所互相協調而成的複合系統，如圖 1.2 所示。外界的各種能量信號(如：光線、聲音、觸覺等刺激)透過各種相關的感覺接收器(sensory receptors)轉換成生物電位的信號(陰離子與陽離子的移動)，而這些電的信號便透過神經細胞的傳輸，到達中樞神經系統(central nervous system)，信號經過處理後，大腦所下達的命令又會經由神經細胞傳遞至相關的「受動器」(effector)(譬如肌肉等)，以便對外界的刺激做適當的反應。在這個複雜的迴路中，其基本的構成單元就是神經細胞(nerve cell)，接下來我們就針對神經細胞的功能來做一番探討。

1.3 生物神經細胞

神經細胞的別稱是神經元(neuron)，實際上，生物神經元的種類繁多，但一般來說，一個典型的神經元可分為 (1) **樹突**(dendrites)、(2) **細胞本體**(soma)、(3) **軸突丘**(hillock)、(4) **軸突**(axon)、以及 (5) **突觸**(synapse)等五部份。圖 1.3 顯示了一個典型的生物神經元。基本上，成熟的神經細胞死掉後，並不會被新的神經細胞所取代，但近幾年來，卻發現有少數的例外情形，為頸髓損傷者帶來一線希望。

樹突佔據了整個神經元約 80%左右的細胞膜的面積，它看起來就像是極端茂密的樹枝，其主要功能就是接受其它神經元所傳遞而來的信號，這些信號會從四面八方向軸突丘傳遞，若導致位於軸突丘(hillock)的細胞膜電位(membrane potential)超過某一特定閥值(threshold)時，則所謂的「**活化電位(又稱動作電位)**」(action potential)的脈衝就會被激發出來，這個脈衝以「有或全無」的方式，藉由管狀似的軸突傳遞至其它相連接的神經元，軸突的終點處幾乎快接觸到其相鄰神經細胞的樹突部份，而所謂的「突觸」(synapse)就是指這個軸突與樹突的鄰近部份，它包含了前級突觸(presynaptic)、突觸細縫(cleft)、以及後級突觸(postsynaptic)。這種細胞間的信號傳遞以化學性的方式居多，當活化電位的脈衝到達軸突端點時，會迫使突觸囊包(vesicles)將其所包裹的某種神經傳導物質(neurotransmitter)釋放出來，進而導致後端神經元的樹突的細胞膜性質改變，進而產生電位差的變化，所有這些電位的改變會沿著樹突傳至軸突丘，因而完成信號的傳遞[3]，此過程如圖 1.4 所示。

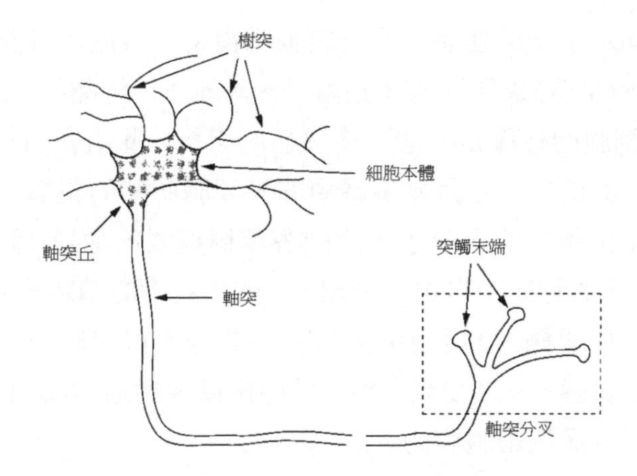

圖 1.3　生物神經細胞示意圖

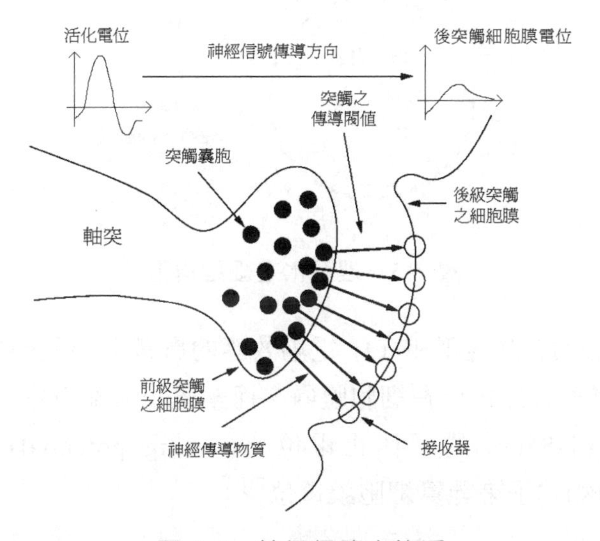

圖 1.4　神經信號之傳遞

1.3.1 生物電位與活化電位

在這個章節我們將重點式地介紹「生物電位(bioelectric potential)」與「活化電位」的產生方式及其傳遞模式。首先，我們必須先瞭解生物電位的產生原理。圖 1.5 顯示了一個理想化的一般細胞模型，細胞內外充滿了含有陰離子(如：氯離子，Cl^-)及陽離子(如：鈉離子、鉀離子、鈣離子，Na^+, K^+,及 Ca^{+2} 等)的電解液。細胞的外圍是一層半滲透性的組織，此組織稱爲細胞膜，它並不是一道簡單的牆而已，它是兩層牆中間夾著脂肪酸的組織。此外，橫跨細胞膜的兩側，是由蛋白質大分子組成的各種柵欄式的通道(離子閘)；正常情況下，它允許較小的鉀離子自由地進出，但對於較大的鈉離子及陰離子來說，會被阻隔；但這些柵欄式的通道(離子閘)並非是不可突破的，他們對電壓或是神經傳導物質敏感，一旦受到刺激，這些柵欄式的通道(離子閘)會被打開，那時鈉離子是可以通過細胞膜的。

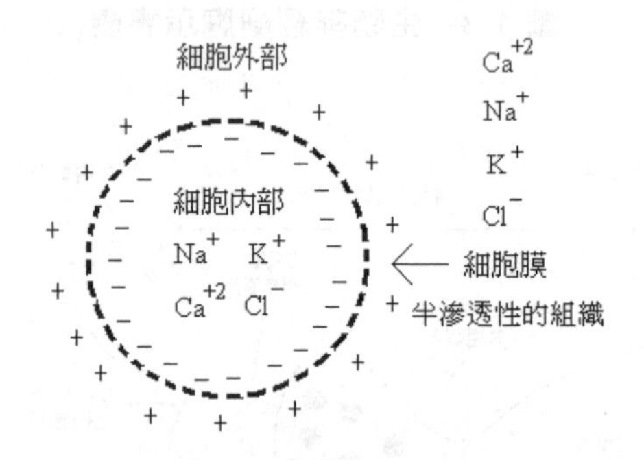

圖 1.5　理想化之細胞模型

這些離子在 (1) 滲透壓和 (2) 電場效應的影響下，最後會達到一種平衡狀態，使得鉀離子大部份位在細胞膜內，而鈉離子大部份位在細胞膜外，這時細胞便呈現約-85mv 的「休止電位」(resting potential)。我們可以用 Goldman(或 GHK)式子來計算細胞膜電位[3]：

$$V_m = 58\log\frac{K_o + Na_o\left(\dfrac{P_{Na}}{P_K}\right) + Cl_i\left(\dfrac{P_{Cl}}{P_K}\right)}{K_i + Na_i\left(\dfrac{P_{Na}}{P_K}\right) + Cl_o\left(\dfrac{P_{Cl}}{P_K}\right)} \tag{1.1}$$

其中 P_{Na} 、 P_K 、和 P_{Cl} 代表鈉、鉀、和氯離子穿透細胞膜的係數，下標 i 和 o 分別代表細胞內與外，K、Na、和 Cl 代表離子濃度。

大多數的哺乳類動物的神經細胞，其休止電位差大約都接近-70mv，當神經細胞被刺激時，或當前一個神經細胞於突觸部位釋放出神經傳導物質時，這些神經傳導物質會與後級突觸部位上的受體結合，形成複合物後，會導致後級突觸部位的細胞膜的特性產生變化，使得離子進出細胞膜的難易度改變，因而導致細胞膜電位的改變。此種電位被稱之爲「後突觸細胞膜電位(post-synaptic potential)」，它屬於層次電位(graded potential)，會隨著傳遞的距離增加而不斷地衰減。這裡要強調的是，後突觸細胞膜電位的產生，會依據神經傳導物質的種類不同而有不同的效果，也就是說，可以分爲兩種刺激：(1) **激發型**—細胞膜的電位往增加的方向改變，以及 (2) **抑制型**—細胞膜的電位往更負的方向改變。

所產生的後突觸細胞膜電位會從所有的樹突部位朝向軸突丘傳遞，此時，如圖 1.6 所示的「**時間性相加**(temporal summation)」—將所有在不同時間到達的刺激相加起來和「**空間性相加**(spatial summation)」—將刺激型和抑制型的刺激相加起來，這兩種信號處理過程會將所有的刺激予以綜合起來，若這些刺激的綜合效果，導致軸突丘的細胞膜電位的增加，而且超過某一特定的閥值(如-55mv)時，在軸突丘的細胞膜上的鈉離子通道會被開啓，導致大量的鈉離子進入細胞膜內，進而激發「活化電位」的產生，如圖 1.7(a) 所示。由於鈉離子的大量進入，使得細胞膜電位呈現正値，這種現象被稱作去極化(depolarization)；一旦電位呈現約 20mv 的正値時，鉀離子會離開細胞，導致細胞膜電位呈現比休止電位還要負的現象，這種現象被稱作過極化(hyperpolarization)。所以活化電位的產生是先產生短暫的正値，而後伴隨一段負値的電位差。然後，活化電位以一種振幅大小不變的方式，沿著軸突方向傳遞至後端神經細胞。

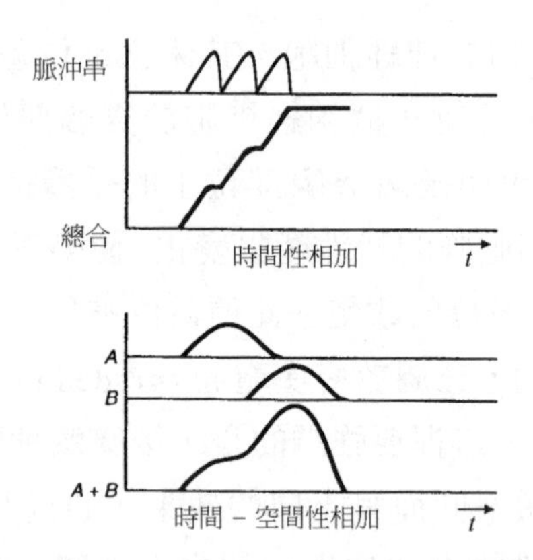

圖 1.6　發生於神經元突觸之「時間性相加」示意圖

基本上，刺激強度的資訊與活化電位的發生頻率有關，而與其振幅的大小無關，其傳遞的速度與 (1) 軸突的直徑大小以及 (2) 軸突上之細胞膜的電容及電阻性有關。活化電位的產生及傳遞在在都需要時間，倘若信號的傳遞方式就只有此種形式，那麼大型動物豈非會因爲體型大而註定行動遲緩？因爲他們的軸突通常都比小型動物還長。還好自然的演化導致有新的傳遞方式，否則哪會有恐龍世紀的產生。

基本上，活化電位的傳遞可視爲一連串的「再重生(regeneration)」的過程。我們用簡單的只含有電阻及電容的電路來解釋活化電位的產生，就像電容的充電一樣，它需要一段時間才能充滿電，然後放電，其相鄰部位依著這種充電又放電的過程來傳遞活化電位至末端。爲了加速傳遞的速度，我們必須避免不必要的充放電過程，自然的演化導致所謂的「髓鞘環繞的軸突(myelinated axon)」的產生，其軸突的部份細胞膜被一層層的「許旺細胞」(Schwarnn cells)所包裹住，導致這部份的細胞膜的絕緣性增加，也就是離子無法自由進出此部份的細胞膜，因此活化電位無從產生起，在整條被許旺細胞包裹住的軸突上，會有一些稱爲「郎威埃氏結」(Raviner nodes)的小間隙沒有被包裹住，因而活化電位可以在此產生，所以對於髓鞘環繞的軸突來說，活化電位是以「跳躍式的傳導(salutatory conduction)」的方式進行，以加速傳遞的速度，如圖 1.7(b)所示。

因此，對大型動物來說，並不會因為它們體積比較大而反應遲鈍。值得一提的是，對於髓鞘環繞的軸突來說，其活化電位的傳遞速度有些可超過每秒 100 公尺，而非髓鞘環繞的軸突，其傳遞速度可慢至每秒只有 1 公尺而已。不管是哪種軸突，其傳遞速度都遠比電子移動的速度慢很多。

最後我們可以用如圖 1.8 所示的電路來模擬位於軸突的細胞膜。其中 C_m 代表細胞膜的電容性，g_k 、 g_{Cl} 、和 g_{Na} 代表離子進出入細胞膜的難易度，必須強調的是， g_k 與 g_{Na} 是用可變電阻來說明細胞膜的特性，亦即對鉀與鈉離子來說，進出細胞膜的難易度是會改變的，V_m 代表軸突的細胞膜電位差，而 E_K 、 E_{Cl} 、和 E_{Na} 代表由 Nernst 方程式所推導出來的細胞膜電位[3]，所謂的 Nernst 方程式定義如下：

$$E_k = (\frac{RT}{zF})\ln(\frac{Ion_o}{Ion_i}) \tag{1.2}$$

其中，R 是氣體常數，T 為絕對溫度，z 為價電子數，F 是法拉第常數，Ion_o 是細胞膜外的離子濃度， Ion_i 是細胞膜內的離子濃度。

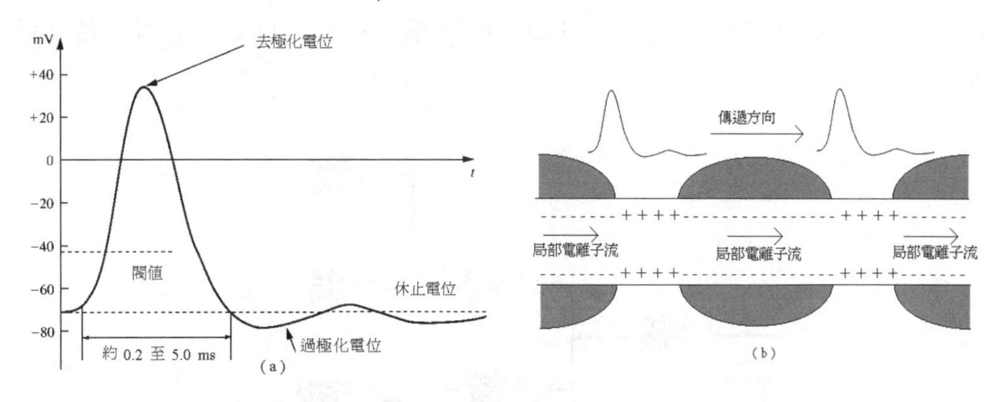

圖 1.7 (a) 活化電位示意圖 (b) 發生於髓鞘環繞的軸突的跳躍式傳遞

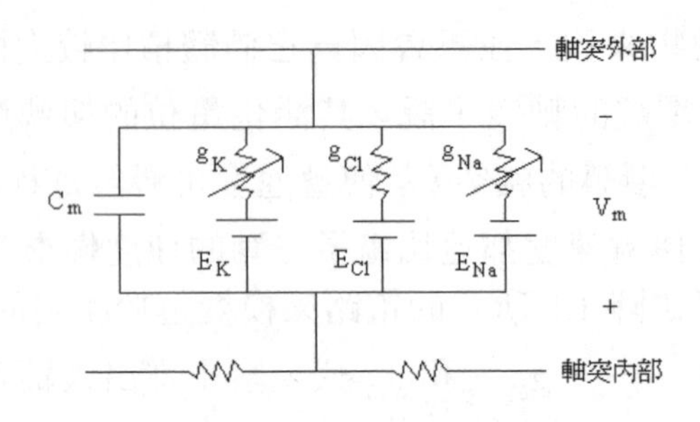

圖 1.8 軸突的細胞膜電位之等效電路

1.3.2 神經元之連接模式

在整個神經系統中，神經元間的連接模式大致可分為以下三種[4]：

一、發散(divergent)型：

所謂的發散型連接，就是神經元的軸突末端，呈現樹枝狀的分叉，以便適當地與其它神經元連接，如圖 1.9 所示。一般來說，「傳入型神經元」(afferent neurons)採取此種發散型模式，以便將所獲得之資訊，以平行之方式快速地傳達至大腦。

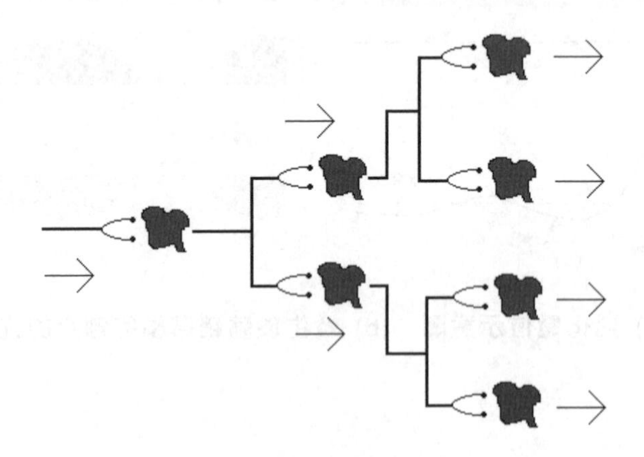

圖 1.9 神經元的連接模式：發散型

二、收斂(convergent)型：

與發散型的連接方式正好相反，多個神經元的軸突都指向同一個神經元，如圖 1.10 所示。大致上，所謂的「輸出型神經元」(efferent neurons)與神經末稍之間的連接方式是屬於此種模式。

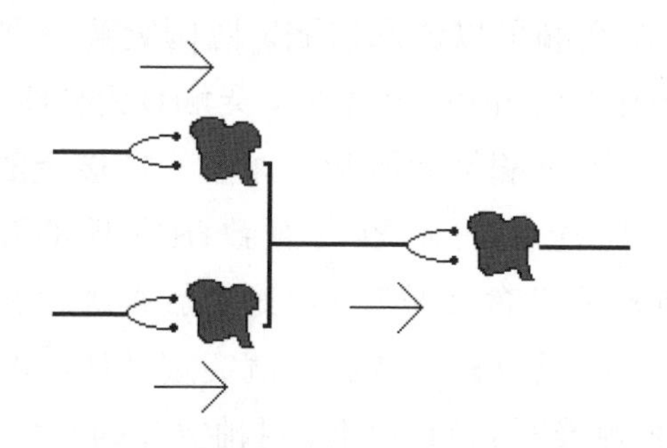

圖 1.10　神經元的連接模式：收斂型

三、鏈接及迴路(chains and loops)型：

大腦裏的神經元爲了處理傳送而來的複雜資訊，發展出這種複雜的連接模式，其中有正迴授與負迴授等情形發生，如圖 1.11 所示。

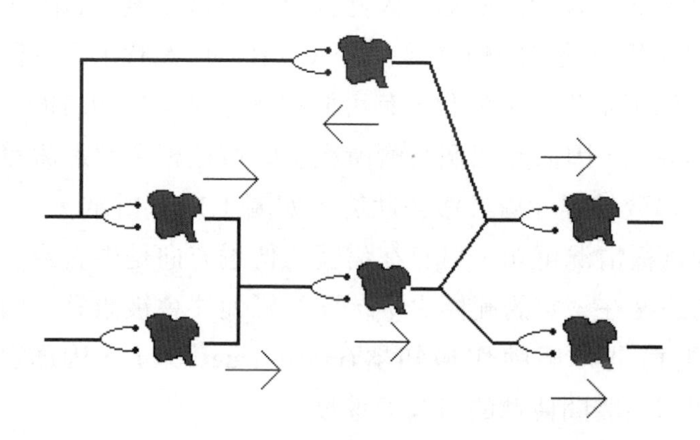

圖 1.11　神經元的連接模式：鏈接及迴路型

神經元以何種的方式與其周圍的神經元連接，對於此神經元的功能有很大的影響，我們用以下的例子來加以說明：

範例 1.1：神經元的連接方式[4], [5]

假設某個神經元有四個突觸可以傳遞信號，四個突觸分別爲 A、B、C、以及 D，其中突觸 A 距離軸突丘(hillock)最近；突觸D 距離軸突丘(hillock)最遠，如圖 1.12(a)所示。每一個突觸被激發時會產生一個後突觸細胞膜電位，假若所有的突觸(synapse)所產生的刺激，導致軸突丘的電位超過某個閥值(threshold)時，則此神經元就會被激發。但是由於神經信號在傳遞時的延遲與衰減，因此位於軸突丘的電位總合會與四個突觸被激發的時間與位置有關。舉例來說，突觸A 距離軸突丘最近，因此對軸突丘的影響最大；突觸 D 距離軸突丘最遠，因此對軸突丘的影響最小。以下說明兩種不同的刺激方式會導致不同的結果：

1. 當四個突觸同時被激發時，所引起的後突觸細胞膜電位會依 A、B、C、D 的先後次序到達軸突丘，並且其振幅會依序遞減(因爲後突觸細胞膜電位會因距離的增加而遞減)，導致四個突觸所產生的電位總合並未超過激發此神經元的閥值，因此神經元不被激發，如圖 1.12(b)所示；
2. 當四個突觸被激發的順序爲：D、C、B、與 A 時，此四個突觸所引起的後突觸細胞膜電位變化，有可能在到達軸突丘的瞬間，都同時呈現最大的峰值，因而此四個突觸所產生的電位總合超過激發此神經元的閥值，導致神經元處於激發狀態，如圖 1.12(c)所示。

由以上的兩種情況可知，只有在信號的傳遞方向是由右至左，而且四個突觸被激發的速度在一定的範圍之下，此神經元才會被激發，因此，這一個神經元可以視爲是一個動作檢知器(motion detector)，因爲它可以偵測出神經信號在四個突觸間傳遞的方向與速度。

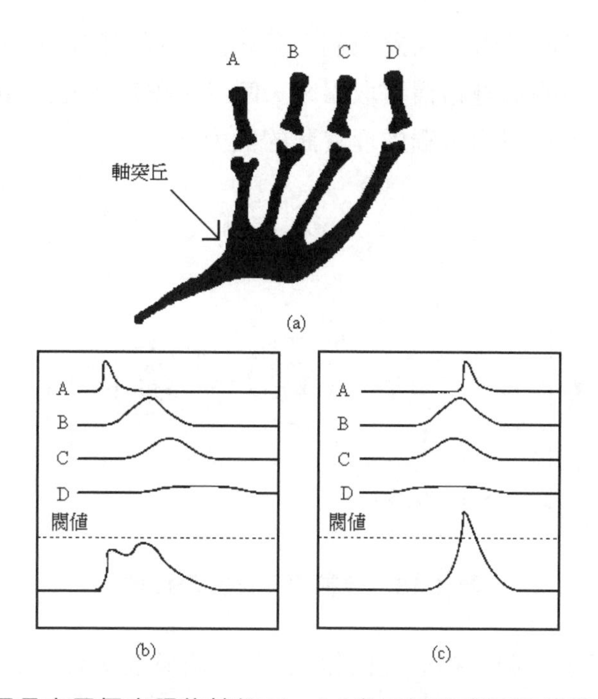

圖 1.12　(a)一個具有四個突觸的神經元；(b)當四個突觸同時被激發時，電位總合並未超過閥值，因此神經元不被激發；(c)當四個突觸被激發的順序為：D，C，B，與 A 時，電位總合超過激發此神經元的閥值，因此神經元處於激發狀態。(本圖摘自：M. Arbib, The Metaphorical Brain : Neural Networks and Beyond, John Wiley & Sons, Inc., 1989.)

1.4 類神經元的模型

從以上的介紹我們知道，個別的神經元透過是否激發出活化電位的機制，使其本身就具備處理部份資訊的能力，而整個中樞神經系統就是由這些神經元，透過各種連接模式而成的神經網路，從這個網路中有大約 10^{11} 個資訊處理單元來看，就不難理解人類大腦功能的複雜程度了。

至於我們要如何向生物神經網路借鏡呢？當然，第一步是設法模仿單一神經元的運作模式，由於整個神經元的運作實在是太複雜了，而且還有許多我們目前還不瞭解的地方，因此我們必須做某種程度的簡化，以便將其為何具有資訊處理能力的關鍵結構萃取出來，使得「類神經元」(artificial neuron)能具有生物神經元相似的單獨處理資訊的能力。

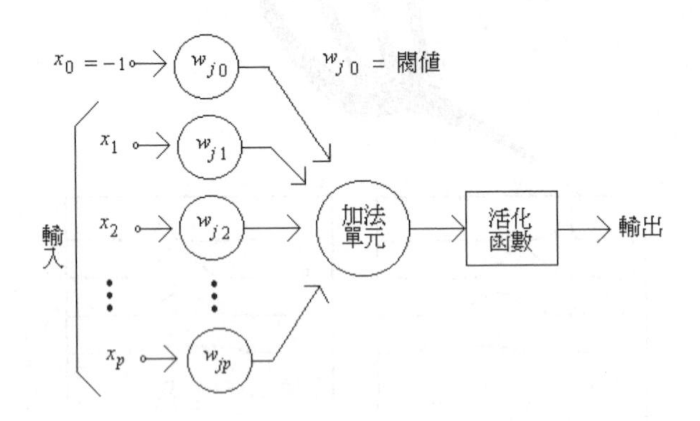

圖 1.13　類神經元之數學模型

圖 1.13 顯示了一個類神經元的模型，在這個模型中有三個很重要的單元：

一、鍵結值(synaptic weights)：

在前面的敘述中，我們曾提到訊息的傳遞，是透過神經傳導物質於突觸部位的釋放，進而導致後突觸細胞膜電位的產生；在這裏我們要再強調一次，突觸的效果實際上可分為兩種：

1. 刺激性的突觸：此種突觸會使得被連接的神經元容易被激化，因而導致活化電位的產生。
2. 抑制性的突觸：此種突觸會使得被連接的神經元的細胞膜電位值，變得更負(即遠離閥值)，因而導致此神經元不容易產生活化電位。

因此，我們用一組鍵結值來模擬突觸的運作；正值的鍵結值代表是刺激性的突觸，而抑制性的突觸則由負值的鍵結值所代表，另外，突觸影響性的大或小，則與鍵結值的絕對值成正比。

二、加法單元

當神經傳導物質到達後級突觸時，如圖 1.6 所示的「時間性相加

(temporal summation)」和「空間性相加(spatial summation)」會將所有朝向軸突丘傳遞的後突觸細胞膜電位加以整合。整個過程的細節相當地複雜，在簡單的類神經元的模型中，我們通常以一個加法單元來簡化此過程；而複雜一點的，可以用一個「有限脈衝響應濾波器」(finite impulse response filter)來近似此過程，細節可參考 3.9 節。

三、活化函數(activation function)：

在軸突丘部位所呈現的整體細胞膜電位，若超過閥值，則「活化電位」脈衝會被激發，整個傳遞而來的資訊在這裏被調變(modulated)處理，軸突丘將資訊編碼於 (1) 活化電位的是否產生及 (2) 活化電位脈衝的產生頻率中。因此，我們將經過權重相加的輸入，透過活化函數的轉換，使得類神經元的輸出代表短期間之平均脈衝頻率。

我們可以用以下的數學式子來描述類神經元的輸入輸出關係：

$$u_j = \sum_{i=1}^{p} w_{ji} x_i \tag{1.3}$$

以及

$$y_j = \varphi\left(u_j - \theta_j\right) \tag{1.4}$$

其中

w_{ji} 代表第 i 維輸入至第 j 個類神經元的鍵結值；
θ_j 代表這個類神經元的閥值；
$\underline{x} = (x_1, \cdots, x_p)^T$ 代表 p 維的輸入；
u_j 代表第 j 個類神經元所獲得的整體輸入量，
其物理意義是代表位於軸突丘的細胞膜電位；
$\varphi(\cdot)$ 代表活化函數；
y_j 則代表了類神經元的輸出值，也就是脈衝頻率。

如果我們用 w_{j0} 代表 θ_j，則上述式子可改寫為：

$$v_j = \sum_{i=0}^{p} w_{ji} x_i \quad \left(= \underline{w}_j^T \underline{x}\right) \tag{1.5}$$

以及

$$y_j = \varphi\left(v_j\right) \tag{1.6}$$

其中 $\underline{w}_j = [w_{j0}, w_{j1}, \cdots, w_{jp}]^T$ 和 $\underline{x} = [-1, x_1, x_2, \cdots, x_p]^T$。至於簡化軸突丘所執行的複雜調變功能，所用的活化函數型式，常見的有以下四種型式：

一、硬限制函數(hard limiter or threshold function)：

$$\varphi(v) = \begin{cases} 1 & if \quad v \geq 0 \\ 0 & if \quad v < 0 \end{cases} \tag{1.7}$$

輸出值亦可改為±1的雙極值，此種函數有時也常用 sgn(.)來表示。在已知的類神經網路中，所謂的 McCulloch-Pitts 類神經元模型、「感知機」(perceptron)、適應線性元件(Adaptive linear element)、離散型霍普菲爾網路(Hopfield networks)等都是使用此種二元值的活化函數，如圖 1.14 所示。

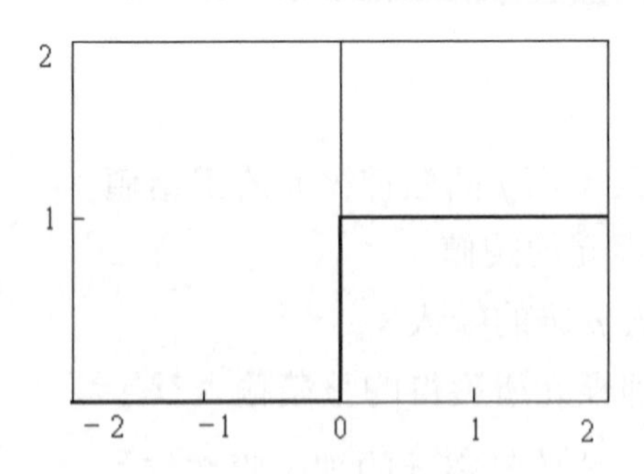

圖 1.14　硬限制函數

二、區域線性函數 (piecewise linear function)：

$$\varphi(v)=\begin{cases}1 & if\ \ v>v_1\\ cv & if\ \ v_2\le v\le v_1\\ 0 & if\ \ v<v_2\end{cases} \tag{1.8}$$

其中 c 、 v_1 及 v_2 是實數型常數。這是個有上下限的遞增函數，可逼近非線性放大器的輸出，「盒中腦」模型(brain-state-in-a-box)採用此種型式的活化函數，如圖 1.15 所示。

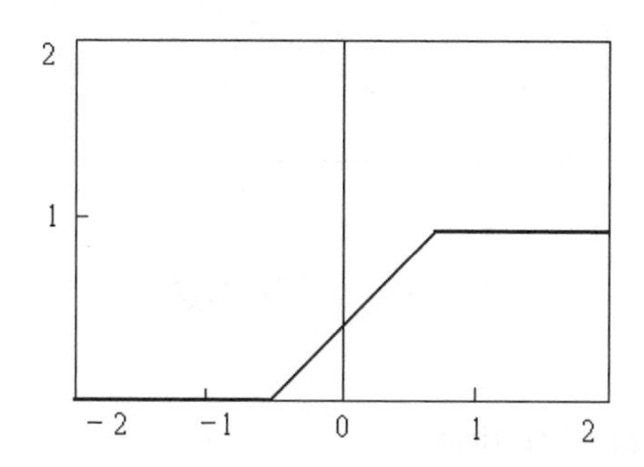

圖 1.15　區域線性函數

三、s-字型函數(sigmoid function)：

$$\varphi(v)=\frac{1}{1+\exp(-cv)} \tag{1.9}$$

或

$$\varphi(v)=\tanh(cv)$$

$$=\frac{\exp(cv)-\exp(-cv)}{\exp(cv)+\exp(-cv)}$$

$$=\frac{1-\exp(-2cv)}{1+\exp(-2cv)} \tag{1.10}$$

其中 c 爲實數型常數。這是個**單調遞增**(monotonic increasing)、**平滑且可微分**的函數，大部份的類神經網路如：倒傳遞類神經網路(backpropagation networks)或稱爲多層感知機(multilayer perceptron)、以及連續型霍普菲爾網路，都是採用此種活化函數，如圖 1.16 所示。

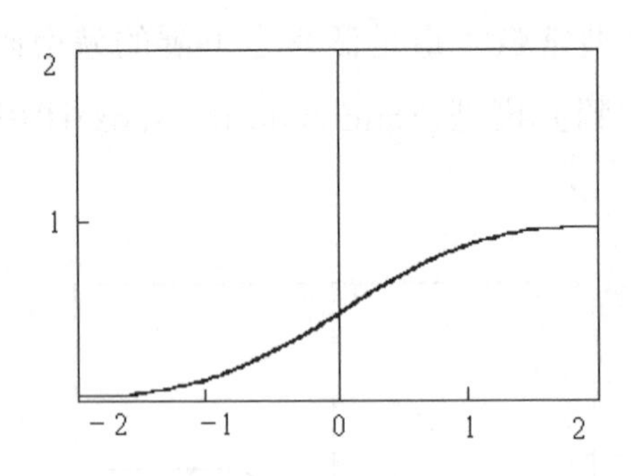

圖 1.16　*s*-字型函數

四、高斯函數(Gaussian function)：

$$\varphi(v) = \exp\left(-\frac{v^2}{2\sigma^2}\right) \tag{1.11}$$

其中 σ 爲實數型的正値常數。「放射狀基礎函數網路」(radial basis function networks，簡稱爲 RBF networks)就採用此種活化函數，如圖 1.17 所示。

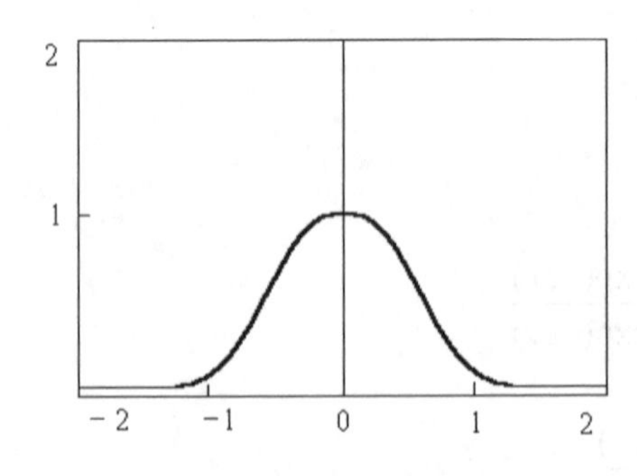

圖 1.17　高斯函數

1.5 網路架構

我們曾提過，整個生物神經系統中的約 10^{11} 個神經元，以 (1) 發散型、(2) 收斂型，及 (3) 鏈結和迴路型等方式結合成一複雜的生物神經網路。在這個章節，我們要介紹的就是如何將上述的類神經元結合成類神經網路，以期望所形成的網路能較個別的類神經元，更具有處理資訊的能力。以下介紹四種網路架構[6]：

一、單層前饋網路 (single-layer feedforward networks)：

如圖 1.18 所示，整個網路由一層具有處理資訊能力的類神經元所組成，通常此種網路的功能性較差，只能處理線性的問題。

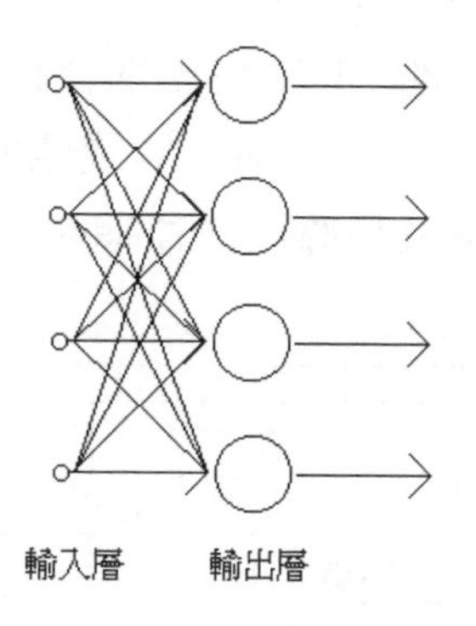

圖 1.18　單層前饋網路

二、多層前饋網路(multi-layer feedforward networks)：

這是種含有隱藏層(hidden layers)及輸出層(output layer)的網路，這些層中的類神經元也都具有處理資訊的能力，資訊的傳遞是沿著輸入層 input layer)，經由隱藏層，而最後才抵達輸出層。根據鍵結的聯接方式，此種網路又可細分為 (1) 部份連結(partially connected)網路，如圖 1.19(a)或 (2) 完全連結(fully connected)網路，如圖 1.19(b)。此種多層前饋網路可處理複雜性高的問題。

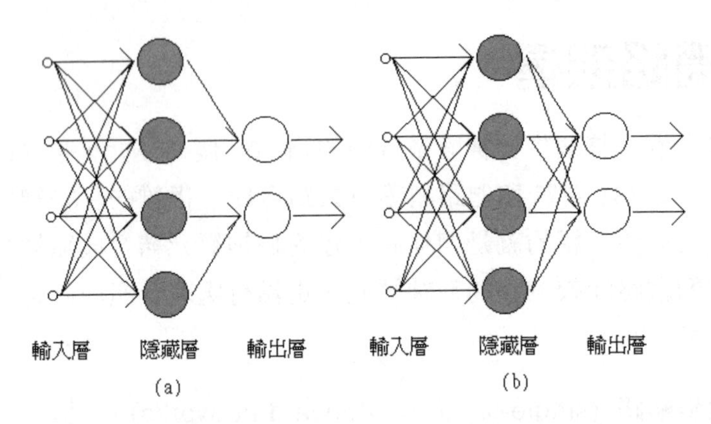

圖 1.19　多層前饋網路：(a)部份連結 (b)完全連結

三、循環式網路(recurrent networks)：

此種網路與上述前饋型網路的主要差別就在於，此網路的輸出會透過另一組鍵結值，聯結於網路的某處(如輸入層或隱藏層)而迴授至網路本身，如圖 1.20 所示，霍普菲爾網路就是屬於此種網路。

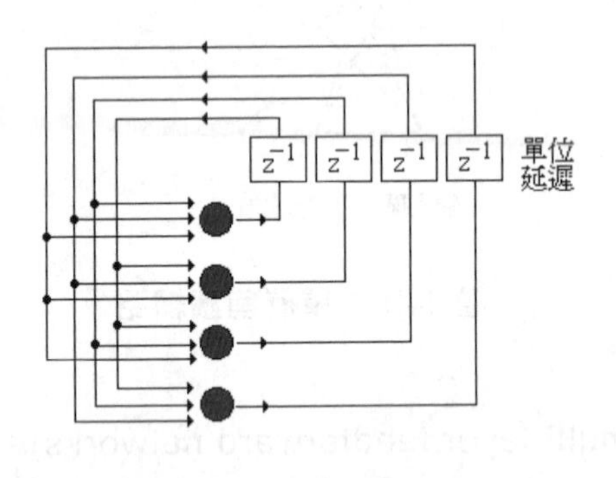

圖 1.20　循環式網路

四、晶格狀網路(lattice networks)：

基本上，此種網路屬於前饋型網路，只不過其輸出層的類神經元是以矩陣方式所排列，如圖 1.21 所示，所謂的「自我組織特徵映射圖網路」(self-organize feature-mapping networks)就是屬於此種網路。

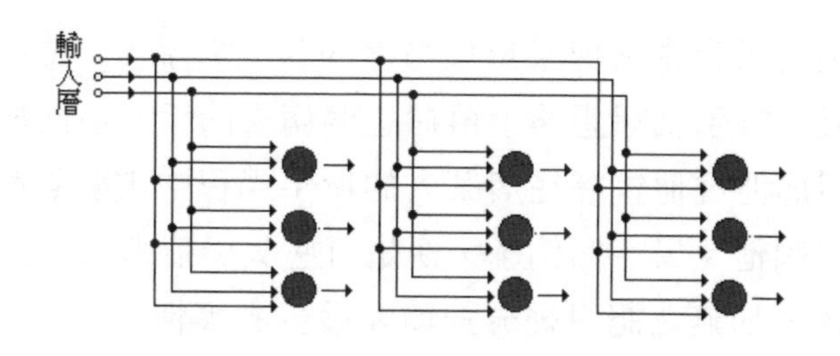

圖 1.21 二維的 3×3 之晶格狀網路

1.6 學習與記憶

「學習」(learning)是自然生物或人造系統之所以有智慧的一個極爲重要的特徵。在心理學上，所謂的學習就是根據過去的經驗或環境的刺激，而導致行爲改變的一種過程。到底學習的行爲是怎麼發生的呢？又在什麼地方產生變化呢？這些問題都值得一一地深入探討，對於學工程出身的我們，那些可以回答這種問題的理論，可能太過複雜及深奧，而無法直接被引用來解決工程上的問題，但若讀者對這些問題感到十分興趣，可以參閱一些心理學或生物神經學等方面的書籍，如[7], [8]等。

儘管對學習行爲的解釋及分類有各種不同的理論，但我們可以確定的一件事就是，學習與記憶是密不可分的，因爲有學習行爲的發生才導致記憶的形成；能夠記憶才產生學習的效果。人類的記憶有以下的一些特點：

一、與現存之數位電腦所使用的定址式記憶方式不同，人類的記憶是屬於分散式(distributed)的儲存，這是生化學家羅斯(Stephen Ross)在訓練小雞抗拒他們啄食珠子的天性時所悟出的結論[1]。此外，人類的記憶是屬於聯想式的記憶(associative memory)。這裏要強調一點，根據越來越多的實驗證明，人類的記憶並非如上所述的是完全的分散式記憶。實際上，有局部性的現象存在，亦即某一部份的腦細胞負責某些特定的記憶，這些都可從許多失憶症的病人身上得到驗證。當腦部的某部份受到創傷後，會使得病人總是無法記得某些事物。例如，有位醫生做過以下的測試，他將圖釘夾在手指中去與某位失憶症的病人握手，此位病人感到刺痛感覺後，隔天，醫生試圖想伸手再握這個病人的手，但此病人卻不願意伸出手來，因為他說他曾經在與某人的握手過程中被圖釘刺過，可是他卻記不起是誰刺他。另一個例子，便是有些失憶症病人可以記得在頭部受傷前的事物，卻無法記得幾分鐘前才發生的事情。

二、人類易於記憶，但卻難於回想(recall)；

三、人類的記憶，根據儲存的期間長短又分為三種[2]：

1. 立即記憶(immediate memory)：持續時間約兩秒或更短，容量是數以千計，但屬於總體印象。本能在立即記憶中扮演著重要的角色，使我們注意到環境的潛在變化，如相連的兩個影像間的差異，使得我們能夠進行連續性的活動。

2. 短程記憶(short-term memory)：顧名思義，短程記憶所能儲存資訊的期限是短暫的，約三十秒到兩天，而且容量約為七件事情(這也就是電話號碼通常都是七碼的原因)。譬如說，你撥 104 查號台，查詢某處的電話，在當時你能將對方的電話硬記下來，可是隔了一會，你很可能就將號碼遺忘了，因為又發生了一些你必須馬上記住的事情。基本上，短程記憶所負責的就是將當時的外界狀態，經過某種處理後暫存起來，隨著時間的增長而逐漸消逝。根據生物神經學的理論，短程記憶是動態的(dynamic)，而且不斷地在彼此聯結的神經元間以反覆地產生脈衝的型式表現。

3. 長程記憶(long-term memory)：與上述短程記憶正好相反，長程記憶所能儲存資訊的期限很長，甚至終其一生都不會被遺忘，容量是無限。其中又可以再細分為情節式記憶(episodic memory) 和語意式記憶(semantic memory)。情節式的記憶讓我們記住事件；而語意式的記憶使我們記住知識。這種記憶是屬於靜態的(static)，並且是以神經細胞間的聯結強度、聯結方式、及每個神經細胞本身閥值大小不同的方式來儲存記憶。這種產生記憶的假設可以從以下的實驗得到驗證，根據神經解剖學家的研究，發現剛出生的老鼠，平均每個神經元有大量的突觸與其它神經元有所聯結，而年老的老鼠卻擁有較少的突觸，因爲學習過程會逐漸確定神經元間的聯結方式。

基本上，短程記憶與長程記憶不是彼此毫無干涉地平行運作，而是互相交替地連續運作。所有的記憶都是以短程記憶開始，然後透過記憶力的集中和複誦才能形成長程記憶。當我們正記起某件事情時，腦中應該有一些與此記憶相關的神經元正在活化。許多臨床實驗發現內視丘(medial thalamus)負責記憶類型的最初統合，專司將感覺的輸入訊息傳達至皮質。此外，一種改善記性的好方法是利用聯想來增強對某事的記憶，另外一種就是讓自己置身於與記憶事件發生時同樣的情境[1]。

經過上述對學習與記憶的重點介紹之後，或許有讀者會問以下的問題：學習與記憶是如何在類神經元模型上發生及儲存呢？答案是這樣的：類神經元的鍵結值儲存的是長程記憶的資訊，而短程記憶則是以類神經元的輸入及輸出來模擬它的效果，也就是當有新的輸入進入此類神經元時，則輸出會隨之改變，以這種方式來彰顯資訊之間會彼此競爭，爭取以短程記憶的方式來被儲存，至於學習的發生，就是藉助鍵結值的改變及調整以達成學習的目標。

1.7 類神經網路的學習規則

根據廣爲人所接受的分類方式，學習的策略(strategies)可分爲以下幾種：

一、機械式的背誦學習(rote learning)：

屬於層次最低的學習法，是純粹地背誦而沒有推廣性(generalization)。

二、指令式的學習(learning by instruction)：

學習者扮演的角色只是將外界的知識(例如：書本、老師、操作手冊等)轉化爲本身可懂的表示法或語言。

三、類推式的學習(learning by analogy)：

學習者從與目前狀況最相似的過去經驗中得到新技術。譬如說，原本從事羽球運動的人，能很快地掌握學習打網球的基本技巧。

四、歸納式的學習(learning by induction)：

此種學習又可分為以下三種方式：

1. 從範例中學習(learning from examples)：又稱為監督式(supervise)學習。學習者從一組含有正例(positive examples)與反例(negative examples)的學習範例中，歸納出一個能夠解釋範例的整體概念(concept)。另一種說法是，環境中會有「老師」來告訴學習者，遇到什麼樣的刺激，該有什麼樣的因應措施。以數學語言來說，就是存在有所謂的「輸入/輸出對(input/output pair)」的資料，亦即有「加標過的資料(labeled data)」。

2. 從觀察及發現中學習(learning from observation and discovery)：又稱為非監督式(unsupervised)學習。缺乏所謂的「加標過的資料」，這種學習法需要學習者自行去發掘出資料本身的重要特徵或結構；也就是說，在學習的過程中，沒有老師會告訴學習者遇到什麼樣的刺激該怎麼做，學習者要完全靠自己。譬如說，剛出生的嬰兒沒有語言能力，父母無法用語言告訴嬰兒說如果肚子餓了或不舒服，可以用舉手或用叫的方式來告訴父母，但嬰兒本身會很快地自行發掘出用哭的的方式來吸引父母注意力最有效。

3. 增強式學習(reinforcement learning)：這種學習法也缺乏「加標過的資料」，但比非監督式學習法又多了一點資訊。學習者在學習的過程中會和環境(environment)有一連串的互動，自行採掘適當的措施來因應刺激，接著會有所謂的「評論家(critic)」來評斷剛才學習者自行因應的措施是否恰當？此評論就是所謂的增強式信號(reinforcement signal)。大體說來，增強式學習法在學習的過程中會借助評論家所提供的增強式信號，來調整學習者因應刺激的措施，以便效能指標(index of performance)達到極大化。

以上所述的種種學習策略中，最適合類神經網路採行的就屬「歸納式的學習法」了，之所以會如此，其理由如下：

一、機械式的背誦學習法所產生的學習效果，就好像只是建立一個輸入及輸出的對照表而已，雖然簡單，但是一點推廣性都沒有。因爲會有新的資訊，陸續不斷地產生，其資料量之大是無法一一存載的。

二、指令式的學習法，就像現在的電腦執行程式一般，效果的好壞，取決於程式撰寫者，而非執行者或學習者，因此這種方式也無法訓練出像人一樣的機器。

三、至於類推式的學習法，目前仍不斷有研究者投入，但是尚未有十分突出的研究顯示類神經網路採行此種學習法可以有極爲明顯的學習效果，此方面的研究，仍待大家努力。

基於以上的分析，我們接下來，就針對採用歸納式學習法，而發展出來的類神經網路的學習規則，作一一介紹。首先，我們以數學式來描述通用型的學習規則

$$w_{ji}(n+1) = w_{ji}(n) + \Delta w_{ji}(n) \tag{1.12}$$

其中

$w_{ji}(n)$ 及 $w_{ji}(n+1)$ 分別代表原先的及調整後的鍵結值；

$\Delta w_{ji}(n)$ 代表此類神經元受到刺激後，爲了達成學習效果，所必須採取的改變量。

在這裏，我們再一次強調，類神經元學習效果的展現方式，就在於鍵結值的改變；而此改變量 $\Delta w_{ji}(n)$，通常是 (1) 當時的輸入(即刺激) $x_i(n)$、(2) 原先的鍵結值 $w_{ji}(n)$、及 (3) 期望的輸出值(desired output) d_j (若屬於非監督式學習或增強式學習，則無此項)三者間的某種函數關係，亦即可用下式代表之

$$\Delta w_{ji}(n) = F(x_i(n), w_{ji}(n), d_j) \tag{1.13}$$

而它們之間的關係，即 $F(\cdot)$ 的形式，則視學習規則而定。

1.7.1 Hebbian 學習規則

神經心理學家(neuropsychologist)Hebb 在他的一本書中寫著[9]

當神經元 A 的軸突與神經元 B 之距離，近到足以激發它的地步時，若神經元 A 重複地或持續地扮演激發神經元 B 的角色，則某種增長現象或新陳代謝的改變，會發生在其中之一或兩個神經元的細胞上，以至於神經元 A 能否激發神經元 B 的有效性會被提高。

換句話說，若這兩個神經元都同處於同一種狀態，譬如說，兩者都是處於激發狀態，則這兩個神經元間的鍵結值會被增強，因此我們得到以下的學習規則：

$$w_{ji}(n+1) = w_{ji}(n) + F\left(y_j(n), x_i(n)\right) \tag{1.14}$$

這種 Hebbian 學習規則屬於前饋(feedforward)式的非監督學習規則。以下是最常使用的型式：

$$w_{ji}(n+1) = w_{ji}(n) + \eta y_j(n) x_i(n) \tag{1.15}$$

其中η為學習率常數且為正的實數。值得注意的是，若根據上述規則來調整鍵結值，會導致正回授的產生，使得鍵結值無限制地增長，為了避免此種現象產生，我們可以加入「遺忘效果」於上式中，因此學習規則修正為：

$$w_{ji}(n+1) = w_{ji}(n) + \left[\eta y_j(n) x_i(n) - \alpha y_j(n) w_{ji}(n)\right] \tag{1.16}$$

其中α是個正實數。

Hebbian 學習規則提供了聯想記憶(associative memory)型的網路一個最基本的訓練原則。譬如說，線性聯想記憶及霍普菲爾網路(Hopfield Network)等都是採用此種學習規則。

1.7.2 錯誤更正法則

錯誤更正法則的基本概念是，若類神經元的眞實輸出值 $y_j(n)$ 與期望的目標值 $d_j(n)$ 不同時，則兩者之差，定義為誤差信號 $e_j(n)$：

$$e_j(n) = d_j(n) - y_j(n) \tag{1.17}$$

緊接著，我們可以選擇一特定的「代價函數」(cost function)來反應出誤差信號的物理量；代價函數必須符合的規則爲—若是誤差信號越大，則代價函數值必須隨之越大。錯誤更正法則的終極目標，就是調整鍵結值使得代價函數值越來越小，亦即使類神經元的眞實輸出值，越接近目標值越好。一般都採用梯度坡降法(gradient decent method)來搜尋一組鍵結值，使得代價函數達到最小。而函數的梯度(gradient)，是指向函數增加的方向，因此，我們必須朝梯度的反方向搜尋，才能將代價函數極小化，而代價函數被普遍採用的有以下兩種型式：

一、Windrow-Hoff 學習法

代價函數定義爲：

$$E = \sum_j e_j^{\,2}(n) = \frac{1}{2}\sum_j \left(d_j(n) - v_j(n)\right)^2$$

$$= \frac{1}{2}\sum_j \left(d_j(n) - \underline{w}_j^T(n)\underline{x}(n)\right)^2 \tag{1.18}$$

因此根據梯度坡降法可得：

$$\Delta\underline{w}_j(n) = -\eta\frac{\partial E}{\partial \underline{w}_j(n)}$$

$$= \eta\left(d_j(n) - \underline{w}_j^T(n)\underline{x}(n)\right)\underline{x}(n)$$

$$= \eta\left(d_j(n) - v_j(n)\right)\underline{x}(n) \tag{1.19}$$

此學習規則，有時候亦被稱爲最小均方演算法(least square error algorithm)。

二、Delta 學習法

使用此種學習法的類神經網路，其活化函數都是採用**連續且可微分**的函數型式，而代價函數則定義爲：

$$E=\sum_j e_j^2(n)=\frac{1}{2}\sum_j\left(d_j(n)-y_j(n)\right)^2$$

$$=\frac{1}{2}\sum_j\left(d_j(n)-f\left(v_j(n)\right)\right)^2 \quad (1.20)$$

因此根據梯度坡降法可得：

$$\Delta\underline{w}_j(n)=-\eta\frac{\partial E}{\partial\underline{w}_j(n)}$$

$$=\eta\left(d_j(n)-o_j(n)\right)f'\left(v_j(n)\right)\underline{x}(n) \quad (1.21)$$

實際上，若 $f\left(v_j(n)\right)=v_j(n)$ 時，則 Widrow-Hoff 學習可視為 Delta 學習法的一項特例。

以上的兩種學習法只是初步的介紹，陸續在下幾章中會有較詳細的分析，目前讀者只需要建立整體的觀念即可。

1.7.3 競爭式學習法

競爭式學習法有時又稱為「贏者全拿」(winner-take-all)學習法。正如名稱所形容的，當輸入呈現時，網路上的類神經元會彼此競爭，以便獲得被活化的機會，而這個機會只賦予對輸入最有反應的那個類神經元，這個被稱作得勝者的類神經元，其鍵結值會被調整，以便更增加其與此時輸入之間的相似性。以下是整個學習過程：

步驟一：得勝者之篩選

假設在此網路中有 K 個類神經元，如果

$$y_k(=\varphi(\underline{w}_k^T(n)\underline{x}(n)))=\max_{j=1,2,\cdots,K} y_j(=\varphi(\underline{w}_j^T(n)\underline{x}(n))) \quad (1.22)$$

那麼第 k 個類神經元為得勝者。

步驟二：鍵結值之調整

$$\Delta \underline{w}_j(n) = \begin{cases} \eta\left(\underline{x}(n) - \underline{w}_j(n)\right) & \text{if } j = k \\ 0 & \text{if } j \neq k \end{cases} \tag{1.23}$$

有一點值得注意的是，通常每個類神經元的鍵結值會被「正規化」(normalize)成長度爲 1 的單位向量。使用此種學習法的類神經網路有自我組織特徵映射(SOFM)網路及學習向量(learning vector)網路等。

1.8 結語

在本章中首先簡單地介紹了生物神經網路，然後進一步地探討生物的神經細胞，包括了促使神經元進入激發狀態的活化電位，以及神經元的三種不同的聯接模式。生物神經元擔負著生物學習以及記憶的重要功能，因此我們必須進一步瞭解生物如何進行學習行爲與記憶，才能知道如何模仿高智慧型的生物以設計出具有學習能力之機器。接下來引進了模仿生物神經元運作模式的類神經元模型，以及依據此類神經元模型所建立之網路架構。

了解生物神經元如何處理資訊之後，在我們心裡會不會有以下這些問題：我們有所謂的自由意志嗎？還是只由一堆神經元所構成的狀態機(state machine)而已？所有的反應都是由神經元所決定，意志扮演何種角色以及如何去激發神經元呢？讀者若有興趣探索部份答案，可參考文獻[10]-[11]。

參考文獻

[1] S. A. Greenfield, The Human Brain。陳慧雯，譯，大腦小宇宙，天下文化出版公司，1998.

[2] J. Minninger, Total Recall。吳幸宜，譯，讓記憶活起來：如何在 2 分鐘內記住 20 件事，遠流出版公司，1996.

[3] S. W. Kuffler, J. G. Nicholls, and A. R. Martin, From Neuron To Brain: A Cellular Approach to the Function of the Nervous System, 2ed., Sinauer Associates, Inc., 1984.

[4] N. K. Bose and P. Liang, Neural Network Fundamentals with Graphs, Algorithms, and Applications, McGraw-Hill, Inc., 1996.

[5] M. Arbib, The Metaphorical Brain: Neural Networks and Beyond, John Wiley & Sons, Inc., 1989.

[6] S. Haykin, Neural Networks: A Comprehensive Foundation, Macmillan College Publishing Company, Inc., 1994.

[7] J. Mehler and E. Dupoux, Naître Humain。洪蘭，譯，天生嬰才：重新發現嬰兒的認知世界，遠流出版公司，1996.

[8] C. N. Reeke, Jr., O. Sporns, and G. M. Edelman, Synthetic neural modeling : The “Darwin” series of recognition automata. Proc. IEEE, vol. 78, pp. 1498-1530, 1990.

[9] D. O. Hebb, The Organization of Behavior: A Neuropsychological Theory, Wiley, New York, 1949.

[10] F. Crick, The Astonishing Hypothesis—The Scientific Search for the Soul, 劉明勳，譯，驚異的假說—克里克的「心」、「視」界，天下文化出版公司，1997.

[11] R. Carter, Mapping the Mind。洪蘭，譯，大腦的秘密檔案，遠流出版公司，2002.

機器學習

CHAPTER 2

感知機

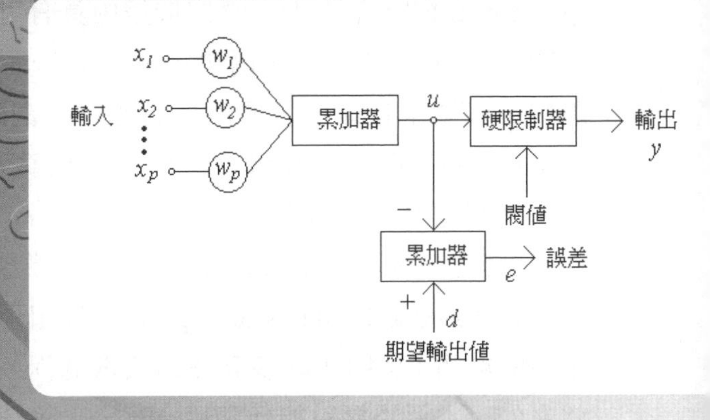

2.1 引言

雖然在 1943 年，McCulloch 和 Pitts(神童數學家)已提出第一個類神經元的運算模型[1]，他們證明了由非常簡單的單元連接在一起的網路，原則上可以進行任何邏輯和數學的運算。但是這種類神經元採用的是固定的鍵結值及閥值，因此，沒有所謂的學習能力。不久之後，神經心理學家 Hebb 提出一種理論，他認為學習現象的發生，乃在於神經元間的突觸產生某種變化而導致的[2]。因此，Rosenblatt 將這兩種創新學說結合起來，孕育出所謂的感知機(perceptron)[3]。基本上，感知機是由具有可調整的鍵結值(synaptic weights)以及閥值(threshold)的單一個類神經元(neuron)所組成。感知機是各種類神經網路中，最簡單且最早發展出來的類神經網路模型，通常被用來做為分類器(classifier)使用。感知機網路的訓練演算法則是由 Rosenblatt 所提出，假若用來訓練感知機網路的訓練範例(training patterns / vectors)，是取自兩群線性可分割(linearly separable)的群類，那麼感知機網路的訓練演算法則將會收斂，而且判斷區間(decision region)會以超平面(hyperplane)的型式來分割兩群不同的群類；證明訓練演算法的收斂過程，我們稱為「感知機收斂定理」。除此之外，本章也探討如何利用 Widrow-Hoff 或最小均方誤差法(LMS)，來訓練感知機。這兩種演算法的主要差異如下：Rosenblatt 所提出的方法，主要著眼點是降低被錯誤分類的資料個數；而最小均方誤差法的主要目地，在於讓誤差的均方根達到最小，因此，兩者產生的效果會有所不同。

2.2 感知機基本架構

感知機的基本組成元件為一個具有線性組合功能的累加器，後接一個硬限制器(hard limiter)而成，如圖 2.1 所示。由累加器計算輸入訓練範例與鍵結值的線性組合，並且減去由外界引入之閥值，最後將所得到的結果饋入硬限制器中。一般說來，若我們設定硬限制器之輸入為正值時，則類神經元的輸出為+1；反之，若硬限制器之輸入為負值時，則類神經元的輸出為-1。

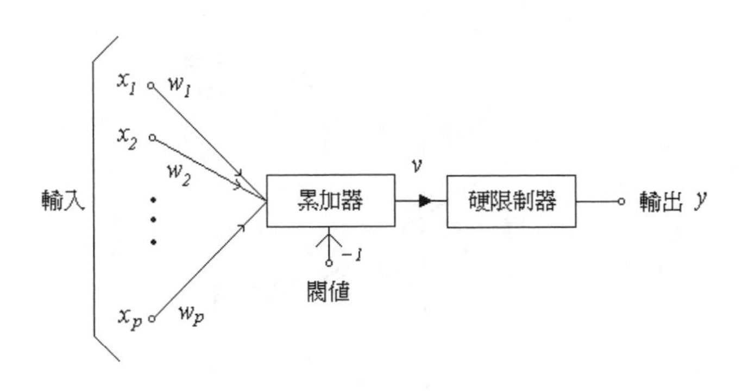

圖 2.1 感知機之架構方塊

在圖 2.1 的模型中，單層感知機網路的鍵結值由 $w_1, w_2, \ldots, w_p$ 表示；網路的輸入範例由 $\underline{x}=[x_1,x_2,\cdots,x_p]^T$ 表示；外加之閥值由 θ表示；可知累加器的輸出(硬限制器的輸入)為：

$$v=\sum_{i=1}^{p} w_i x_i - \theta \tag{2.1}$$

感知機網路的功能就是將外界的輸入 $\underline{x}$ 分類為兩個群類，C_1 群類與 C_2 群類，分類的判斷規則是：若感知機的輸出為+1（即 $v\geq 0$），則將其歸類於 C_1 群類；若感知機的輸出為-1（即 $v<0$），則將其歸類於 C_2 群類。若能畫出由 p 個輸入變數($x_1, x_2, \ldots, x_p$)在 p 維信號空間裏所展開的判斷區域(decision region)，將能幫助我們更深入地瞭解感知機的操作原理，單一感知機的判斷規則所劃分的只有兩個判斷區域，我們可以將作為分類依據的超平面定義如下：

$$\sum_{i=1}^{p} w_i x_i - \theta = 0 \tag{2.2}$$

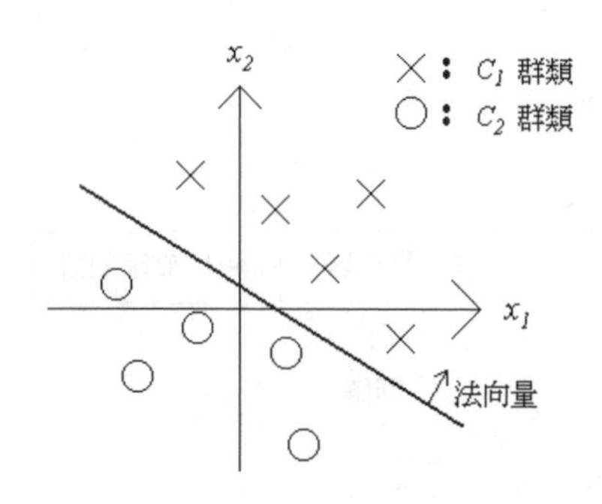

圖 2.2　一個具有二維輸入的兩群分類問題

圖 2.2 所示爲一個具有二維輸入(x_1 與 x_2)的兩群分類問題，其作爲分類依據的超平面爲一直線，若輸入範例，(x_1, x_2)，位於判斷邊界之上半平面，則設定爲屬於 C_1 群類。若輸入範例位於判斷邊界之下半平面，則設定爲屬於 C_2 群類，值得注意的是，閥値項，θ，的功能只是將判斷邊界(由直線所表示的超平面)從原點加入一位移量。網路的鍵結値 $w_1, w_2, \cdots, w_p$ 及 θ (可以是固定的或是可調整)可用如「感知機收斂定理」的錯誤更正法則來調整，以達到訓練目的。

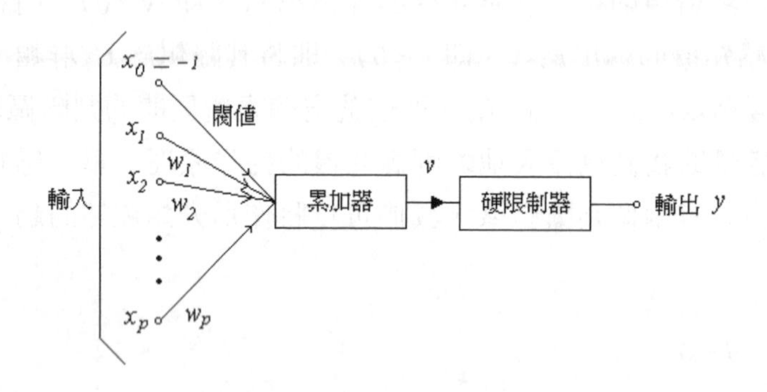

圖 2.3　感知機之架構方塊

2.3 感知機收斂定理

爲了符號上的方便起見，我們將圖 2.1 的感知機模型重寫成如圖 2.3 所示；即是將閥值$\theta(n)$視爲一個鍵結值 $w_0(n)$且將其對應之輸入變數，$x_0(n)$固定爲-1，其中 n 代表疊代次數，圖 2.1 與圖 2.3 兩者所表示的模型彼此間是等效的。我們定義$(p+1)\times 1$ 的輸入向量 $\underline{x}(n)$ 爲：

$$\underline{x}(n)=[-1,x_1(n),x_2(n),...,x_p(n)]^T \tag{2.3}$$

所對應之$(p+1)\times 1$ 的鍵結值向量 $\underline{w}(n)$ 爲：

$$\underline{w}(n)=[\theta(n),w_1(n),w_2(n),...,w_p(n)]^T \tag{2.4}$$

由輸入向量與鍵結值向量的線性組合輸出 $\underline{v}(n)$ 可用向量表示爲：

$$v(n)=\underline{w}^T(n)\underline{x}(n) \tag{2.5}$$

而方程式 $\underline{w}^T\underline{x}=\underline{0}$ 所表示的意義，就是定義在 p 維空間中，做爲判斷依據的超平面。

假設單層感知機網路的輸入向量，是由兩群線性可分割之資料所組成(即兩群資料點分別位於超平面的兩邊)。令 X_1 爲屬於群類 C_1 之資料點所構成之子集合；令 X_2 爲屬於群類 C_2 之資料點所構成之子集合；由 X_1 與 X_2 所構成的聯集即是所有的訓練範例—X。由給定的訓練範例 X_1 與 X_2 來訓練感知機網路，以作爲分類器時，網路的訓練過程就是要調整鍵結值向量 $\underline{w}$ 使得兩種群類 C_1 與 C_2，可以藉由一超平面分割開來；如果這樣的 $\underline{w}$ 存在，我們可以說此兩種群類爲線性可分割(linearly separable)；反之則稱爲線性不可分割(linearly inseparable)。若已知群類 C_1 與 C_2 爲線性可分割，則我們可以找到一組鍵結值向量 $\underline{w}$，使得

$$\begin{cases}\underline{w}^T\underline{x}\geq 0 & \text{對於所有屬於群類 } C_1 \text{ 之輸入向量}\\ \underline{w}^T\underline{x}<0 & \text{對於所有屬於群類 } C_2 \text{ 之輸入向量}\end{cases} \tag{2.6}$$

給定訓練範例集合 X_1 與 X_2，基本的感知機網路的訓練過程即是找出一組鍵結值向量，$\underline{w}$，使其滿足式(2.6)的兩個不等式。而感知機網路的鍵結值向量的修正方法如下：

1. 在第 n 次的學習循環中，若是第 n 個訓練範例 $\underline{x}(n)$，經由當時的鍵結值向量 $\underline{w}(n)$正確地被分類，則鍵結值向量不須要作修正，表示如下：

$$\begin{cases} \underline{w}(n+1) = \underline{w}(n) & \text{若 } \underline{w}^T(n)\underline{x}(n) \geq 0 \text{ 且 } \underline{x}(n) \in C_1 \\ \underline{w}(n+1) = \underline{w}(n) & \text{若 } \underline{w}^T(n)\underline{x}(n) < 0 \text{ 且 } \underline{x}(n) \in C_2 \end{cases} \tag{2.7}$$

2. 若是訓練範例 $\underline{x}(n)$，經由當時的鍵結值向量 $\underline{w}(n)$，錯誤地被分類，則鍵結值向量的修正法則，表示如下：

$$\begin{cases} \underline{w}(n+1) = \underline{w}(n) - \eta(n)\underline{x}(n) & \text{若 } \underline{w}^T(n)\underline{x}(n) \geq 0 \text{ 且 } \underline{x}(n) \in C_2 \\ \underline{w}(n+1) = \underline{w}(n) + \eta(n)\underline{x}(n) & \text{若 } \underline{w}^T(n)\underline{x}(n) < 0 \text{ 且 } \underline{x}(n) \in C_1 \end{cases} \tag{2.8}$$

其中

以學習率參數 $\eta(n)$ 來控制在第 n 次的學習循環中修正量的大小。

調整後的類神經元，若再用相同的輸入範例來加以測試，則其輸出值會更加地接近期待值，其原因如下：

$$\begin{aligned} \underline{w}^T(n+1)\underline{x}(n) &= (\underline{w}(n) \mp \eta\underline{x}(n))^T\underline{x}(n) \\ &= \underline{w}^T(n)\underline{x}(n) \mp \eta\underline{x}^T(n)\underline{x}(n) \end{aligned} \tag{2.9}$$

其中 $\underline{x}^T(n)\underline{x}(n)$ 始終都會是大於 0 的實數，因此，若 $\underline{x}(n) \in C_2(C_1)$ 則 $\underline{w}^T(n+1)\underline{x}(n)$ 比 $\underline{w}^T(n)\underline{x}(n)$ 更容易成爲小於(大於)0 的輸出。我們可以用圖 2.4，從幾何的觀點來分析此種現象。

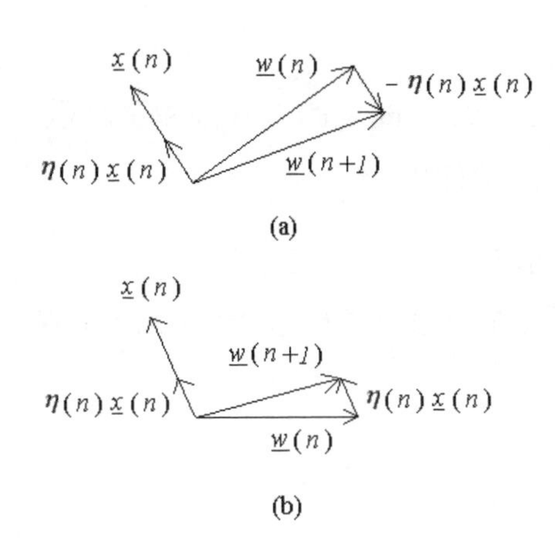

圖 2.4　以幾何觀點來分析感知機之訓練過程：

(a) 若 $\underline{w}^T(n)\underline{x}(n) \geq 0$ 且 $\underline{x}(n) \in C_2$

(b) 若 $\underline{w}^T(n)\underline{x}(n) < 0$ 且 $\underline{x}(n) \in C_1$ 。

而鍵結值向量初始值 $\underline{w}(0)$設定的不同，對網路的學習演算法則是否收斂不會有影響，只會稍微地影響(加快/減慢)網路的收斂速度，而影響的程度(加快/減慢)則視鍵結值向量初始值 $\underline{w}(0)$的設定與鍵結值向量收斂值 $\underline{w}^*$ 的差異而定。

我們將感知機訓練法則總結如下：

使用的變數及參數說明如下：

$\underline{x}(n) = (p+1)\times 1$ 輸入向量

$= [-1, x_1(n), x_2(n), ..., x_p(n)]^T$

$\underline{w}(n) = (p+1)\times 1$ 鍵結值向量

$= [\theta(n), w_1(n), w_2(n), ..., w_p(n)]^T$

$\theta(n) =$ 閥值

$y(n) =$ 類神經元的輸出(量化後)

$d(n) =$ 網路之期望輸出值，其值爲雙極性二元值{-1, 1}

$\eta =$ 學習率，爲一個小於或等於 1 的正常數

步驟一：網路初始化

將學習循環 n 設定為 0，以隨機的方式來產生亂數，將初始鍵結值 $w_i(n)$，$i=0,1,\ldots,p$，設定為很小的實數。

步驟二：計算網路輸出值

在第 n 次學習循環時，呈現輸入向量 $\underline{x}(n)$，此時類神經元的輸出為：$y(n)=\varphi[\underline{w}^T(n)\underline{x}(n)]$

其中

$$\varphi(v)=\begin{cases}+1 & if \quad v>0\\ -1 & if \quad v<0\end{cases} \tag{2.10}$$

步驟三：調整鍵結值向量

鍵結值向量 $\underline{w}(n)$ 的修正方式為：

$$\underline{w}(n+1)=\begin{cases}\underline{w}(n)+\eta\underline{x}(n) & \text{如果}\,\underline{x}(n)\in C_1\,\text{和}\,\underline{w}^T(n)\underline{x}(n)<0\\ \underline{w}(n)-\eta\underline{x}(n) & \text{如果}\,\underline{x}(n)\in C_2\,\text{和}\,\underline{w}^T(n)\underline{x}(n)\geq 0\\ \underline{w}(n) & \text{如果}\,\underline{x}(n)\,\text{被正確分類}\end{cases} \tag{2.11}$$

步驟四：

將學習循環 n 加 1；回到步驟二，直到收斂或疊代次數超過某一設定值則停止。

我們以下列之範例來說明感知機的訓練過程：

範例 2.1：感知機

我們以下述之例子，來說明感知機如何從訓練範例中，學習到新的概念。我們學習率η設定為 0.8，並且將鍵結值的初始值設定為(0，1)，令活化函數 $\varphi(\cdot)$ 為硬限制函數，即 sgn(·)函數，神經元之閥值為 −1，訓練資料以及其期望輸出值如下表所示：

訓練資料 $\underline{x}(n)$	期望輸出值 $d(n)$
$x(0)=(0,0)^T$	1
$x(1)=(0,1)^T$	1
$x(2)=(1,0)^T$	-1
$x(3)=(1,1)^T$	1

依照上述之感知機訓練法則，我們將手算推演步驟說明如下，注意，我們將閥值項 $\theta(n)$ 合併至鍵結值向量中的第一維，而輸入向量的第一維固定爲 -1。

1. $n=0$，

$$y(0)=\mathrm{sgn}\left[\underline{w}^T(0)\underline{x}(0)\right]=\mathrm{sgn}\left[(-1,0,1)\begin{pmatrix}-1\\0\\0\end{pmatrix}\right]=\mathrm{sgn}[1]=1$$

此時期望輸出值爲 1，感知機輸出值爲 1，分類正確，因此不須要修正感知機的鍵結值向量：

$$\underline{w}(1)=\underline{w}(0)=\begin{pmatrix}-1\\0\\0\end{pmatrix}$$

2. $n=1$，

$$y(1)=\mathrm{sgn}\left[\underline{w}^T(1)\underline{x}(1)\right]=\mathrm{sgn}\left[(-1,0,1)\begin{pmatrix}-1\\0\\1\end{pmatrix}\right]=\mathrm{sgn}[2]=1$$

此時期望輸出值爲 1，感知機輸出值爲 1，分類正確，因此不須要修正感知機的鍵結值 z 向量：

$$\underline{w}(2)=\underline{w}(1)=\begin{pmatrix}-1\\0\\1\end{pmatrix}$$

3. $n=2$，

$$y(2)=\text{sgn}\left[\underline{w}^T(2)\underline{x}(2)\right]=\text{sgn}\left[(-1,0,1)\begin{pmatrix}-1\\1\\0\end{pmatrix}\right]=\text{sgn}[1]=1$$

此時期望輸出值爲-1，感知機輸出值爲 1，分類錯誤，因此修正感知機的鍵結值向量爲：

$$\underline{w}(3)=\underline{w}(2)-\eta\underline{x}(2)=\begin{pmatrix}-1\\1\\0\end{pmatrix}-0.8\begin{pmatrix}-1\\1\\0\end{pmatrix}=\begin{pmatrix}-0.2\\-0.8\\1\end{pmatrix}$$

4. $n=3$，

$$y(3)=\text{sgn}\left[\underline{w}^T(3)\underline{x}(3)\right]=\text{sgn}\left[(-0.2,-0.8,1)\begin{pmatrix}-1\\1\\1\end{pmatrix}\right]=\text{sgn}[0.4]=1$$

此時期望輸出值爲 1，感知機輸出值爲 1，分類正確，因此不需要修正感知機的鍵結值向量：

$$\underline{w}(4)=\underline{w}(3)=\begin{pmatrix}-0.2\\-0.8\\1\end{pmatrix}$$

5. $n=4$，

$$y(4)=\text{sgn}\left[\underline{w}^T(4)\underline{x}(0)\right]=\text{sgn}\left[(-0.2,-0.8,1)\begin{pmatrix}-1\\0\\0\end{pmatrix}\right]=\text{sgn}[0.2]=1$$

此時期望輸出值爲 1，感知機輸出值爲 1，分類正確，因此不須要修正感知機的鍵結值向量：

$$\underline{w}(5)=\underline{w}(4)=\begin{pmatrix}-0.2\\-0.8\\1\end{pmatrix}$$

6. $n=5$，

$$y(5)=\text{sgn}\left[\underline{w}^T(5)\underline{x}(1)\right]=\text{sgn}\left[(-0.2,-0.8.1)\begin{pmatrix}-1\\0\\1\end{pmatrix}\right]=\text{sgn}[1.2]=1$$

此時期望輸出值爲 1，感知機輸出值爲 1，分類正確，因此不須要修正感知機的鍵結值向量：

$$\underline{w}(6)=\underline{w}(5)=\begin{pmatrix}-0.2\\-0.8\\1\end{pmatrix}$$

7. $n=6$，

$$y(6)=\text{sgn}\left[\underline{w}^T(6)\underline{x}(2)\right]=\text{sgn}\left[(-0.2,-0.8.1)\begin{pmatrix}-1\\1\\0\end{pmatrix}\right]=\text{sgn}[-0.6]=-1$$

此時期望輸出值爲-1，感知機輸出值爲-1，分類正確，因此不需要修正感知機的鍵結值向量：

$$\underline{w}(7)=\underline{w}(6)=\begin{pmatrix}-0.2\\-0.8\\1\end{pmatrix}$$

由於四個輸入向量 $\underline{x}(0),\underline{x}(1),\underline{x}(2),\underline{x}(3)$ 都被正確分類，因此訓練成功，所以感知機之鍵結值收斂於 $\underline{w}^*=(-0.2,-0.8,1)^T$。 鍵結值向量的整個修正過程，可

以用圖 2.5 來加以說明。

假設當初學習率η 設定為 0.1，那麼 $\underline{w}(3)$的修正量會不同：

$$\underline{w}(3)=\underline{w}(2)-\eta\underline{x}(2)=\begin{pmatrix}-1\\1\\0\end{pmatrix}-0.1\begin{pmatrix}-1\\1\\0\end{pmatrix}=\begin{pmatrix}-0.9\\-0.1\\1\end{pmatrix}$$

此時若將相同的輸入 $\underline{x}(2)$ 測試此新的鍵結值向量，會發現期望輸出值為 -1，但感知機輸出值為 1，分類錯誤，因此仍需修正感知機的鍵結值向量。也就是說，感知機的學習過程並不保證一次就學會；有時更會發生為了學新的輸入卻將原先已正確分類的資料給誤判了。但只要是線性可分割的問題，此訓練演算法保證最後會收斂到 100%成功的解。

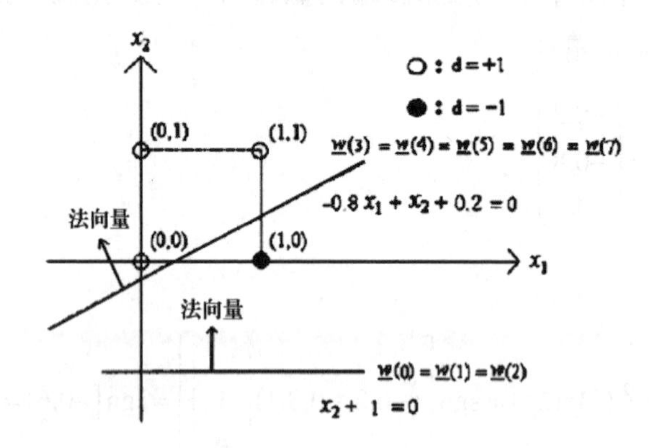

圖 2.5　範例 2.1 中，感知機訓練過程時的鍵結值向量

如果我們讓所有屬於 C_2 群類的圖樣向量 $\underline{x}(n)$都乘上負號，那麼式(2.11)可以簡化為：

$$\underline{w}(n+1)=\begin{cases}\underline{w}(n)+\eta\underline{x}(n) & \text{如果}\ \underline{w}^T(n)\underline{x}(n)<0\\ \underline{w}(n) & \text{如果}\ \underline{w}^T(n)\underline{x}(n)\geq 0\end{cases}\qquad(2.12)$$

其實我們也可以使用最佳化工具中的梯度下降法(gradient descent

algorithm)來推導出式(2.11) [4]，首先，定義代價函數為

$$E(n)=\frac{1}{2}\Big(\big(\underline{w}^T(n)\underline{x}(n)\big(-\underline{w}^T(n)\underline{x}(n)\Big) \tag{2.13}$$

接著，我們可以輕易地知道，當 $\underline{w}^T(n)\underline{x}(n)\geq 0$ 時(即正確分類)，$E(n)$即達到它的極小值—零。根據梯度下降法，我們求出 $E(n)$的梯度為

$$\frac{\partial E(n)}{\partial \underline{w}(n)}=\frac{1}{2}\left[\underline{x}(n)\cdot \mathrm{sgn}(\underline{w}^T(n)\underline{x}(n))-\underline{x}(n)\right] \tag{2.14}$$

其中

$$\mathrm{sgn}(\underline{w}^T(n)\underline{x}(n))=\begin{cases}1 & \text{如果 } \underline{w}^T(n)\underline{x}(n)\geq 0\\ -1 & \text{如果 } \underline{w}^T(n)\underline{x}(n)<0\end{cases} \tag{2.15}$$

根據梯度下降法，鍵結向量 $\underline{w}(n)$ 必須往誤差函數的負梯度方向修正才能將誤差最小化，因此調整鍵結向量的規則如下：

$$\begin{aligned}\underline{w}(n+1)&=\underline{w}(n)-\eta\frac{\partial E(n)}{\partial \underline{w}(n)}\\ &=\underline{w}(n)+\frac{\eta}{2}\left[\underline{x}(n)-\underline{x}(n)\cdot \mathrm{sgn}(\underline{w}^T(n)\underline{x}(n))\right]\end{aligned} \tag{2.16}$$

將式(2.15)代入式(2.16)便可發現式(2.16)就等於式(2.12)。

2.4 Widrow-Hoff 法則

本節介紹另一種學習規則來訓練單一感知機。此種由 Widrow 和 Hoff 於 1960 年提出訓練所謂“適應線性元件”(Adaptive Linear Element 簡稱為 Adaline)的學習規則，被稱做 Widrow-Hoff 法則或最小均方誤差法則(Least-Mean-Square Error method 簡稱 LMS 法則)[5]。基本上 Adaline 和感知機的架構是一樣的，如圖 2.6 所示，主要的差別在於訓練目標的不同，感知機的訓練目標是減少分類錯誤，而 Adaline 是減少類神經元的眞實輸出與期

望輸出間的均方誤差。

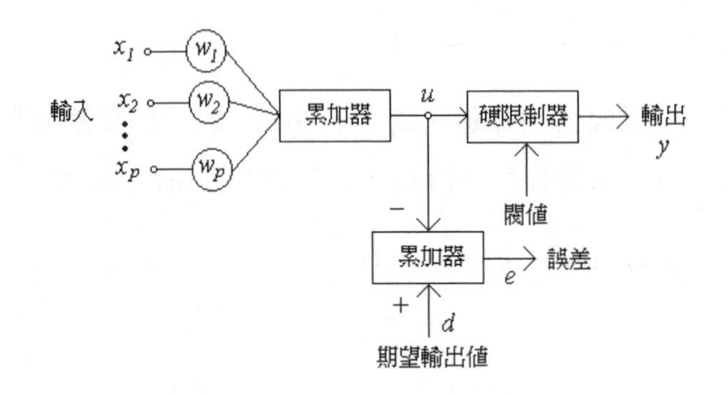

圖 2.6 Adaline 之架構方塊圖

給定一組輸入/輸出對，$(\underline{x}_i, d_i), i = 1, 2, \cdots, N$，$d_i$ 代表網路的期望輸出值。用來訓練 Adaline 的 LMS 法則就是想辦法找出一個鍵結值向量 $\underline{w}^*$，它可以使得誤差 $e_j = d_j - u_j$ 的均方值 (mean square) 最小，其中 $u_j = \sum_{i=1}^{p} w_i x_i = \underline{w}^T \underline{x}$ ($\underline{w} = (w_1, w_2, \cdots, w_p)^T$, $\underline{x} = (x_1, x_2, \cdots, x_p)^T$)。這個問題的答案在於所謂的 Wiener-Hoff 方程式[6]，因此我們先從此方程式談起，然後才導出 LMS 法則。

2.4.1 Wiener-Hoff 方程式

我們定義均方誤差(mean-square error)函數為：

$$J = \frac{1}{2} E[e^2] = \frac{1}{2} E[(d-u)^2] \tag{2.17}$$

其中 $E[\cdot]$ 是機率期望值運算子。加入常數 1/2 是為了使最後的調整公式的表示法更加地簡潔。我們的目標是要決定一組最佳權重(鍵結值) $\underline{w}^* = [w_1^*, w_2^*, ..., w_p^*]^T$，使得均方誤差函數 J 達到最小。

這個問題的解答在信號處理文獻上稱之為「Wiener filter 濾波器」。其解法如下，首先將 $u_k = \sum_{k=1}^{p} w_k x_k$ 代入式(2.17)並且展開可得：

$$J = \frac{1}{2}E[d^2] - E\left[\sum_{k=1}^{p} w_k x_k d\right] + \frac{1}{2}E\left[\sum_{j=1}^{p}\sum_{k=1}^{p} w_j w_k x_j x_k\right] \tag{2.18}$$

由於期望值運算子爲一線性運算子，因此我們可以將式(2.18)中的加總運算(Σ)與期望值運算(E)予以交換，重寫爲：

$$J = \frac{1}{2}E[d^2] - \sum_{k=1}^{p} w_k E[x_k d] + \frac{1}{2}\sum_{j=1}^{p}\sum_{k=1}^{p} w_j w_k E[x_j x_k] \tag{2.19}$$

其中的參數 w_j 被視爲常數，因此可以提到期望值運算子之外。爲了進一步簡化誤差函數的表示式，我們另外定義式(2.19)中的三個期望值運算如下：

1. $E[d^2]$是期望輸出 d 的「均方值」(mean-square value)；令

$$r_d = E[d^2] \tag{2.20}$$

2. $E[dx_k]$是期望輸出 d 與輸入信號 x_k 的「交互相關函數」(cross-correlation function)；令

$$r_{dx}(k) = E[dx_k], \quad k = 1,2,\ldots,p \tag{2.21}$$

3. $E[x_j x_k]$是輸入信號 x_j 與 x_k 彼此間的「自相關函數」(autocorrelation function)；令

$$r_x(j,k) = E[x_j x_k], \quad j,k = 1,2,\ldots,p \tag{2.22}$$

有了以上三個式子的定義，現在我們把式(2.19) 重寫如下：

$$J = \frac{1}{2}r_d - \sum_{k=1}^{p} w_k r_{dx}(k) + \frac{1}{2}\sum_{j=1}^{p}\sum_{k=1}^{p} w_j w_k r_x(j,k) \tag{2.23}$$

將誤差函數 J 對權重 $w_1, w_2, \ldots, w_p$ 作圖，可得 Wiener 濾波器的「誤差曲線」；這個誤差曲線是類似缽形的曲線(因爲 J 是 w_k 的二次函數)；曲線有個最低點，也就是整體誤差最小值的所在位置。

為求得此最佳參數解，我們將誤差函數 J 對權重 w_k 作偏微分，並將此偏微分方程式設為零，因此我們可以得到以下 p 個方程式

$$\nabla_{w_k} J = \frac{\partial J}{\partial w_k}$$

$$= -r_{dx}(k) + \sum_{j=1}^{p} w_j r_x(j,k) = 0, \quad k = 1,2,\cdots,p \tag{2.24}$$

令 w_k^* 為權重 w_k 的最佳值，從式(2.24)可知權重參數的最佳值是由下列 p 個方程式所決定：

$$\sum_{j=1}^{p} w_j^* r_x(j,k) = r_{xd}(k), \quad k = 1,2,...,p \tag{2.25}$$

這組方程式稱為「Wiener-Hoff 方程式」，而根據此權重參數所設計的濾波器則稱之為 Wiener 濾波器。

式(2.25)其實可以寫成如下的矩陣型式：

$$R\underline{w}^* = \underline{p} \tag{2.26}$$

其中 $\underline{w}^* = [w_1^*, w_2^*, \cdots, w_p^*]^T$ ，$R = E[\underline{x} \cdot \underline{x}^T] = [r_x(j,k)]$ 是一個 $p \times p$ 維度的自相關矩陣，和 $\underline{P} = [r_{dx}(1),...,r_{dx}(p)]^T$ 是一個 $p \times 1$ 維度的交互相關向量。很顯然地，Wiener-Hoff 方程式的解為

$$\underline{W}^* = R^{-1}\underline{p} \tag{2.27}$$

現在的問題是，我們通常不知道自相關矩陣與交互相關向量的值是多少。即使知道，我們每次都必須計算出 R 的反矩陣，而求反矩陣的計算量相當龐大，因此實際上的作法是採用 LMS 演算法，以疊代的方式來解 Wiener-Hoff 方程式。

2.4.2 最小均方演算法

「最小均方演算法(Least-Mean-Square Error Algorithm)」的使用時機是，

當我們無法得知自相關函數 $r_x(j,k)$ 與交互相關函數 $r_{dx}(k)$ 的資訊時，以「瞬間估測」(instantaneous estimates)的技術來估測這兩個相關函數，並且使用梯度坡降法來疊代求解。

從式(2.21)與式(2.22)可以導出：

$$\hat{r}_{dx}(k;n) = x_k(n)d(n) \tag{2.28}$$

以及

$$\hat{r}_x(j,k;n) = x_j(n)x_k(n) \tag{2.29}$$

其中相關函數 $\hat{r}_x(j,k;n)$ 與 $\hat{r}_{dx}(k;n)$ 的符號加上「^」是用來表示其爲「估測值」。由於 LMS 法則使用梯度坡降法，所以權重 w_k 的調整方向是往誤差梯度的反方向修正，計算方式如下：

$$w_k(n+1) = w_k(n) - \eta \nabla_{w_k} J(n), \quad k = 1,2,\cdots,p \tag{2.30}$$

然後將式(2.28)及式(2.29)代入式(2.24)中的梯度 $\nabla_{w_k} J$，然後配合式(2.30)，便可以得到下式：

$$\begin{aligned}
\hat{w}_k(n+1) &= \hat{w}_k(n) + \eta\left[x_k(n)d(n) - \sum_{j=1}^{p}\hat{w}_j(n)x_j(n)x_k(n)\right] \\
&= \hat{w}_k(n) + \eta\left[d(n) - \sum_{j=1}^{p}\hat{w}_j(n)x_j(n)\right]x_k(n) \\
&= \hat{w}_k(n) + \eta\left[d(n) - u(n)\right]x_k(n) \\
&= \hat{w}_k(n) + \eta\left[e(n)\right]x_k(n), \qquad k = 1,2,\ldots,p
\end{aligned} \tag{2.31}$$

其中 $u(n) = \sum_{j=1}^{p}\hat{w}_j(n)x_j(n)$ 和 $e(n) = d(n) - u(n)$。注意在式(2.31)中，我們以 $\hat{w}_k(n)$ 來代替 $w_k(n)$，以強調式(2.31)中的權重參數是估測值。

我們將最小均方演算法歸納如下：

步驟一：權重初始化，令

$$\hat{w}_k(1)=0 \quad k=1,2,...,p$$

步驟二：設定學習循環 n = 1，並且計算

$$u(n)=\sum_{j=1}^{p}\hat{w}_j(n)x_j(n)$$
$$e(n)=d(n)-u(n)$$
$$\hat{w}_k(n+1)=w_k(n)+\eta e(n)x_k(n)$$

步驟三：將學習循環加 1，回到步驟二，直到收斂或疊代次數超過某個上限值。

由上述的討論，可知最小均方演算法的優點是運算過程相當地簡潔。

最後，我們將「感知機訓練法」與「最小均方演算法」比較如下：

1. 感知機訓練演繹法主要的目標是調整鍵結值，使得類神經元的輸出 $y(n)$ 與期望輸出值 $d(n)$ 相同，亦即分類成功；而 LMS 演算法強調於如何找出一組鍵結值，使得類神經元的軸突丘細胞膜電位 $u(n)$ 儘可能地接近 $d(n)$。
2. 在輸入資料爲線性不可分割(non-linearly separable)的情況下，LMS 演算法有可能表現得比感知機演算法還要好，因爲前者會收斂至均方誤差的最小值，而後者卻無法收斂，所以訓練過程被中斷後，我們無法保證最後的鍵結值是整個訓練過程中最好的一組鍵結值，見圖 2.7(a)。
3. 在輸入資料爲線性可分割(linearly separable)時，感知機演算法可以保證收斂，並且可以百分之百分類成功；而 LMS 演算法雖然會收斂，但是卻並不一定可以百分之百分類成功，因爲它主要著眼於將均方誤差極小化。我們以圖 2.7(b)中被雜訊干擾過的輸入資料(有三個屬於“×”群類的資料被雜訊嚴重干擾)，來說明感知機演算法與 LMS 演算法的不同。由於在感知機演算法中，鍵結值向量的調整是依據分類是否正確的評估方式進行，因此在圖 2.7(b)的例子中，感知機演算法可以保證收斂，並且可以百分之百分類成功；而在 LMS 演算法中，鍵結值向量的調整是希望降低整體的均方根誤差，因此 LMS 演算法爲了要減小那三筆資料所引起的大量均方根誤差，會逼得它找到一組鍵結值，雖然可以將整體的均方根誤差降至最低，但是卻造成了分類失敗的效果。

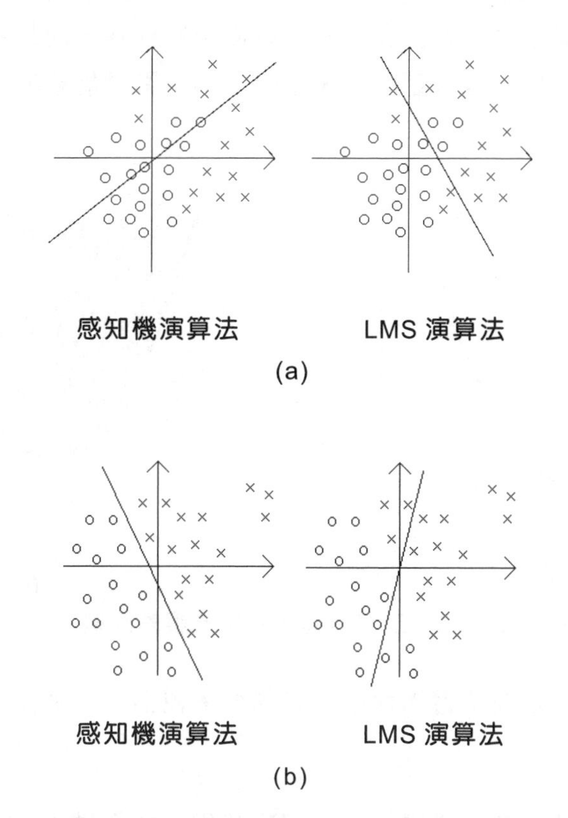

圖 2.7　感知機演算法與 LMS 演算法的比較 (a) 非線性可分割　(b) 線性可分割

2.5 學習率調整方法

應用以梯度坡降法爲根本的演算法時，最常遇到的問題就是，如何適當地設定學習率[6]。首先我們將式(2.28)和式(2.29)代入式(2.23)可得下式

$$J = \frac{1}{2} r_d - \sum_{k=1}^{p} w_k x_k(n) d(n) + \frac{1}{2} \sum_{j=1}^{p} \sum_{k=1}^{p} w_j w_k x_j(n) x_k(n) \tag{2.32}$$

仔細分析式(2.32)，我們發現均方誤差函數，J，對每一個鍵結值 w_j 來說都是個二次方程式。此二次方程式會形成如圖 2.8 的拋物線函數，也就是說，均方誤差函數對鍵結值來說只有一個全域極小值存在，所以不會有收斂到局部極小值的問題產生，但學習率的大小設定仍會影響能否收斂到全域極小值的結果。

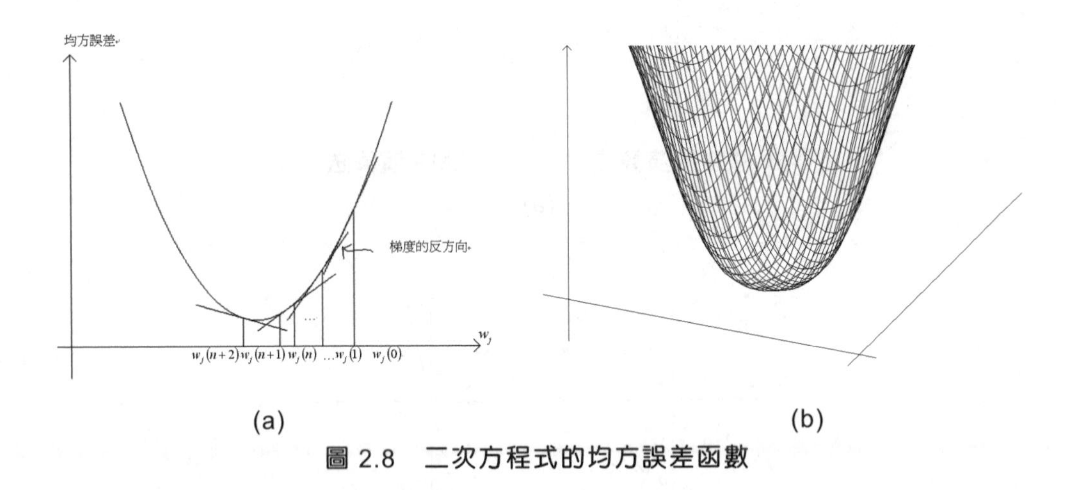

圖 2.8　二次方程式的均方誤差函數

最簡單的方式是在學習過程中，將學習率視爲一常數值，例如：

$$\eta(n) = \eta_0 \tag{2.33}$$

其中 n 是疊代次數。若 η_0 設得太大，那麼我們會在全域極小值的附近擺盪而無法收斂到全域極小值；但若 η_0 設得太小，那麼我們會以極慢的速度收斂到全域極小值。因此，理想的學習率因該是開始的時候可以大一點，然後，逐漸地減少以便能收斂到全域極小值。

因此，我們可以將學習率視爲一個時變函數，例如：

$$\eta(n) = \frac{c}{n} \tag{2.34}$$

其中的 c 是一個常數。這樣的選擇可以保證演算法的收斂，採用此種學習速率的演算法稱爲機率演算法；然而，若是常數 c 選用得太大，則在剛開始的幾個學習循環中會使得學習率大得不切實際。

另一種比較適當的學習率設定方法，稱爲「搜尋－收斂法則」[7]，表示如下：

$$\eta(n) = \frac{\eta_0}{1+(n/\tau)} \tag{2.35}$$

其中的 η_0 與 τ 是常數。τ 稱爲搜尋時間常數。當學習循環次數小於搜尋時間常數時；$\eta(n)$ 趨近於 η_0，此時演算法就如同「標準」的 LMS 演繹法，這個階段，可以在容許範圍內將 η_0 設定爲較大的值，希望能較快地搜尋到權重向量的適當值。當學習循環次數大於搜尋時間常數 τ 時；$\eta(n)$ 趨近於 $c/n,\ (c=\tau\eta_0)$，此時演算法就如同傳統的機率式演算法，使權重向量趨向收斂於最佳值。由此可知，「搜尋－收斂法則」結合了標準的 LMS 演繹法以及機率式演算法兩者的優點。我們以圖 2.9 來表示上述三種設定學習率參數的方式。

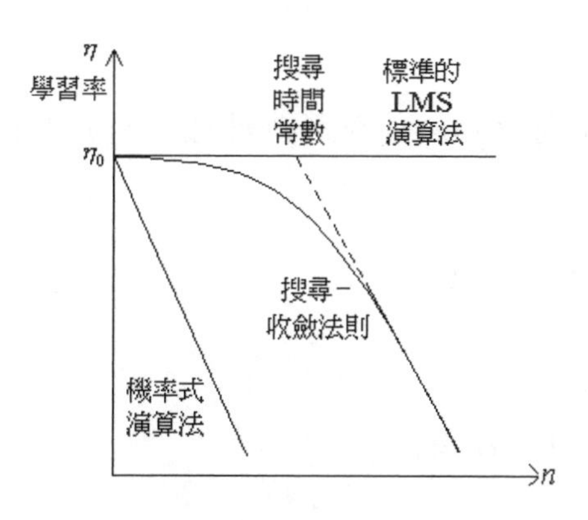

圖 2.9　三種設定學習率的方式

2.6 感知機之進階探討

在本章前半段，我們提到單層的感知機對於線性可分割的資料，可以被訓練至百分之百辨識成功。但是若資料是線性不可分割時，鍵結值的調整則無法收斂，若我們採取用訓練次數是否超過某一特定次數來終止訓練過程，所產生的副作用就是，無法確定最後的鍵結值是否是整個訓練過程中最好的一組鍵結值—亦即資料被正確辨識的數目最多。解決此問題的方法是 Gallant 所提出的"口袋演繹法" (pocket algorithm) [8]。此演繹法的基本概念是，將每次調整過後的鍵結值向量，都算出其能連續成功辨識資料的次數，將表現最好的那一組鍵結值向量 $\underline{w}^*(n)$ 放入口袋(即儲存起來)，因此，不管訓練過程在何時停止，口袋裏儲存的總是那一組可以辨識最多資料的鍵結值向量。我們將口袋演繹法的演算步驟敘述如下：

步驟一：設定鍵結值向量的初始值為 $\underline{0}$ 向量，並且設定學習循環 n=1。

步驟二：隨機地選擇一個訓練樣本 $\underline{x}(n)$，並且輸入至感知機網路中。

步驟三：

1. 如果目前的鍵結值向量 $\underline{w}(n)$ 能夠將訓練樣本 $\underline{x}(n)$ 正確地分類成功，也就是說：

   $$\{\ \underline{w}^T(n)\underline{x}(n) \geq 0 \text{ 且 } \underline{x}(n) \in C_1\ \}$$

   或者

   $$\{\ \underline{w}^T(n)\underline{x}(n) < 0 \quad \text{且} \quad \underline{x}(n) \in C_2\ \}$$

   又如果目前的鍵結值向量 $\underline{w}(n)$ 能夠正確分類的訓練樣本數，大於口袋中的那一組鍵結值向量 $\underline{w}^*(n)$ 所能夠正確分類的訓練樣本數，則以 $\underline{w}(n)$ 來取代 $\underline{w}^*(n)$，並且更正目前所能正確分類的訓練樣本數目。

2. 如果目前的鍵結值向量 $\underline{w}(n)$ 將訓練樣本 $\underline{x}(n)$ 分類錯誤，則修正目前的鍵結值向量 $\underline{w}(n)$ 為：

$$\begin{cases} \underline{w}(n+1)=\underline{w}(n)-\eta(n)\underline{x}(n) & \text{若 } \underline{w}^T(n)\underline{x}(n)\geq 0 \text{ 且 } \underline{x}(n)\in C_2 \\ \underline{w}(n+1)=\underline{w}(n)+\eta(n)\underline{x}(n) & \text{若 } \underline{w}^T(n)\underline{x}(n)< 0 \text{ 且 } \underline{x}(n)\in C_1 \end{cases}$$

步驟四：將學習循環加 1，回到步驟二，直到學習次數到達某一事先設定之特定值。

理論上，感知機是可以用來解決任何複雜的圖樣識別(pattern recognition)的問題，只是當時沒有一個有效率的訓練演繹法來配合而已。現在，我們一一來分析問題的癥結所在：

1. 單層的感知機是用超平面來切割空間，因此只能處理線性可分割的資料。
2. 雙層感知機可以處理較複雜的問題，譬如說我們限制第二層的感知機只執行邏輯 AND 的功能，那麼第一層的感知機便可合力圍起一個凸形(convex)的決定區域。
3. 三層的感知機則可以形成任意形狀的決定區域，譬如說第二層的感知機執行邏輯 AND 的功能，而第三層的感知機則執行邏輯 OR 的功能，那麼不管是凸形或是凹形(concave)的決定區域都可以輕易地形成。

我們用圖 2.9 來說明上述之探討[9]。雖然，從以上的分析，我們可以清楚地知道三層的感知機網路可以解決任何複雜的圖樣識別問題。可是，當時沒有一種有效的學習演算法可以配套使用。除此之外，之所以需要三層的架構，是因為我們限制了感知機的活化函數是採用硬限制函數，以及限定第二層和第三層的類神經元分別執行 AND 與 OR 的功能；在下一章，我們將會發現，如果活化函數是採用 s-型函數，那麼只要類神經元的數目夠多的話，兩層的感知機網路可以逼近任何複雜的連續函數。

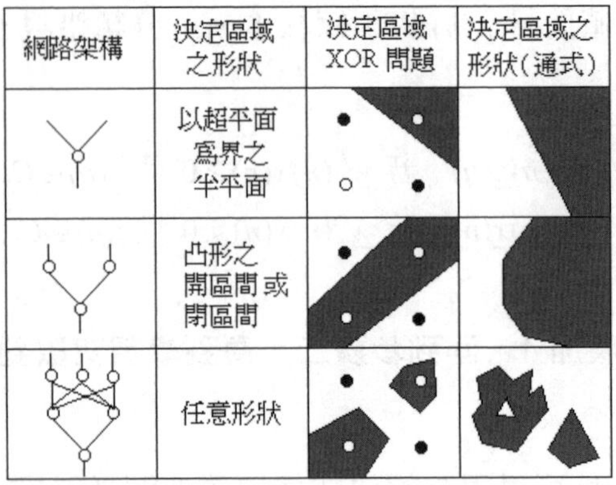

網路架構	決定區域之形狀	決定區域 XOR 問題	決定區域之形狀(通式)
	以超平面爲界之半平面		
	凸形之開區間或閉區間		
	任意形狀		

圖 2.10　感知機的決定區域之收斂特性分析

2.7 結語

本章介紹了最簡單的類神經網路—感知機的結構及其訓練演繹法。一個單層的感知機架構可以百分之百地將線性可分割的資料正確分類，但對於線性不可分割的資料而言，卻無法百分之百成功辨識。爲了達成此目地，多層的感知機架構是個變通的方法，問題是在 60 年代的當時，並沒有一個較理想的訓練演繹法可以訓練多層的感知機，由於實際上我們遭遇到的問題通常是線性不可分割的資料，因此感知機的能力便被懷疑，導至研究的中斷，這個問題的解決方法是直到 80 年代才被發現，由於這個演繹法的出現，使得類神經網路的研究又再度蓬勃發展，我們將在下一章探討此演繹法。

參考文獻

[1] W. S. McCulloch, and W. Pitts, "A logical calculus of the ideas immanent in nervous activity," Bulletin of Mathematical Biophysics, vol. 5, pp. 115-133, 1943.

[2] D. O. Hebb, *The Organization of Behavior: A Neuropsychological Theory*, Wiley, New York, 1949.s

[3] F. Rosenblatt, "The perceptron: A probabilistic model for information storage and organization in the brain," Psychological Review, vol. 65, pp. 386-408, 1958.

[4] N. K. Bose and P. Liang, *Neural Network Fundamentals with Graphs, Algorithms, and Applications*, McGraw-Hill, Inc., 1996.

[5] B. Widrow, and M. E. Hoff, Jr., "Adaptive switching circuits," IRE WESCON Convention Record, pp. 96-104, 1960.

[6] S. Haykin, *Neural Networks: A Comprehensive Foundation*, Macmillan College Publishing Company, Inc., 1994.

[7] C. Darken, and J. Moody, "Towards faster stochastic gradient search," In Advances in Neural Information Processing Systems (J. E. Moody, S. J. Hanson, and R. P. Lippmann, eds.), pp. 1009-1016, San Mateo, CA: Morgan Kaufmann, 1992.

[8] S. I. Gallant, *Neural Network Learning and Expert Systems*, The MIT Press, Massachusetts, 1993.

[9] R. P. Lippman, "An introduction to computing with neural nets," IEEE ASSP Magazine, vol. 4, pp.4-22, 1987.

機器學習

CHAPTER 3

多層感知機

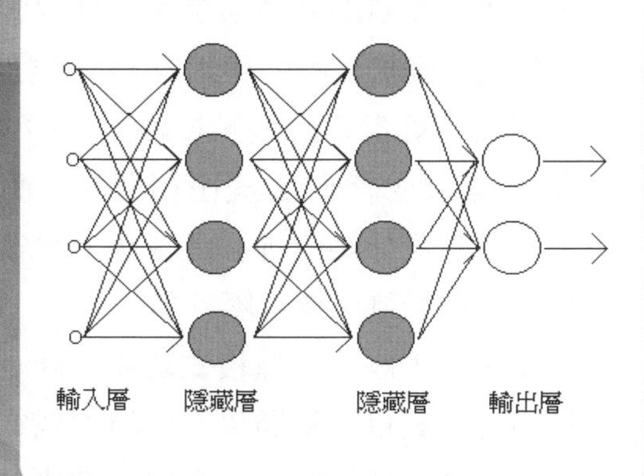

3.1 引言

在本章中我們要介紹類神經網路發展史上相當重要的多層前饋式網路(Multilayer feedforward networks)。基本上，此種網路具有；一層的輸入層、一層或一層以上的隱藏層、以及一層的輸出層；輸入信號以前饋方式由輸入層傳向輸出層，其中以「多層感知機(multilayer perceptrons)」或稱為「倒傳遞類神經網路(backpropagation networks)」最為著稱。其實層狀的網路架構也發生在生物神經系統中，譬如說人類大腦的結構，根據生物解剖學的資料顯示，大腦皮質的外型雖然是個薄片，但是其最引人注目的一點，是它的多層狀構造〈傳統上區分為六層〉，不同層之間的神經元有不同的構造，其作用也不相同，更重要的是，神經元間的連結方式也不相同[1]。當外界的能量信號(如語音或影像等)經由相關的感測細胞轉換成生物性的電離子信號後，經由許多互相連結的神經元傳遞，最後到達大腦，信號在此被處理以便決定該採取何種措施，來因應外界的刺激。除此之外，所有的高階的知覺(cognition)也產生於大腦，這種複雜功能的產生，應該部份歸功於層狀的結構，當然，神經元的數目、種類以及連結型式亦功不可沒。

在類神經網路中，多層的架構是為了增加非線性，因為所要處理的問題通常是非線性問題。多層感知機的網路學習方式是採用「監督式學習(supervised learning)」，網路的訓練演算法是由屬於錯誤更正學習法則的「倒傳遞演算法(backpropagation algorithm)」來訓練網路的鍵結值，此種演算法則也可以視為是 Delta 學習法則的一種推廣。

「倒傳遞演算法」的網路訓練方式包含兩個階段：前饋階段以及倒傳遞階段。在前饋階段時，輸入向量由輸入層引入，以前饋方式經由隱藏層傳導至輸出層，並計算出網路輸出值，此時，網路的鍵結值都是固定的；而在倒傳遞階段時，網路的鍵結值則根據錯誤更正法則來進行修正，藉由鍵結值的修正，以使網路的輸出值趨向於期望輸出值，更明確地說，我們以期望(正確)輸出值減去網路輸出值以得到誤差信號，然後將此誤差信號倒傳遞回網路中，因此我們將此種演算法稱之爲「倒傳遞演算法」。

實際上，倒傳遞演算法概念的產生該歸功於由兩位心理學家 Rumelhart 和 McClellend 所主持的 PDP 小組[2]以及哈佛大學畢業的 Werbos 博士[3]。雖然與倒傳遞演算法類似的概念早就出現在 Werbos 的博士論文中，但當初 Werbos 並沒將此概念應用於多層感知機的訓練；直到 PDP 小組後來自行又發展了相同的技術，並應用於多層感知機的訓練，才使倒傳遞演算法廣爲流傳。

多層感知機具有以下三個特性：

一、每個類神經元的輸出端都包含了一個非線性的活化函數。而且此非線性元件是平滑的，並且連續可微分，而此非線性的活化函數，我們通常以 sigmoid 函數來表示：

$$y_j = \frac{1}{1+\exp(-v_j)}$$

其中 v_j 是類神經元的內部激發狀態(net internal activity level)，亦即軸突丘之細胞膜電位與閥值之間的差值，y_j 是類神經元的輸出值。值得注意的是，此非線性函數的可微分特徵扮演十分重要的角色；否則要是採用線性的活化函數，不管是多少層的架構，實際上，網路的輸入/輸出關係就和單層感知機網路無異了。

二、網路包含了一層或一層以上的隱藏層。也就是隱藏層的類神經元，使得多層感知機可從複雜的輸入圖樣中，萃取出有意義的特徵。

三、網路具有高度的聯結性(connectivity)。若某一類神經元改變其鍵結值，則所有與其相聯結的類神經元的輸出值皆會因而改變。

由於多層感知機具有上述三項特徵使其具備了強大的計算能力，透過這三種特性的結合，多層感知機可以經由訓練的過程來從範例中(過去的經驗)學習到應有的概念(concept)。

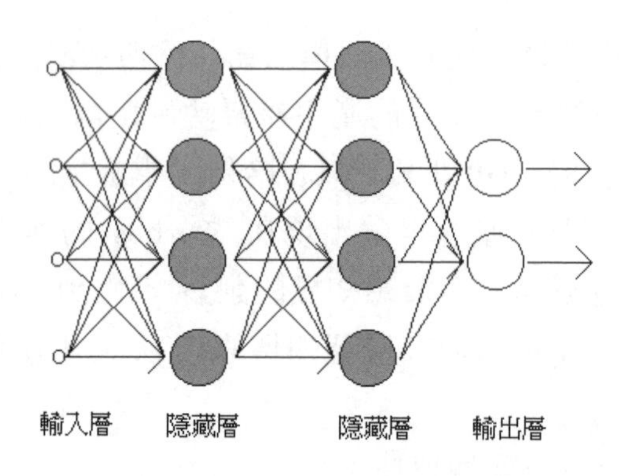

圖 3.1　具有兩層隱藏層的多層感知機網路架構圖

3.2 網路架構與符號表示法

圖 3.1 所示為具有兩層隱藏層的多層感知機網路架構圖，圖中類神經元的聯結稱為全聯結(fully connected)，也就是說每個類神經元與其前一層的類神經元都有聯結。由外界輸入之激發信號，以前饋的方式由左至右傳遞；而由輸出端產生之誤差信號，則是以倒傳遞的方式由右至左傳遞。每個位於隱藏層以及輸出層的類神經元會執行以下兩種運算：

1. 計算類神經元對激發信號的輸出，也就是將輸入信號或前一層類神經元的輸出與該類神經元鍵結值向量做內積運算之後，然後將此運算值通過活化函數，這時的輸出就是此類神經元的輸出值；此項運算是在前饋階段執行。
2. 計算類神經元對誤差函數的梯度向量的瞬間估測。誤差函數的梯度向量定義為：誤差函數對該類神經元鍵結值向量的微分；此項運算是在倒傳遞階段執行。

在導出多層感知機的網路演算法則之前，為了避免讀者混淆，我們將所使用的數學符號整理如下(符號用法及演算法則之推導是參考[4])：

1. 下標，i, j, k，代表不同的類神經元，當第 j 個類神經元為隱藏層之類神經元時，第 i 個類神經元在第 j 個類神經元的左邊，第 k 個類神經元在第 j

個類神經元的右邊。

2. 以 n 來表示學習循環的次數。
3. 以 $E(n)$ 來表示在第 n 次學習循環時的瞬間誤差平方函數；而 $E(n)$ 的平均值稱爲均方差 E_{av}。
4. 以 $e_j(n)$ 來表示在第 n 次學習循環時之第 j 個類神經元的誤差信號。
5. 以 $d_j(n)$ 來表示在第 n 次學習循環時之第 j 個類神經元的期望輸出。
6. 以 $y_j(n)$ 來表示在第 n 次學習循環時，第 j 個類神經元的實際輸出值，若第 j 個類神經元是位於輸出層，那麼也可用來 $O_j(n)$ 代替 $y_j(n)$。
7. 以 $w_{ji}(n)$ 來表示在第 n 次學習循環時，由第 i 個類神經元或第 i 維輸入連結至第 j 個類神經元的鍵結值；而對此鍵結值的修正量則以 $\Delta w_{ji}(n)$ 表示。
8. 以 $v_j(n)$ 來表示在第 n 次學習循環時之第 j 個類神經元的內部激發狀態。
9. 以 $\varphi(\cdot)$ 來表示第 j 個類神經元的活化函數(activation function)。
10. 以 θ_j 來表示第 j 個類神經元的閥值(threshold)。爲了簡化網路表示式，我們將閥值項表示爲該類神經元的第零個鍵結值，即 $w_{j0}=\theta_j$，並聯結至固定的輸入值-1。
11. 以 $x_i(n)$ 來表示輸入圖樣(向量)的第 i 個元素。
12. 以 η 來表示學習率參數。

3.3 倒傳遞演算法

在第 n 次學習循環時，網路輸出層的第 j 個類神經元的誤差函數定義爲：

$$e_j(n)=d_j(n)-y_j(n) \tag{3.1}$$

我們定義第 j 個類神經元之平方差的瞬間值爲 $\frac{1}{2}e_j^2(n)$。而瞬間誤差平方函數，$E(n)$，也就是所有輸出層類神經元的平方差瞬間值的總合，表示爲：

$$E(n)=\frac{1}{2}\sum_{j\in C}e_j^2(n) \tag{3.2}$$

其中集合 C 是包含所有輸出層類神經元的子集合。令 N 為輸入訓練資料的個數，則均方誤差函數定義為：

$$E_{av}=\frac{1}{N}\sum_{n=1}^{N}E(n) \tag{3.3}$$

瞬間誤差平方函數 $E(n)$ 以及均方誤差函數 E_{av} 是鍵結值向量以及閥值的函數。對於給定的訓練資料集合，我們可以用瞬間誤差平方函數 $E(n)$ 或均方誤差函數 E_{av} 來代表網路學習此訓練資料的代價函數，這兩者的差異性只是在於一個是「圖樣學習(pattern learning)」，另一個是「批次學習(batch learning)」，而網路訓練的目標就是要將 $E(n)$ 或 E_{av} 最小化。為了簡化推導過程中的符號使用複雜度，以下我們採用 $E(n)$ 當作網路訓練的代價函數，若要將 E_{av} 當作代價函數，則只要將最後的鍵結值調整公式的最前面，再加上 $\frac{1}{N}\sum_{n=1}^{N}$ 即可。

首先計算類神經元的內部激發狀態 $v_j(n)$，其式子如下：

$$v_j(n)=\sum_{i=0}^{P}w_{ji}(n)y_i(n) \tag{3.4}$$

其中 p 是第 j 個類神經元的輸入維數(不包括閥值項)，若第 j 個類神經元是位於第一層的隱藏層，那麼 $y_i(n)=x_i(n)$，否則，$y_i(n)$ 代表是位於前一層的為神經元的輸出值，而連結至固定的輸入值（-1）的鍵結值，w_{j0}，就是第 j 個類神經元的閥值，θ_j。因此，第 j 個類神經元在第 n 次學習循環時的輸出為：

$$y_j(n)=\varphi(v_j(n)) \tag{3.5}$$

就如同最小均方法，倒傳遞演算法對鍵結值 $w_{ji}(n)$ 的修正量 $\Delta w_{ji}(n)$ 和負的梯度的估測值，$\partial E(n)/\partial w_{ji}(n)$，成正比關係。根據鍊鎖率(chain rule)，我們可將梯度表示為：

$$\frac{\partial E(n)}{\partial w_{ji}(n)}=\frac{\partial E(n)}{\partial v_j(n)}\frac{\partial v_j(n)}{\partial w_{ji}(n)} \tag{3.6}$$

根據式(3.4)

$$\frac{\partial v_j(n)}{\partial w_{ji}(n)}=\frac{\partial}{\partial w_{ji}(n)}\left[\sum_{i=0}^{p} w_{ji}(n)y_i(n)\right]=y_i(n) \tag{3.7}$$

我們定義區域梯度函數 δ_j 為：

$$\delta_j(n)=-\frac{\partial E(n)}{\partial v_j(n)} \tag{3.8}$$

那麼鍵結值 $w_{ji}(n)$ 的修正量 $\Delta w_{ji}(n)$ 就可以寫成

$$\Delta w_{ji}(n)=\eta\delta_j(n)\cdot y_i(n) \tag{3.9}$$

其中 η 是學習率參數。因此我們可以根據下式來調整鍵結值

$$w_{ji}(n+1)=w_{ji}(n)+\Delta w_{ji}(n)=w_{ji}(n)+\eta\delta_j(n)y_i(n) \tag{3.10}$$

由式(3.9)可知，要得到鍵結值修正量 $\Delta w_{ji}(n)$，就得先求出 δ_j。我們可以依據第 j 個類神經元所在的位置來區分為兩種情形；第一種情形是第 j 個類神經元是輸出層的類神經元：由於輸出層的類神經元已經有其本身期望輸出值的資訊，因此我們可以直接計算其誤差信號，然後 δ_j 就可以被算出來。第二種情形是第 j 個類神經元是隱藏層的類神經元：雖然隱藏層的類神經元無法直接讀取其輸入/輸出關係，但仍然與網路最後的輸出所造成的誤差有關，因此其 δ_j 的計算方式則是將誤差信號倒傳遞回網路的方式來達成。我們將此兩種情形分述如下：

一、第 j 個類神經元是輸出層的類神經元：

由於位於輸出層的類神經元的期望輸出值是已知的，所以我們可以根據式(3.1)和式(3.2)得到 $E(n)$ 與 $v_j(n)$ 的關係，所以

$$\delta_j(n) = -\frac{\partial E(n)}{\partial v_j(n)} = -\frac{\partial E(n)}{\partial y_j(n)}\frac{\partial y_j(n)}{\partial v_j(n)}$$
$$= -\frac{\partial}{\partial y_j(n)}\left[\frac{1}{2}\sum_{j\in c}\left(d_j(n) - y_j(n)\right)^2\right]\cdot\frac{\partial\left(\varphi\left(v_j(n)\right)\right)}{\partial v_j(n)}$$
$$= \left(d_j(n) - y_j(n)\right)\varphi_j'\left(v_j(n)\right) \tag{3.11}$$

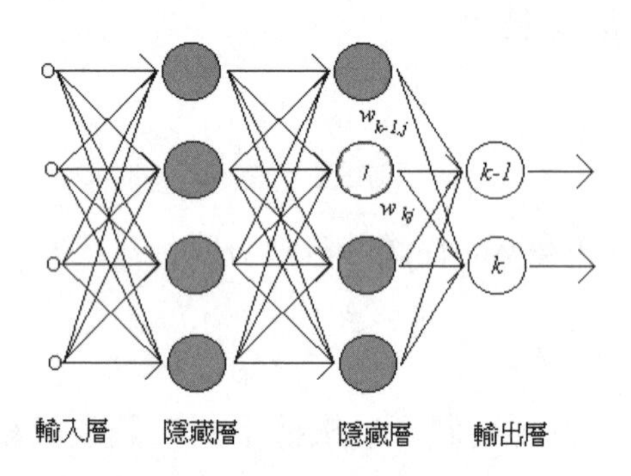

圖 3.2　當第 j 個類神經元是隱藏層的類神經元時的多層感知機模型

二、第 j 個類神經元是隱藏層的類神經元：

由於隱藏層的類神經元沒有其本身期望輸出值的資訊，因此其誤差函數的計算，必須由其所直接連結的類神經元以遞迴的方式爲之；此種計算方式也是倒傳遞演算法最複雜的部份。如圖 3.2 所示，當第 j 個類神經元是隱藏層的類神經元時，對此第 j 個類神經元之 $\delta_j(n)$ 的定義仍然是：

$$\delta_j(n) = -\frac{\partial E(n)}{\partial y_j(n)}\frac{\partial y_j(n)}{\partial v_j(n)}$$
$$= -\frac{\partial E(n)}{\partial y_j(n)}\varphi_j'\left(v_j(n)\right) \tag{3.12}$$

現在的問題是 $\partial E(n)/\partial y_j(n)$ 該如何求得？因爲我們無法一眼看出 $E(n)$ 與 $y_j(n)$ 的函數關係，因此必須想辦法先找出 $y_j(n)$ 與輸出層的類神經元的關係，然後才能求出 $\partial E(n)/\partial y_j(n)$，從圖 3.2 我們發現 $y_j(n)$ 是透過 w_{kj} 來聯

結第 k 個輸出類神經元($y_k(n)=\varphi(v_k(n))=\varphi(\sum_j w_{kj}(n)y_j(n))$)。輸出層的類神經元有幾個，那麼 $y_j(n)$ 就透過鍵結值出現於 $E(n)$ 幾次。因此，我們再一次使用鍊鎖率(chain rule) 來計算 $\partial E(n)/\partial y_j(n)$，推導如下：

$$\frac{\partial E(n)}{\partial y_j(n)}=\sum_k \frac{\partial E_n(n)}{\partial v_k(n)}\frac{\partial v_k(n)}{\partial y_j(n)}=\sum_k \frac{\partial E(n)}{\partial v_k(n)}w_{kj}(n) \tag{3.13}$$

如果第 k 個類神經元是輸出層的類神經元，所以根據式(3.11)

$$\begin{aligned}\frac{\partial E(n)}{\partial v_k(n)}&=-\delta_k(n)\\&=-\left(d_k(n)-y_k(n)\right)\varphi'\left(v_k(n)\right)\end{aligned} \tag{3.14}$$

將式(3.13) 與式(3.14) 代入式(3.12) 可得：

$$\begin{aligned}\delta_j(n)&=\left[\sum_k \delta_k(n)w_{kj}(n)\right]\varphi'\left(v_j(n)\right)\\&=\left[\sum_k \left(d_k(n)-y_k(n)\right)\varphi'\left(v_k(n)\right)w_{kj}(n)\right]\varphi'\left(v_j(n)\right)\end{aligned} \tag{3.15}$$

在計算每一個類神經元的區域梯度函數，δ，時，需要知道該類神經元活化函數，$\varphi(\cdot)$，微分的資訊。而要使其微分值存在，活化函數必須是連續可微分的。在多層感知機裡，活化函數最常使用的是對數型式的「sigmoid 函數」，對第 j 個類神經元而言，定義如下：

$$\begin{aligned}y_j(n)&=\varphi\left(v_j(n)\right)\\&=\frac{1}{1+\exp\left(-v_j(n)\right)},\quad -\infty<v_j(n)<\infty\end{aligned} \tag{3.16}$$

其中 $v_j(n)$ 是第 j 個類神經元的內部激發狀態。由式(3.16)可知，該類神經元的輸出值範圍是 $0\le y_j\le 1$。將式(3.16)對第 j 個類神經元的內部激發狀態，$v_j(n)$，偏微分可得：

$$\frac{\partial y_j(n)}{\partial v_j(n)} = \varphi'\left(v_j(n)\right) = \frac{\exp\left(-v_j(n)\right)}{\left[1+\exp\left(-v_j(n)\right)\right]^2} \tag{3.17}$$

將式(3.16)代入式(3.17)消去指數項，$\exp\left(-v_j(n)\right)$，可以得到活化函數的偏微分爲：

$$\varphi'\left(v_j(n)\right) = y_j(n)[1-y_j(n)] \tag{3.18}$$

值得注意的是在式(3.18)中，當 $y_j(n)=0.5$ 時，$\varphi'\left(v_j(n)\right)$ 達到其最大值(也就是 0.25)；當 $y_j(n)=0$ 或 $y_j(n)=1.0$ 時，$\varphi'\left(v_j(n)\right)$ 達到最小值(也就是 0)，由於鍵結值的修正量和活化函數的微分，$\varphi'\left(v_j(n)\right)$，成正比；因此使用 sigmoid 函數作爲活化函數時，當輸入信號的大小處於中間值時，鍵結值的改變量會達到最大，若輸出信號的大小位於邊界時（即接近 1 或 0 時），鍵結值的改變量會降到最低，由於 sigmoid 函數的這項特性，使得倒傳遞演算法是一個穩定的學習演算法。

現在我們將上述倒傳遞演算法的推導過程作一個總結，首先，由第 i 個類神經元或第 i 維輸入連結至第 j 個類神經元的鍵結值修正量，$\Delta w_{ji}(n)$，是由以下「delta 法則」來定義：

$$\begin{pmatrix}\text{鍵結值}\\ \text{修正量}\\ \Delta w_{ji}(n)\end{pmatrix} = \begin{pmatrix}\text{學習率}\\ \text{參數}\\ \eta\end{pmatrix} \cdot \begin{pmatrix}\text{區域}\\ \text{梯度函數}\\ \delta_j(n)\end{pmatrix} \cdot \begin{pmatrix}\text{第}j\text{個類神經元}\\ \text{的輸入向量}\\ y_i(n)\end{pmatrix}$$

其次，區域梯度函數 $\delta_j(n)$ 的計算是依據第 j 個類神經元是輸出層類神經元或是隱藏層類神經元而不同：

一、如果第 j 個類神經元是輸出層的類神經元，區域梯度函數，$\delta_j(n)$，等於 $\varphi'\left(v_j(n)\right)$ 與誤差信號，$e_j(n)$，的乘積；兩者都只跟第 j 個類神經元有關。

$$\begin{aligned}\delta_j(n) &= e_j(n)\varphi'\left(v_j(n)\right)\\ &= \left(d_j(n)-O_j(n)\right)O_j(n)\left(1-O_j(n)\right)\end{aligned} \tag{3.19}$$

二、如果第 j 個類神經元是隱藏層的類神經元，區域梯度函數，$\delta_j(n)$，等於 $\varphi'\left(v_j(n)\right)$ 與其右邊相聯結的類神經元的誤差函數，$\delta_k(n)$，加權總合的乘積。

$$\begin{aligned}\delta_j(n) &= \varphi'\left(v_j(n)\right)\sum_k \delta_k(n) w_{kj}(n) \\ &= y_j(n)\left(1-y_j(n)\right)\sum_k \delta_k(n) w_{kj}(n)\end{aligned} \tag{3.20}$$

倒傳遞演算法的計算過程可區分爲兩個階段，第一個階段是前饋階段，算出每個類神經元的輸出；第二個階段是倒傳遞階段，將每個類神經元的 $\delta_j(n)$ 求出。在前饋階段時，網路的鍵結值向量皆保持不變，每個類神經元依序計算對於輸入向量所產生之輸出值。換句話說，第 j 個類神經元的輸出爲：

$$y_j(n) = \varphi\left(v_j(n)\right) \tag{3.21}$$

其中 $v_j(n)$ 是第 j 個類神經元的內部激發狀態，定義爲：

$$v_j(n) = \sum_{i=0}^{p} w_{ji}(n) y_i(n) \tag{3.22}$$

前饋階段的計算過程中，起始於第一層的隱藏層而終止於網路的輸出層，最後還要計算輸出層類神經元的誤差信號。然後，在倒傳遞階段的計算過程裡，起始於網路的輸出層，依序地將誤差信號往回傳遞，以遞迴的方式計算每一個類神經元的區域梯度函數，並且在此遞迴運算的過程中，依照式(3.10)的 delta 法則來改變鍵結值。

3.4 網路訓練須知

在 2.5 節時，我們推導出均方誤差函數，J，對每一個鍵結值 w_j 來說都是個二次方程式。此二次方程式會形成如圖 2.8 的拋物線函數，也就是說，均方誤差函數對鍵結值來說只有一個全域極小值存在，所以不會有收斂到局部極小值的問題產生。但在多層感知機時，誤差函數，$E(n)$，對每一個鍵結值 w_j

來說都是非線性的函數($E(n)=\frac{1}{2}\sum_{j\in C}e_j^2(n)=\frac{1}{2}\sum_{j\in C}[d_j(n)-\varphi(\sum_i w_{ji}(n)\varphi(v_i(n)))]^2$)。此非線性的函數會呈現許多局部極小值，所以會有收斂到局部極小值的問題產生。在倒傳遞演算法的訓練過程中，學習率參數的設定是很重要的。學習率設的越小，則鍵結值的改變量也越小，鍵結值向量在鍵結值空間中的搜尋軌跡也越平滑，然而，網路收斂的速度也須要更久的時間；相反地，我們若將學習率設得較大以增快學習速率，則所對應產生較大的鍵結值改變量，可能會使得網路變得不穩定而無法收斂(鍵結值向量在誤差曲線中振盪)。

倘若訓練過程中遇到如圖 3.3 所示的情況時，由於此誤差曲線有一個極爲陡峭的隙縫，若學習率設得較大，則我們會在此陡峭的隙縫附近擺盪而無法收斂至隙縫的谷底；若學習率設得很小，則我們可以收斂至隙縫的谷底，但速度會極慢。

一個既簡單且能增快學習速率又能避免網路陷入述問題的方法是，在式(3.9)中，加入一個慣性項(momentum) [5]成爲：

$$\Delta w_{ji}(n)=\alpha\Delta w_{ji}(n-1)+\eta\delta_j(n)y_i(n) \tag{3.23}$$

其中 α 是一個大於零的常數，亦稱爲慣性常數，它可以用來控制 $\Delta w_{ji}(n)$ 的回饋量。觀察式(3.23)我們可以發現：

1. 式(3.23)收斂的條件是慣性常數的大小必須限制爲： $0\le\alpha<1$。
2. 在連續兩次的學習循環中，區域梯度函數若具有相同的正負號，即 $\Delta w_{ji}(n)$ 與 $\Delta w_{ji}(n-1)$ 同爲正號或同爲負號，則 $\Delta w_{ji}(n)$ 的量將增大，使得鍵結值改變量增大，因此加速了學習的速度。
3. 若在連續兩次的學習循環中，區域梯度函數具有相異的正負號時，即 $\Delta w_{ji}(n)$ 與 $\Delta w_{ji}(n-1)$ 一爲正號另一爲負號，則 $\Delta w_{ji}(n)$ 的量將會減小，使得鍵結值改變量減小，因此可以避免網路趨於振盪而無法收斂，具有穩定的功用。

由上述的三點觀察可知，在倒傳遞演算法中加入慣性項，只需稍微地修改鍵結值向量的修正方式，而卻可以有效地改進網路的學習過程；但是，所必須付出的代價是，需要增加記憶體以便儲存 $\Delta w_{ji}(n-1)$。

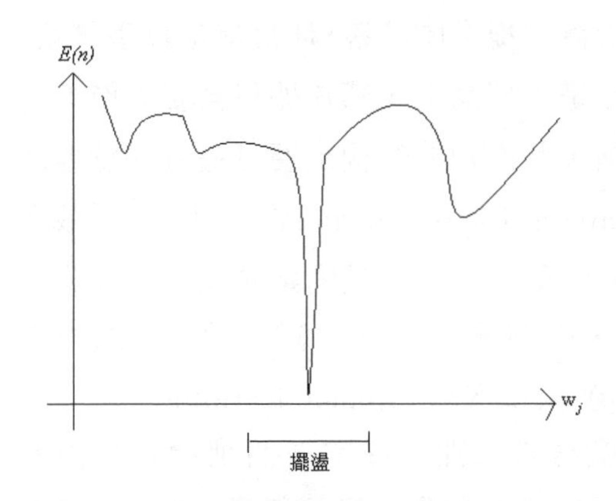

圖 3.3　擺盪於陡峭的隙縫附近而無法收斂至隙縫的谷底

當我們想利用多層感知機來解決問題時，首先要產生相關之訓練資料。我們依據期望輸出的特性將問題分為兩類：**函數逼近**(function approximation)**問題**及**圖樣識別**(pattern recognition)**問題**。在函數逼近問題中，期望輸出值可以是連續值(continuous)；而在圖樣識別問題中，期望輸出值是離散值(discrete)。由於類神經元活化函數採用的是 sigmoid 函數，所以類神經元的輸出是位於 [0,1] 區間。倘若期望輸出值是超出 [0,1] 區間，那麼我們必須將期望輸出值予以正規化。假設我們可以找出期望輸出值的最大及最小值分別是 $d_{\max}$ 和 $d_{\min}$，那麼透過 $d'=(d-d_{\min})/(d_{\max}-d_{\min})$ 的正規化處理，可以將期望輸出值轉換成位於 [0,1] 區間；至於訓練好之網路輸出值則可透過 $y'=y\times(d_{\max}-d_{\min})+d_{\min}$ 的處理，將網路輸出值從 [0,1] 區間轉換成原來資料區間。至於圖樣識別問題，則需考量是分幾類的問題。假設是分 K 類的問題，如果只想要用一個輸出類神經元，那麼期望輸出值可以設定成 $0,1/_{K-1},2/_{K-1},\cdots,1$；若是要用多個輸出類神經元，那麼可以用 K 位元或 $\log_2(K)$ 位元來表示 K 類。

訓練資料收集完後，接著，必須解決的問題是 (1) 該用幾層的架構？以及 (2) 每一層的類神經元的數目是多少？從期望輸出，我們可以判斷出輸出類神經元的數目。但其他的問題該如何解答呢？實際上，上述兩個問題都沒有一個經過嚴謹分析後所提供的解答,通常都是以嘗試錯誤法(trial-and-error)來尋找最佳結構。但是，理論上，感知機只需要兩層架構，再加上隱藏層上的類神經元夠多的話，此感知機的輸出便可逼近任意連續函數，亦即可以成爲“通用型逼近器(universal approximator)”[6]-[8]。所以我們可以先從兩層架構架構開始，類神經元的數目也從小量開始嘗試，一直到有滿意結果爲止。

類神經網路的學習(訓練)過程中，鍵結值向量的修正方式可以分爲圖樣模式(pattern learning) 與批次模式(batch learning)：

一、 **圖樣模式**：在圖樣模式裡，每當一個訓練資料輸入至網路中，鍵結值向量就立刻執行鍵結值向量的修正運算，亦即網路訓練的代價函數用的是 $E(n)$。

二、 **批次模式**：在批次模式裡，鍵結值向量的修正運算，是等到所有的訓練資料都輸入至網路後才執行，亦即使用 E_{av} 來當作代價函數。

此兩種模式各有其優缺點；使用圖樣模式可以減少記憶單元的需求，但是運算量較大；至於批次模式，由於必需記憶所有訓練資料所各別貢獻的鍵結值修正量，因此需要較多的記憶單元，但可以減少所需的運算量；除此之外，鍵結值向量的學習過程採用批次模式可以較有效地估測區域梯度函數。但是，許多電腦模擬顯示，並沒有說哪一種方式最好，不同的問題適用不同的模式。另外值得一提的是，訓練資料(輸入向量)輸入網路的次序不同，也會造成不一樣的學習結果，在每次的學習循環中以隨機方式將訓練資料輸入至網路，可以使網路鍵結值在鍵結值空間中的搜尋，增加其不確定性，以便較能夠避免學習過程陷入區域極小值(local minima)。

倒傳遞演算法的學習過程應於何時終止呢？一個合理的想法就是當鍵結值向量在誤差曲線上的搜尋達到最小值時停止。令 $\underline{w}^*$ 爲誤差曲線上，誤差值達到最小值的鍵結值向量；此時 $\partial E(n)/\partial \underline{w}^* = 0$，問題是，要能找到這組解並不容易，所以通常我們可以設定倒傳遞演算法的終止條件爲：

一、 當鍵結值向量的梯度向量小於一事先給定之閥值時則予以終止。

這種方法的缺點是可能需要很長的學習時間，且需要額外的計算量來計

算鍵結值向量的梯度向量。另一個替代方式是當整體的誤差函數，$E_{av}(\underline{w})$，趨於收斂時，停止演算法的學習過程。因此倒傳遞演算法的終止條件也可以是：

二、若是函數逼近問題，在學習循環裡的均方誤差值小於一事先給定之誤差容忍值時，則予以終止；若是圖樣識別問題，在學習循環裡的辨識率大於一事先給定之下限時，則予以終止。

另一種網路的終止方式是：

三、每當一個學習循環結束，則對網路進行測試，以瞭解其推廣能力是否達到所要求的目標，若其推廣能力達到目標則予以終止。

我們也可以結合上述各種方式，當網路的學習達到其中一種的要求，則予以終止；或是當學習循環的次數達到一最大值時予以終止，以避免鍵結值向量趨於振盪無法收斂，以至於無法停止學習過程。

倒傳遞演算法的第一步是設定網路的初始值，一個好的初始值設定對網路的設計是很有幫助的。如圖 3.4 所示，假若我們從 a 點出發，根據梯度坡降法，我們會收斂至區域最小值 m_l；但是，若我們從 b 點出發，則可以收斂至整體最小值 m_g。其實網路的初始值的好壞與否，就好像生物的基因是否優良一般，若有好的遺傳，則將來有較大的可能可以有較好的成長狀況；反之，則後天的培養必定倍加辛苦。假設我們事先已經知道訓練資料的某些資訊，那我們可以利用這些資訊來初始化網路的參數；假若我們不知道訓練資料的資訊時，一個典型的作法就是將網路的參數以隨機的方式設定在一個均勻分佈的小範圍中。

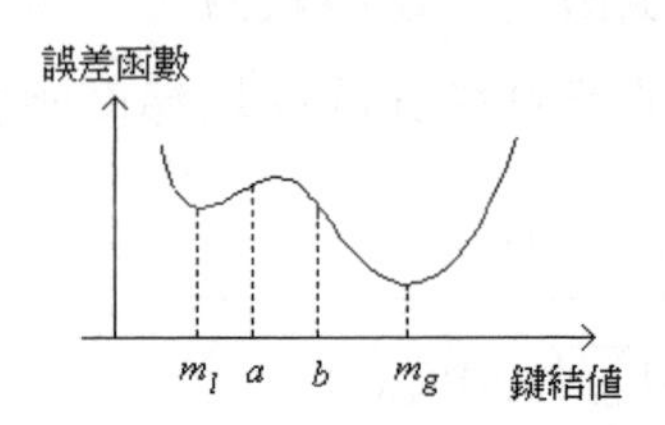

圖 3.4　倒傳遞演算法網路的初始值設定

我們將倒傳遞演算法總結如下：

步驟一：決定網路架構

決定幾層的架構以及每一層的類神經元的數目是多少。

步驟二：初始化

設定學習速率及收斂的條件；並將學習循環 n 設定為 0，以隨機的方式來將初始鍵結值 $w_{ji}(n)$ 設定為很小的實數。

步驟三：前饋階段

在第 n 次學習循環時，將輸入向量 $\underline{x}(n)$ 送入網路。輸入向量由輸入層引入，計算位於第一個隱藏層的類神經元在第 n 次學習循環時的輸出：

$$v_j(n) = \sum_{i=0}^{P} w_{ji}(n) y_i(n)$$

$$y_j(n) = \varphi(v_j(n))$$

然後，以前饋方式經由隱藏層，一層一層地傳導至輸出層，計算出每一層的類神經元的輸出，以便算出網路最後輸出值。

步驟四：倒傳遞階段

計算位於輸出層的類神經元在第 n 次學習循環時的區域梯度函數 $\delta_j(n)$：

$$\begin{aligned}\delta_j(n) &= e_j(n)\varphi'\left(v_j(n)\right) \\ &= \left(d_j(n) - O_j(n)\right)O_j(n)\left(1 - O_j(n)\right)\end{aligned}$$

然後，以倒傳遞方式經由倒數第一個隱藏層，一層一層地傳導至第一個隱藏層，計算出每一層隱藏層的類神經元的區域梯度函數 $\delta_j(n)$：

$$\begin{aligned}\delta_j(n) &= \varphi'\left(v_j(n)\right)\sum_k \delta_k(n) w_{kj}(n) \\ &= y_j(n)\left(1 - y_j(n)\right)\sum_k \delta_k(n) w_{kj}(n)\end{aligned}$$

步驟五：調整鍵結值向量

調整每一個類神經元的鍵結值向量，鍵結值向量 $w_{ji}(n)$ 的修正方式爲：

$$w_{ji}(n+1) = w_{ji}(n) + \Delta w_{ji}(n) = w_{ji}(n) + \eta\delta_j(n)y_i(n)$$

步驟六：收斂條件測試

將學習循環 n 加 1；回到步驟三，直到符合收斂條件或疊代次數超過某一設定值則停止。

範例 3.1：XOR 問題(The XOR Problem)

「XOR 問題」，如圖 3.5 所示，是一個典型的「非線性可分割」的例子。我們希望能將資料(0,0)與(1,1)歸成一類，以及將(0,1)與(1,0)歸成另一類。從第二章可以很清楚地知道，我們無法用一條直線將此四點正確分割，亦即(0,0)與(1,1)位於直線的一個半平面，而(0,1)與(1,0)位於直線的另一個半平面，所以「XOR 問題」是無法用一個感知機來解決的。因此，我們決定採用多層架構的類神經網路，來處理 XOR 問題，圖 3.6 的 2×1的網路（隱藏層具有兩個類神經元及輸出層具有一個類神經元），再輔以倒傳遞演算法則來訓練網路後，便可達成辨識的效果。

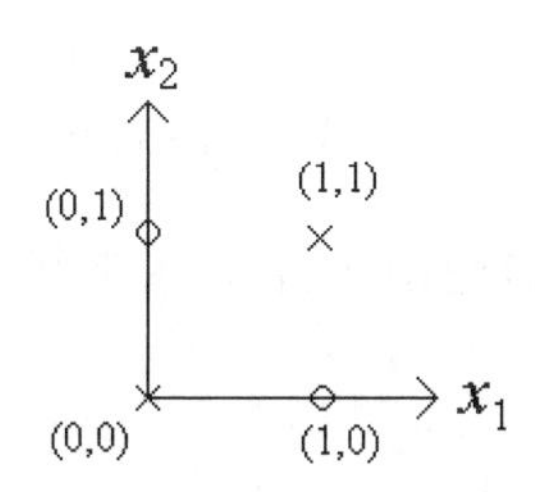

圖 3.5　XOR 問題

圖 3.6 的 2×1網路架構中，假設這三個類神經元採用 sigmoid 函數當作它們的活化函數，並且當第三個類神經元的輸出大於或等於 0.5 時($z \ge 0.5$)，我

們將輸入向量歸成"o"類（期望值是 1）；反之，當輸出小於 0.5 時($z<0.5$)，我們將輸入向量歸成"×"類（期望值是 0）。

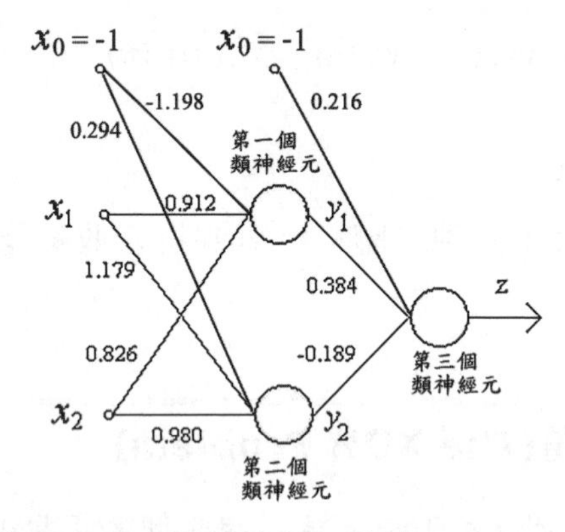

圖 3.6　以隱藏層具有兩個類神經元的網路來解決「XOR 問題」

假設鍵結值向量的初始值分別為 $\underline{w}_1(0)=(-1.2,1,1)^T$、$\underline{w}_2(0)=(0.3,1,1)^T$ 以及 $\underline{w}_3(0)=(0.5,0.4,0.8)^T$，並且將學習速率設定為 $\eta=0.5$，網路的訓練步驟如下：

一、當輸入向量$(1,1)^T$進入網路時，我們可以依序計算出隱藏層中，每個類神經元的輸出如下：

$$y_1=\frac{1}{1+\exp\{-[(-1.2)\times(-1)+1\times1+1\times1]\}}=\frac{1}{1+\exp(-3.2)}=0.96$$

$$y_2=\frac{1}{1+\exp\{-[0.3\times(-1)+1\times1+1\times1]\}}=\frac{1}{1+\exp(-1.7)}=0.84$$

計算出隱藏層類神經元的輸出，y_1, y_2，之後，我們才可以計算輸出層類神經元輸出如下：

$$z=\frac{1}{1+\exp\{-[0.5\times(-1)+0.4\times0.96+0.8\times0.84]\}}=0.63$$

由於輸入向量$(1,1)^T$原本應屬於"x"類（期望值是 0），而 $z=0.63\geq0.5$，因此，這筆資料會被劃歸為"o"類，所以，我們必須執行倒傳遞的過程來修正鍵結值向量的工作。

二、根據式（3.19）

$\delta_3 = (0 - 0.63) \times 0.63 \times (1 - 0.63) = -0.147$

計算出 δ_3 之後，我們才能根據式(3.20) 計算

$\delta_1 = 0.96 \times (1 - 0.96) \times (-0.147) \times 0.4 = -0.002$
$\delta_2 = 0.84 \times (1 - 0.84) \times (-0.147) \times 0.8 = -0.0158$

三、接下來，就是根據式(3.10) 來調整所有類神經元的鍵結值向量，爲了簡化過程，以下用的是鍵結值向量表示法：

$$\underline{w}_1(1) = (-1.2,1,1)^T + 0.5 \times (-0.0002)(-1,1,1)^T = (-1.199,0.999,0.999)^T$$
$$\underline{w}_2(1) = (0.3,1,1)^T + 0.5 \times (-0.0158)(-1,1,1)^T = (0.3079,0.992,0.992)^T$$

以及

$$\underline{w}_3(1) = (0.5,0.4,0.8)^T + 0.5 \times (-0.147)(-1,0.96,0.84)^T = (0.5735,0.329,0.738)^T$$

四、然後依序再將新的資料輸入至網路中，重複上述的計算步驟，直到類神經元的鍵結值趨於收斂爲止。鍵結值向量最後收斂的值是如圖 3.6 所示之：$\underline{w}_1 = (-1.198,\ 0.912,\ 0.826)^T$、$\underline{w}_2 = (0.294,\ 1.179,\ 0.980)^T$ 以及 $\underline{w}_3 = (0.216,\ 0.384,\ -0.189)^T$。

接下來，我們採用空間轉移(transformation)的概念來分析這個網路，首先，隱藏層的兩個類神經元的功用是將輸入向量從 x-平面轉換至 y-平面，譬如說：

1. 對第一個資料點(0, 0)而言：

$$\begin{cases} y_1 = \dfrac{1}{1+\exp[-((-1.198)\times(-1)+0.912\times 0+1.179\times 0]} = 0.768 \\ y_2 = \dfrac{1}{1+\exp[-(0.294\times(-1)+0.826\times 0+0.980\times 0]} = 0.427 \end{cases}$$

2. 對第二個資料點(1, 1)而言：

$$\begin{cases} y_1 = \dfrac{1}{1+\exp\left[-((-1.198)\times(-1)+0.912\times1+1.179\times1\right]} = 0.964 \\ y_2 = \dfrac{1}{1+\exp\left[-(0.294\times(-1)+0.826\times1+0.980\times1\right]} = 0.819 \end{cases}$$

3. 對第三個資料點(1, 0)而言：

$$\begin{cases} y_1 = \dfrac{1}{1+\exp\left[-((-1.198)\times(-1)+0.912\times1+1.179\times0\right]} = 0.892 \\ y_2 = \dfrac{1}{1+\exp\left[-(0.294\times(-1)+0.826\times1+0.980\times0\right]} = 0.629 \end{cases}$$

4. 對第四個資料點(0, 1)而言：

$$\begin{cases} y_1 = \dfrac{1}{1+\exp\left[-((-1.198)\times(-1)+0.912\times0+1.179\times1\right]} = 0.915 \\ y_2 = \dfrac{1}{1+\exp\left[-(0.294\times(-1)+0.826\times0+0.980\times1\right]} = 0.665 \end{cases}$$

因此，這四個資料點(1,1)、(0,0)、(1,0)、以及(0,1)會分別轉換至 y-平面的(0.768,0.427)、(0.964,0.819)、(0.892,0.629)、以及(0.915,0.665)，因爲

$$\begin{cases} y_1 = \dfrac{1}{1+\exp\left[-(\theta_1\times(-1)+w_{11}x_1+w_{12}x_2)\right]} \\ y_2 = \dfrac{1}{1+\exp\left[-(\theta_2\times(-1)+w_{21}x_1+w_{22}x_2)\right]} \end{cases}$$

其中 $w_{11}=0.912$，$w_{12}=1.179$，$w_{21}=0.826$，$w_{22}=0.980$，$\theta_1=-1.198$ 和 $\theta_2=0.294$，我們利用圖 3.7 來說明這個非線性轉換的結果。

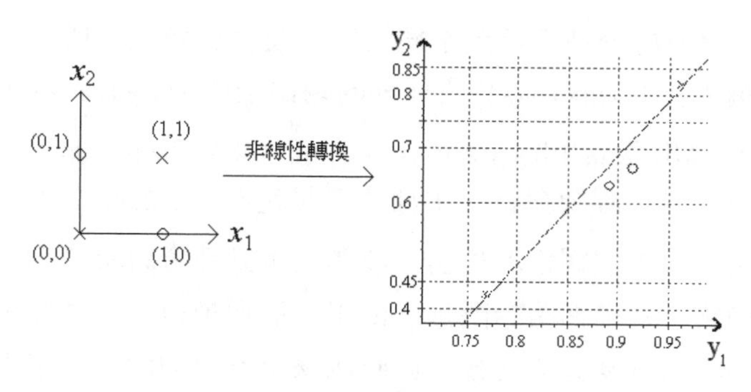

圖 3.7　以多層感知機來解 XOR 問題

從圖 3.7 我們可以很容易知道只要在 y-平面上使用一條直線，便可將這四點分割成功，所以第三個類神經元的鍵結值可設定為 $w_{31}=0.384$，$w_{32}=-0.189$ 和 $\theta_3=0.216$ 便可以完成分類工作，因為

$$(0,0)\xrightarrow{\text{隱藏層}}(0.768,0.427)\xrightarrow{\text{輸出層}}z=0.4997$$
$$(1,1)\xrightarrow{\text{隱藏層}}(0.964,0.819)\xrightarrow{\text{輸出層}}z=0.4999$$
$$(0,1)\xrightarrow{\text{隱藏層}}(0.892,0.629)\xrightarrow{\text{輸出層}}z=0.5025$$
$$(1,0)\xrightarrow{\text{隱藏層}}(0.915,0.665)\xrightarrow{\text{輸出層}}z=0.5020$$

所以圖 3.6 的網路會將(0, 0)與(1, 1)歸成“×”類，而將(1, 0)與(0, 1)歸成“o”類。

範例 3.2：函數逼近

在本範例中，我們以一個高度非線性的系統，來檢驗多層感知機的函數逼近(function approximation)能力，此非線性系統表示為如下之差分方程式：

$$y(k+1)=\left(\frac{1}{1+\exp[-(2y(k)-1)]}-\frac{1}{1+\exp[-(2y(k)+1)]}\right)$$
$$+\left(\frac{1}{1+\exp[-(2u(k)-1)]}-\frac{1}{1+\exp[-(2u(k)+1)]}\right)$$

其中$u(k)$與$y(k)$分別表示該系統的輸入及輸出變數，所輸入的訓練集資料以二維的輸入空間$(u(k), y(k))$及一維的輸出空間$y(k+1)$表示，此非線性系統的眞實輸入/輸出關係如圖 3.8 所示，在圖 3.8 中可知該非線性系統爲一高度非線性系統。用以訓練網路的訓練資料集是在$[-2, 2]\times[-2, 2]$這個二維區間中，均勻地產生 441 個網格取樣點。我們利用訓練資料集來訓練一個兩層的多層感知機網路，其中網路的隱藏層使用七個類神經元，並設定網路學習率爲 0.5，經過 41 次訓練完成之後，此時訓練集資料的均方誤差爲 0.000986，訓練完成之類神經網路的輸出/輸入如圖 3.9 所示。

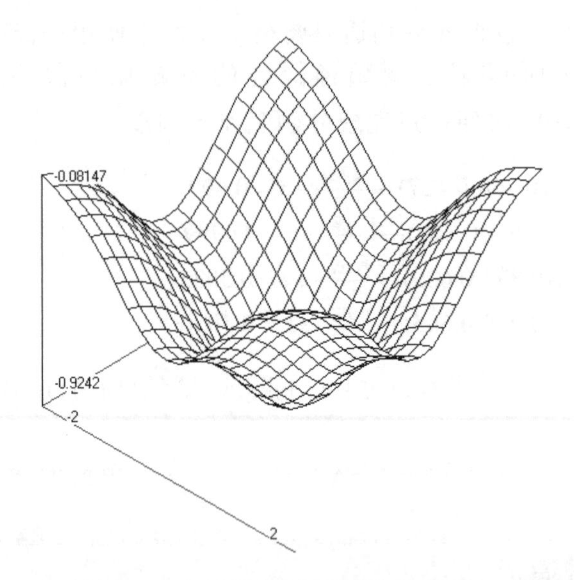

圖 3.8　範例 3.2 中，非線性系統的真實輸入/輸出關係

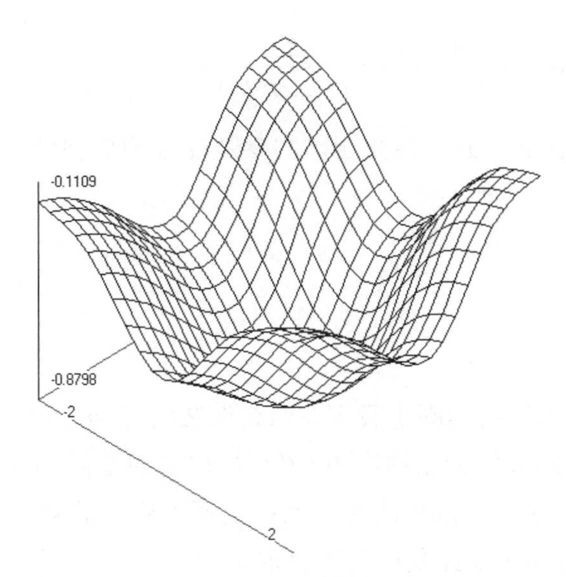

圖 3.9　經過充份訓練完成之後，兩層的多層感知機網路的輸出

3.5 倒傳遞演算法進階技巧

應用倒傳遞演算法於類神經網路時，由於有很多的參數要設定，因此往往造成了初學者的困擾；網路參數的設定對於網路的效能有很大的影響，因此，我們將一些可以改進倒傳遞演算法效能的技巧說明如下[4]：

1. 一般說來，活化函數選用對稱型的函數可以加快學習過程。所謂的對稱型活化函數就是：

$$\varphi(-v) = -\varphi(v)$$

一個典型符合對稱性的活化函數是以 hyperbolic tangent 來定義的，如：

$$\varphi(v) = a\tanh(bv)$$

其中 a, b 是常數。hyperbolic tangent 型式的活化函數是對數型式的活化函數的一種變形，說明如下：

$$a\tanh(bv) = a\left[\frac{1-\exp(-bv)}{1+\exp(-bv)}\right] = \frac{2a}{1+\exp(-bv)} - a$$

而 hyperbolic tangent 型式的活化函數的參數 a, b 的典型值是：

$$a = 1.716$$

以及

$$b = \frac{2}{3}$$

2. 期望(正確)輸出值的範圍應設定在活化函數的範圍之內。換句話說，輸出層第 j 個類神經元的期望輸出值，d_j，的絕對值應該小於活化函數最大值的絕對值；否則學習過程將會一直持續而不容易收斂。若對稱的活化函數的最大值爲$+a$，因此我們可以設定：

$$d_j = a - \varepsilon$$

其中 ε 是一個微量的正常數。比照之前的例子，$a = 1.716$，我們設定 $\varepsilon = 0.716$ 以使期望輸出值可以直接設定爲 $d_j = \pm 1$。

3. 若無其它資訊可加以利用時，鍵結值向量以及閥值的初始值應設定在一均勻分佈(uniformly distributed)的小範圍內。其理由是可以減少類神經元之間的相似性以避免類神經元產生飽合的現象以及產生小的誤差梯度函數值；而初始值也不能設定得太小，否則誤差梯度函數值太小時會導致學習過程太過緩慢。舉例來說，以對稱型的 hyperbolic tangent 型式的活化函數而言，我們可以隨機的方式設定鍵結值向量以及閥值的初始值範圍於：

$$\left(-\frac{2.4}{F_i}, +\frac{2.4}{F_i}\right)$$

其中 F_i 是第 i 個類神經元的輸入單元個數。

4. 所有類神經元的「學習速率」應保持一致，也就是說，對於每個鍵結值，其使用的學習速率參數應不同。基本上，越後層的類神經元的區域梯度函數值會越大;因此越後層的類神經元的學習率參數，η，應設定得越小。具有較多輸入單元的類神經元的學習率參數應設定得較小，而具有較少輸入單元的類神經元的學習率參數應設定得較大;以使得前層與後層類神經元的「學習速率」保持一致。

5. 對於線上(on-line)即時系統而言，鍵結值向量的修正應採用圖樣模式。圖樣模式對鍵結值向量的修正，能較快速地反應出網路對輸入圖樣的即時反應;然而，圖樣模式的運算較難以平行處理來實現。
6. 在每一次的學習循環中，輸入圖樣輸入網路的次序應使其不同;換句話說，可以將輸入圖樣，每次都以隨機方式打散，以使其輸入次序不同。
7. 類神經網路在輸入訓練範例中的學習過程，可以視為一種輸入/輸出函數的對應關係，$f(\cdot)$。事實上，學習的過程就是以隱藏在輸入訓練範例中的資訊來近似其輸入/輸出函數間的對應關係。假若我們已知$f(\cdot)$的某些資訊，我們可以將其加入至學習過程中，以加速網路的學習速度。

3.6 類神經網路的推廣能力

在類神經網路的學習過程中，我們藉由輸入訓練資料，以倒傳遞演算法來調整網路鍵結值，以期望經過訓練後的網路能有良好的推廣能力(generalization)。所謂的「推廣能力」是指網路對於未曾見過的輸入/輸出資料(亦即未曾用來作為網路的訓練資料)也能作出正確的判斷。

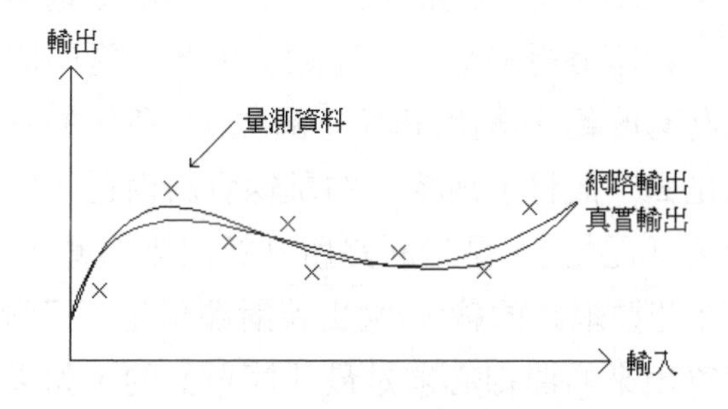

圖 3.10　說明類神經網路推廣能力的例子：推廣能力良好

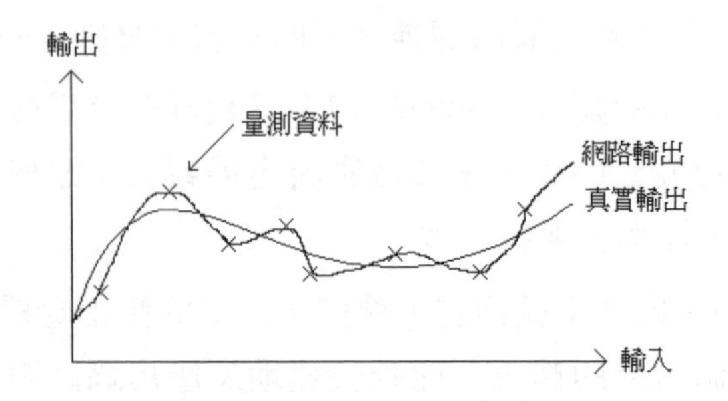

圖 3.11　說明類神經網路推廣能力的例子：過度訓練

類神經網路的學習過程可以視爲一種「曲線近似」的問題(curve-fitting)；類神經網路的輸入/輸出關係可以簡單地視爲是一種非線性的輸入/輸出映射。以這種觀點來看類神經網路，所謂的推廣能力也就可以視爲是輸入訓練資料的一種非線性內差；而我們可以將推廣能力視爲是輸入訓練資料的一種非線性內差的理由是，基於多層感知機網路使用的是連續的活化函數，因此網路的輸出值也是連續的。

圖 3.10 與圖 3.11 是說明類神經網路推廣能力的兩個例子。由曲線所代表的非線性輸入/輸出映射關係，是網路經過學習訓練資料(標示爲×)的結果，由圖 3.10 中可知網路輸出(以虛線表示)與眞實輸出(以實線表示)相當地符合，我們可以將推廣能力視爲是網路執行內差計算後的結果。具備良好的推廣能力的類神經網路，可以產生正確的輸入/輸出映射，即使是當輸入的測試資料被雜訊干擾後已經偏離了原來訓練資料的特性，網路也能作出正確的判斷，如圖 3.10 所示。然而，當網路學習了太多的輸入/輸出關係時，也就是網路被過份訓練時，網路變得只是去「記憶」所學習過的訓練資料，而無法去推廣相類似資料應有的輸入/輸出關係，圖 3.11 所示的例子就是網路被過份訓練，而導至只是去「記憶」所學習的訓練資料而已，因此無法具備良好的推廣能力。所謂的「記憶」，是指網路所計算出來的輸入/輸出映射關係並不是「平滑」的；而若要網路的輸入/輸出映射關係是「平滑」的，從訓練資料中以內差法所記算出來的曲線必須是最「簡單」的，如果網路的架構越小則代表越簡單。

大致上，影響類神經網路推廣能力的因素有三：第一個是訓練資料集的大小，第二個是網路的拓蹼架構，第三個是所處理問題的複雜度。以上三個因素都沒有所謂的標準答案可以讓我們參考，至於如何測試網路的推廣能力是否良好？通常我們將所搜集到的資料以隨機的方式分爲訓練集與測試集，利用訓練集的資料來調整網路的鍵結值－即訓練網路，然後再用測試集的資料來驗證網路的推廣能力，因爲網路從未見過測試集的資料，若網路反應良好，則表示推廣能力強。至於訓練集與測試集的大小比例該選取多少，則沒有一定的規範。

3.7 應用範例

多層感知機的應用十分廣泛，我們無法一一列舉，因此，以下介紹的是一些常見的應用。

3.7.1 NETtalk [9]

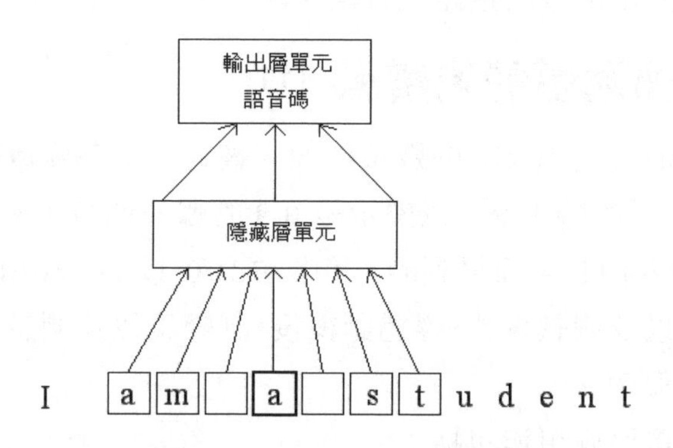

圖 3.12 NETtalk 網路架構

這個 NETtalk 計劃的目標是訓練一個類神經網路來唸英文。將一篇英文的內容掃描至網路，期望網路能將每七個輸入字母的中央那個字母的音發出來，這種將「英文」轉成「英語」的工作並非十分容易，因爲英文的拼音規則並不十分具有規律性，使得發音的困難度增加，這個網路並沒有收到任何英文發音的規則，它必須經由每次嘗試後所收到的期望值，來修正鍵結值，以便自行歸納出發音規則來，他們用兩篇摘錄出來的文章當作訓練資料，兩篇文章都加註了相關的音標資訊。網路共有 7×29 個輸入節點(含 26 個英文字母及三個標點符號)、80 個隱藏層類神經元、以及 26 個(21 個音素單元，再加上 5 個單元用來處理音節的分隔和重音)輸出類神經元，網路架構如圖 3.12 所示。經過訓練之後，網路開始可以唸英文，過程就像嬰兒學說話一般，剛開始時，隨便發音，然後，逐漸地發出正確的聲音。另外，值得一提的是，若網路中的鍵結值部份被破壞掉，並不會顯著地影響網路的表現。

3.7.2 無人駕駛車 [10]

這個計劃設計了一個以類神經網路爲架構的控制器，利用架於車頂的攝影機，將前面路況輸入至網路(輸入 30×32 的數位影像)，除此之外，還有一個含有距離資訊的 8×32 的灰階影像也輸入至此網路。利用 1200 個模擬路面來訓練此網路，每張影像訓練約 40 次後，這部車子可以用時速達五公里的速度在卡內基美濃大學附近的道路上行駛。

3.7.3 手寫郵遞區號碼辨識 [11]

這個網路的輸入是 16×16 的數位影像，經過三層隱藏層的處理後，到達擁有 10 個類神經元的輸出層，以顯示是 0-9 的哪一個數字。資料庫是從美國信件中收集 10,000 個數字而得到的，其中 7300 以及 2000 個數字分別用來當作訓練資料以及測試資料，經過訓練後，訓練集以及測試集分別達到 99% 和 95%的正確辨識率。

其它的一些重要應用還包括：

- 肝癌的診斷[12]
- 心臟病的診斷[13]
- 聲納波的辨識[14]
- 語音辨認[15]

- 控制器設計[16]-[17]
- 系統鑑別[18]

3.8 放射狀基底函數網路

事實上，層狀的類神經網路不是只有「多層感知機網路」一種而已，還有其他許多不同的網路架構。譬如說，我們可以將非線性的鍵結值引入類神經元的定義之中[19]-[20]，或使用不同的活化函數及網路架構，如[21]-[23]等。這裡，我們選擇性地介紹著名的『放射狀基底函數網路(radial basis function network 簡稱 RBFN)』[22]-[23]。

所謂的「放射狀基底函數網路」，基本上，其網路架構如圖 3.13 所示，為兩層的網路；假設輸入維度是 p，以及隱藏層類神經元的數目是 J，那麼網路的輸入可以表示成：

$$F(\underline{x})=\sum_{j=1}^{J}w_j\varphi_j(\underline{x})+\theta=\sum_{j=0}^{J}w_j\varphi_j(\underline{x}) \tag{3.24}$$

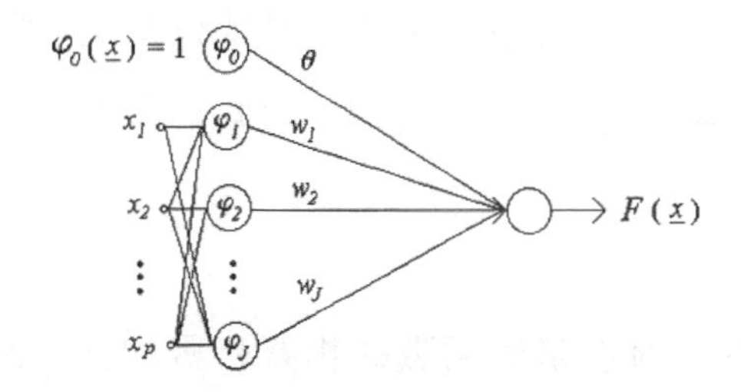

圖 3.13 放射性基底函數網路的架構

其中 $\underline{x}=(x_1,\ldots,x_p)^T$ 代表輸入向量，w_j 代表第 j 個隱藏層類神經元到輸出類神經元的鍵結值，$\theta=w_0$ 代表可調整的偏移量，$\varphi_j(\underline{x})$ 代表計算第 j 個隱藏層類神經元輸出值的基底函數，相對於所謂的活化函數，而必須注意的是，輸出層的類神經元所使用的活化函數是線性的函數，以及 $F(\underline{x})$ 代表網路的輸出函數。

常見的基底函數有以下幾種：

1. $$\varphi_j(\underline{x}) = \frac{1}{(\|\underline{x}-\underline{m}_j\|^2 + c^2)^{1/2}} \tag{3.25}$$

2. $$\varphi_j(\underline{x}) = \exp\left(-\frac{\|\underline{x}-\underline{m}_j\|^2}{2\sigma_j^2}\right) \tag{3.26}$$

3. $$\varphi_j(\underline{x}) = \exp\left(-\frac{1}{2}(\underline{x}-\underline{m}_j)^T \Sigma_j^{-1}(\underline{x}-\underline{m}_j)\right) \tag{3.27}$$

其中 c、σ_j、$\underline{m}_j = (m_{j1},...,m_{jp})^T$、以及 Σ_j (爲一 $p \times p$ 的交互相關矩陣(covariance matrix))都是屬於放射性基底函數的可調整參數。使用者可以選擇上述之任何一種函數來作爲基底函數。基本上，其函數效能都不會差太多，但是以第二種及第三種最爲普遍被採用。

假設訓練集中有 N 個輸入/輸出對 $(\underline{x}_1, y_1),\cdots,(\underline{x}_N, y_N)$，我們想要訓練上述的放射性基底函數網路，來完成此種函數近似的工作。由於此種網路的每一層類神經元，所執行的工作性質都不相同；隱藏層類神經元執行非線性的空間轉換，也就是說，他們將輸入向量 $\underline{x}_j = (x_{i1},...,x_{ip})^T$ 轉換成 $\underline{\varphi} = (\varphi_0(\underline{x}_i), \varphi_1(\underline{x}_i),...,\varphi_J(\underline{x}_i))^T$；而輸出類神經元執行的是，將此轉換後的向量作線性組合，亦即執行 $\sum_{j=0}^{J} w_j\varphi_j(\underline{x}_i)$ 的計算，因此網路的訓練策略可以分爲以下二種方式：

一、只調整 w_j 和 θ

此種方式將所有放射性基底函數的相關參數如(c、σ_j、$\underline{m}_j$、以及 Σ_j 等)視爲固定值，而只調整 w_j 和 θ 而已；調整的方式又可細分爲以下兩種方式：

1. LMS 演繹法則

定義瞬間均方誤差爲：

$$E(n) = \frac{1}{2}(y_n - F(\underline{x}_n))^2 \tag{3.28}$$

根據 2.4.2 節的方法，我們可以很輕鬆地推導出下列的調整公式：

$$w_j(n+1) = w_j(n) - \eta \frac{\partial E(n)}{\partial w_j(n)} = w_j(n) + \eta (y_n - F(\underline{x}_n)) \varphi_j(\underline{x}_n) \tag{3.29}$$

以及

$$\theta(n+1) = \theta(n) - \eta \frac{\partial E}{\partial \theta(n)} = \theta(n) + \eta (y_n - F(\underline{x}_n)) \tag{3.30}$$

由於 $E(n)$ 是 w_j 和 θ 的二次函數，所以，只要學習率設得好，網路的訓練必定可以收斂至 $E(n)$ 的最小值。

2. 虛擬反置矩陣法

整個網路的訓練目標是希望 $F(\underline{x}_i)$ 越接近 y_i 越好。理想上，我們希望能達到以下的目標：

$$\begin{bmatrix} 1 & \varphi_1(\underline{x}_1) & \cdots & \varphi_j(\underline{x}_1) & \cdots & \varphi_J(\underline{x}_1) \\ 1 & \vdots & & \vdots & & \vdots \\ 1 & \varphi_1(\underline{x}_i) & \cdots & \varphi_j(\underline{x}_i) & \cdots & \varphi_J(\underline{x}_i) \\ 1 & \vdots & & \vdots & & \vdots \\ 1 & \varphi_1(\underline{x}_N) & \cdots & \varphi_j(\underline{x}_N) & \cdots & \varphi_J(\underline{x}_N) \end{bmatrix} \cdot \begin{bmatrix} \theta \\ w_1 \\ \vdots \\ w_j \\ \vdots \\ w_J \end{bmatrix} = \begin{bmatrix} y_1 \\ \vdots \\ y_i \\ \vdots \\ y_N \end{bmatrix} \tag{3.31}$$

或以矩陣的方式表示爲：

$$\Phi \cdot \underline{w} = \underline{y} \tag{3.32}$$

其中 $\Phi = [\varphi_j(\underline{x}_i)]$ 爲一 $N \times (J+1)$ 的矩陣，$\underline{w} = (\theta, w_1, \cdots, w_J)^T$ 爲一 $(J+1)$ 維的鍵結值向量，以及 $\underline{y} = (y_1, \cdots, y_N)^T$ 爲一 N 維的期望輸出向量。如果 $N = J+1$，那麼式(3.32) 的解便可藉助下式得到：

$$\underline{w} = \Phi^{-1} \underline{y} \tag{3.33}$$

然而，我們收集到的訓練資料的數目 N 通常都會遠大於 $(J+1)$ (因爲資料收集的過程中，總是無法克服雜訊的干擾，所以會用較多的資料點以便降低雜訊干擾的嚴重性)，因此。式(3.32)的解便會利用 Φ 的虛擬反置矩陣來求得：

$$\underline{w} = \Phi^{+} \underline{y} \tag{3.34}$$

其中虛擬反置矩陣 $\Phi^{+} = \Phi^{T}(\Phi\Phi^{T})^{-1} = (\Phi^{T}\Phi)^{-1}\Phi^{T}$。

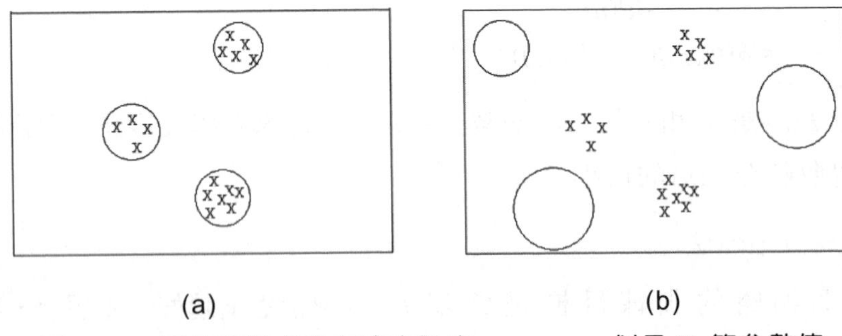

(a) (b)

圖 3.14　用非監督式的方法來設定 σ_j、$\underline{m}_j$、以及 Σ_j 等參數值

當然，無論是採用上述的哪一種方法，網路訓練的結果是否能達到我們的要求，其實與放射性基底函數的相關參數之設定很有關係。最簡單的方式是隨機設定成任意值，但是，整體的效果一定不好；所以，進一步的改良方式是利用非監督式的演算法(如 k-means 演算法則或競爭式學習法則，參見 4.2 節) 來設定 σ_j、$\underline{m}_j$、以及 Σ_j 等參數值。我們用圖 3.14 來說明此種想法，倘若我們採用高斯形基底函數(即第二種基底函數)，圖中顯示了所收集到的 16 個資料點，而此 16 個資料點呈現 3 個群聚(clusters)，那麼我們應該利用非監督式演算法將 3 個高斯形基底函數放置於此 3 個群聚位置上，如圖 3.14(a)所示；而非隨機設定高斯形基底函數的位置於如圖 3.14(b)所示的位置上。若是用如圖 3.14(b)所示的隨機設定，則無論採用 LMS 演繹法則或是虛擬反置矩陣法，花再多的時間調整 w_j 和 θ，都不會有好的結果。當然，基底函數的數目的選定要能與資料群聚數相同才有好的效果。因此，群聚中心向量及群聚大小可以分別用來設定 $\underline{m}_j$ 和 σ_j；至於 w_j 的初始值，則可以設定爲該相關群聚中所有資料點所對應之期望輸出值的平均值。

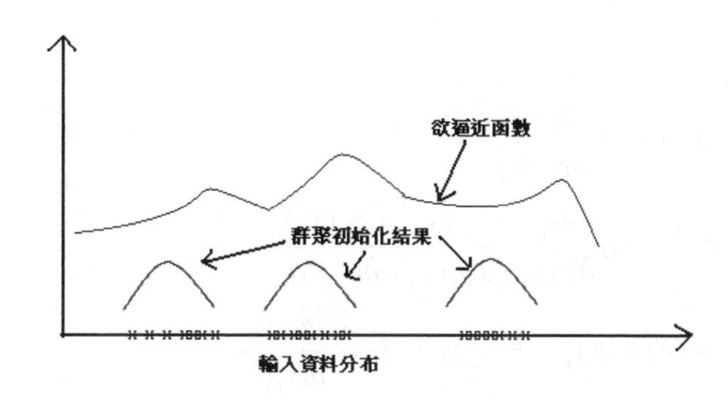

圖 3.15　用非監督式的方法來初始網路，再將所有參數都一起調整

二、所有參數一起調整

當然，訓練效果最好的是將所有參數都一起調整。如圖 3.15 所示，根據輸入資料分布得到如圖所示的 3 個群聚位置；倘若我們沒調整 $\underline{m}_j$ 和 σ_j，那麼，花再多的時間調整 w_j 和 θ，都不會得到欲逼近函數的結果。所以，最好是利用上述的結果來初始網路，再將所有參數都一起調整。

我們可利用倒傳遞演算法則的方式來訓練網路。基本上，就是往均方誤差函數的梯度反方向調整，假設我們選擇式(3.26)為網路的基底函數，調整公式即是：

$$\begin{aligned}\underline{w}(n+1) &= \underline{w}(n) - \eta\frac{\partial E(n)}{\partial \underline{w}(n)} \\ &= \underline{w}(n) + \eta(y_n - F(\underline{x}_n)) \cdot \underline{\varphi}(\underline{x}_n)\end{aligned} \tag{3.35}$$

$$\begin{aligned}\underline{m}_j(n+1) &= \underline{m}_j(n) - \eta\frac{\partial E(n)}{\partial \underline{m}_j(n)} \\ &= \underline{m}_j(n) - \eta\frac{\partial E(n)}{\partial F(\underline{x}_n)}\frac{\partial F(\underline{x}_n)}{\partial \varphi_j(\underline{x}_n)}\frac{\partial \varphi_j(\underline{x}_n)}{\partial m_j(n)} \\ &= \underline{m}_j(n) + \eta(y_n - F(\underline{x}_n)) \cdot w_j(n) \cdot \frac{\partial \varphi_j(\underline{x}_n)}{\partial m_j(n)} \\ &= \underline{m}_j(n) - \eta(y_n - F(\underline{x}_n)) \cdot w_j(n) \cdot \varphi_j(\underline{x}_n) \cdot \frac{1}{\sigma_j^2}(\underline{x}_n - \underline{m}_j(n))\end{aligned} \tag{3.36}$$

以及

$$\begin{aligned}\sigma_j(n+1) &= \sigma_j(n) - \eta\frac{\partial E(n)}{\partial \sigma_j(n)} \\ &= \sigma_j(n) - \eta\frac{\partial E(n)}{\partial F(\underline{x}_n)}\frac{\partial F(\underline{x}_n)}{\partial \varphi_j(\underline{x}_n)}\frac{\partial \varphi_j(\underline{x}_n)}{\partial \sigma_j(n)} \\ &= \sigma_j(n) + \eta(y_n - F(\underline{x}_n))\cdot w_j(n)\cdot\frac{\partial \varphi_j(\underline{x}_n)}{\partial \sigma_j(n)} \\ &= \sigma_j(n) - \eta(y_n - F(\underline{x}_n))\cdot w_j(n)\cdot \varphi_j(\underline{x}_n)\cdot\frac{1}{\sigma_j^3}\left\|\underline{x}_n - \underline{m}_j(n)\right\|^2\end{aligned} \tag{3.37}$$

其中

$$\underline{\varphi}(\underline{x}_n) = [\underline{\varphi}_0(\underline{x}_n), \underline{\varphi}_1(\underline{x}_n), \cdots, \underline{\varphi}_J(\underline{x}_n)]^T \tag{3.38}$$

$$\underline{\varphi}_0(\underline{x}_n) = 1 \tag{3.39}$$

以及

$$\underline{w}(n) = [\theta(n), w_1(n), \cdots, w_J(n)]^T \tag{3.40}$$

基本上，放射性基底函數網路有快速學習的好處，因此，可以作爲即時(real-time)系統，但它的缺點是隱藏層類神經元的數目可能會很多，所以，會需要較大的記憶空間來儲存相關的參數值。

範例 3.3：放射性基底函數網路

在本範例中，我們以一個非線性的函數，來檢驗放射性基底函數網路的函數逼近(function approximation)能力，此非線性函數表示如下：

$$y(k) = \frac{0.8}{\exp\left(\frac{(x_1(k)-0.3)^2+(x_2(k)-0.45)^2}{0.03}\right)} + \frac{0.3}{\exp\left(\frac{(x_1(k)-0.75)^2+(x_2(k)-0.75)^2}{0.015}\right)} + \frac{0.6}{\exp\left(\frac{(x_1(k)-0.70)^2+(x_2(k)-0.30)^2}{0.01}\right)}$$

其中 $x_1(k)$ 與 $x_2(k)$ 分別表示該非線性函數的輸入，$y(k)$ 代表輸出變數。所輸入的訓練集資料以二維的輸入空間 $(x_1(k), x_2(k))$ 及一維的輸出空間 $y(k)$ 表示。此非線性函數的眞實輸入/輸出關係如圖 3.16(a)所示，訓練網路的訓練集資料是在 $[0,1]\times[0,1]$ 這個二維區間中，隨機地產生 450 個取樣點，其所產生的取樣點如圖 3.16(b)所示。我們利用這些取樣點來訓練一個兩層的放射性基底函數網路，其中網路的隱藏層使用三個類神經元。首先我們利用 k-means 演算法找到三個群聚中心，然後，這三個群聚中心被用來設定 $\underline{m}_j$ 和 σ_j 等參數值。接著，我們比較兩種訓練方式：(1) 只調整 w_j 和 θ 和 (2) 所有參數都一起調整。經過充分訓練完成之後，它們的均方誤差分別是 0.004909 和 1.8007E-8，訓練的結果分別顯示於圖 3.16(c)和圖 3.16(d)。的確，所有參數都一起調整的效果比較好。

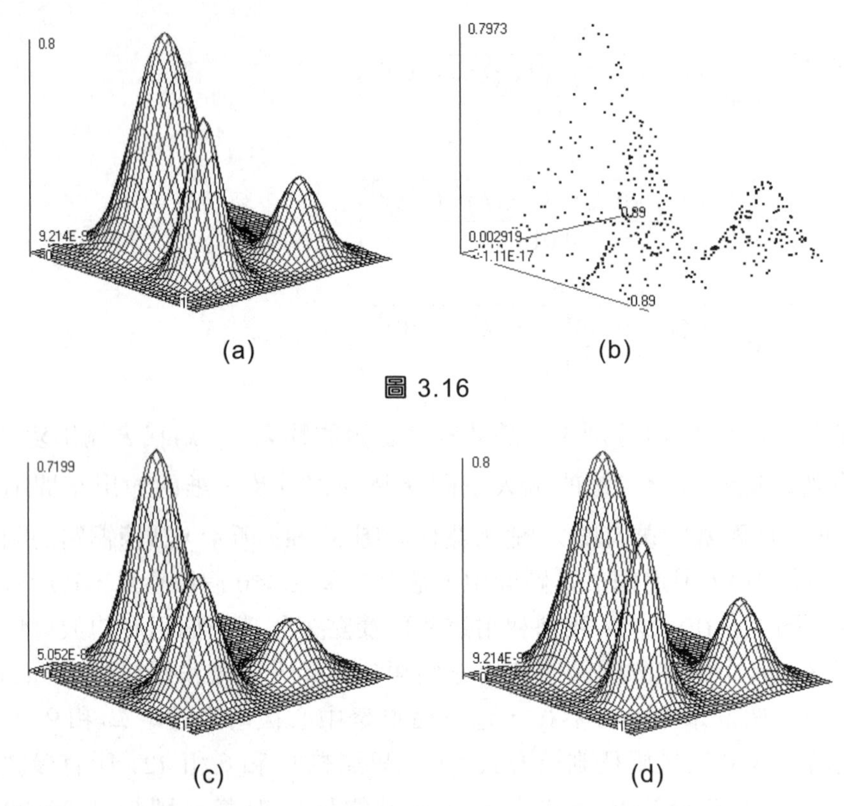

(a) (b)

圖 3.16

(c) (d)

圖 3.16 (a) **非線性函數**；(b) **訓練集資料**；(c) **只調整** w_j **和** θ **的訓練結果**；(d) **所有參數都一起調整的訓練結果**。

最後，我們用表 3.1 將多層感知機和放射性基底函數網路之間的差異列出比較：

表 3.1 多層感知機和放射性基底函數網路之間的差異。

多層感知機	**放射性基底函數網路**
多層架構	兩層架構
全域性 sigmoid 函數	局部性高斯形基底函數
網路參數隨機初始化	網路參數用非監督式的演算法初始化

3.9 時間性信號處理

在許多實際的應用上，常常需要處理「時空性」的圖樣(spatio-temporal patterns)，基本上，這種工作可細分爲以下三種型態：

1. 時空性圖樣的辨認(spatio-temporal pattern recognition)：
   我們希望網路在看到一個序列的圖樣信號後，某個特殊的輸出信號會被產生。譬如說，語音辨認及手語辨認都屬於此種工作。
2. 序列的再產生(sequence reproduction)：
   我們期望網路在看到某部份的序列圖樣之後，可以自動地產生其餘的序列圖樣。一般說來，可以用在時間序列(time series)的預測工作上。
3. 時間上的聯想(temporal association)：
   網路在看到某種特定的輸入序列圖樣後，另一個相關的特定序列圖樣會被產生。其實前兩種型態的工作是這項工作的特例。

要能夠處理這類時空性圖樣，必須賦予類神經元能夠有記憶性，至於要如何達成這個目標呢？首先讓我們很快地回顧 1.3 節的感知機架構：

$$\begin{aligned} y_j &= \varphi(v_j) \\ &= \varphi(\sum_{i=1}^{p} w_{ji} x_i - \theta_j) \end{aligned} \tag{3.41}$$

其中 w_{ji} 是第 i 維輸入 x_i 連結至第 j 個類神經元的鍵結值。上述的數學式是大大地簡化了實際發生在生物神經元上的生化反應，讀者應該還記得軸突丘上的細胞膜電位是將發生在後級突觸上的所有刺激，透過「時空性相加(spatio-temporal summation)」的處理後，再沿著樹突傳遞至軸突丘而得到的。因此，以式(3.41)來描述此種綜合效果是過於簡化這個過程。爲了進一步模擬出時空性的相加效果，我們可以用濾波器來模擬生物性的突觸，圖 3.17(a)顯示了這種具有記憶性的類神經元，其數學表示式如下所示：

$$
\begin{aligned}
y_j(t) &= \varphi(v_j(t)) \\
&= \varphi\left(\sum_{i=1}^{p} h_{ji}(t) * x_i(t) - \theta_j\right) \\
&= \varphi\left(\sum_{i=1}^{p} \int_{-\infty}^{t} h_{ji}(\tau) x_i(t-\tau) d\tau - \theta_j\right)
\end{aligned}
\tag{3.42}
$$

其中 $h_{ji}(t)$ 是個線性非時變的濾波器(linear time-invariant filter)，運算元「*」代表迴旋積分(convolution)。因此，輸入 $x_i(t)$ 透過第 i 個濾波器傳至軸突丘的實際效果便等於 $h_{ji}(t) * x_i(t)$。通常我們會讓 $h_{ji}(t)$ 是個「具因果性(causal)」且 爲「有限記憶(finite memory)」的濾波器。所以，式(3.42) 便可以簡化爲：

$$
y_j(t) = \varphi\left(\sum_{i=1}^{p} \int_{0}^{t} h_{ji}(\tau) x_i(t-\tau) d\tau - \theta_j\right) \tag{3.43}
$$

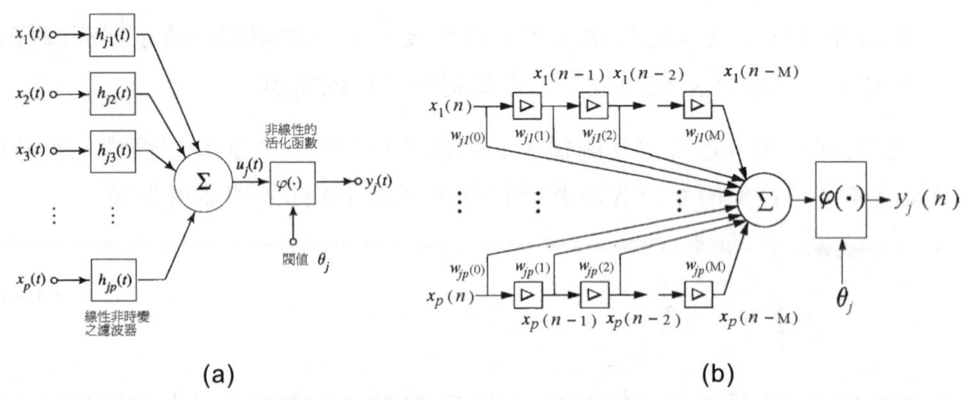

圖 3.17 (a) 以濾波器來模擬突觸的類神經元；(b) 離散化之具記憶性的類神經元

爲了電腦模擬方便，我們會將式(3.43)離散化成爲下式：

$$
\begin{aligned}
y_j(n\Delta t) &= \varphi(v_j(n\Delta t)) \\
&= \varphi\left(\sum_{i=1}^{p}\sum_{l=0}^{M} h_{ji}(l\Delta t) \cdot x_i(\Delta t(n-l)\Delta t - \theta_j\right) \\
&= \varphi\left(\sum_{i=1}^{p}\sum_{l=0}^{M} w_{ji}(l\Delta t) \cdot x_i(\Delta t(n-l) - \theta_j\right)
\end{aligned}
\tag{3.44}
$$

其中 $t=n\Delta t$，$M=T/\Delta t$，以及 $w_{ji}(l\Delta t)=h_{ji}(l\Delta t)\Delta t$。爲了讓上式能夠更簡潔地表示，我們可以省略式中的 Δt 項，使得上式變成：

$$\begin{aligned} y_j(n) &= \varphi(v_j(n)) \\ &= \varphi\left(\sum_{i=1}^{p}\sum_{l=0}^{M} w_{ji}(l)\cdot x_i(n-l)-\theta_j\right) \\ &= \varphi\left(\sum_{i=1}^{p} s_{ji}(n)-\theta_j\right) \end{aligned} \tag{3.45}$$

其中 $s_{ji}(n)=\sum_{l=0}^{M} w_{ji}(l)x_i(n-l)$，比較式(3.41)與式(3.45)我們發現，爲了讓鍵結值具有記憶性，實際上我們是用向量 $\underline{w}_{ji}=[\underline{w}_{ji}(0),\cdots,\underline{w}_{ji}(M)]^T$ 來取代純量的 $\underline{w}_{ji}$，圖 3.17(b)代表了這種改良後的類神經元，由這種改良後的類神經元所構成的多層類神經網路，可以很有效地處理時空性圖樣。

3.9.1 時間延遲類神經網路

所謂「時間延遲類神經網路（time-delay neural network 簡稱 TDNN）」算是上述類神經網路的一種特例[24]。基本上，這種網路是將時空序列圖樣透過延遲元件(delay element)的處理後，轉換成空間性圖樣(spatial patterns)後，才輸入至網路中。網路中的類神經元可以部份是(第一層的隱藏層上的類神經元)或全部都是由圖 3.17(b)所示的類神經元所構成。此種網路的缺點就是必須事先決定 M 值的大小，M 越大，所需之訓練樣本越多以及所需之訓練時間越久。

基本上，我們仍然可以使用傳統的倒傳遞演算法則來訓練時間延遲類神經網路，只是在訓練之前，必須將整個網路沿著時間軸展開(unfold the network in time)，如圖 3.18 所示，才能推導出每個鍵結值的修正公式，當然，最有效的訓練方式是採用「時間性倒傳遞演算法則(temporal backpropagation algorithm)」來作爲網路的訓練演算法則，詳細資料可以參考文獻[4]，此種網路被廣泛地應用在語音辨認上。

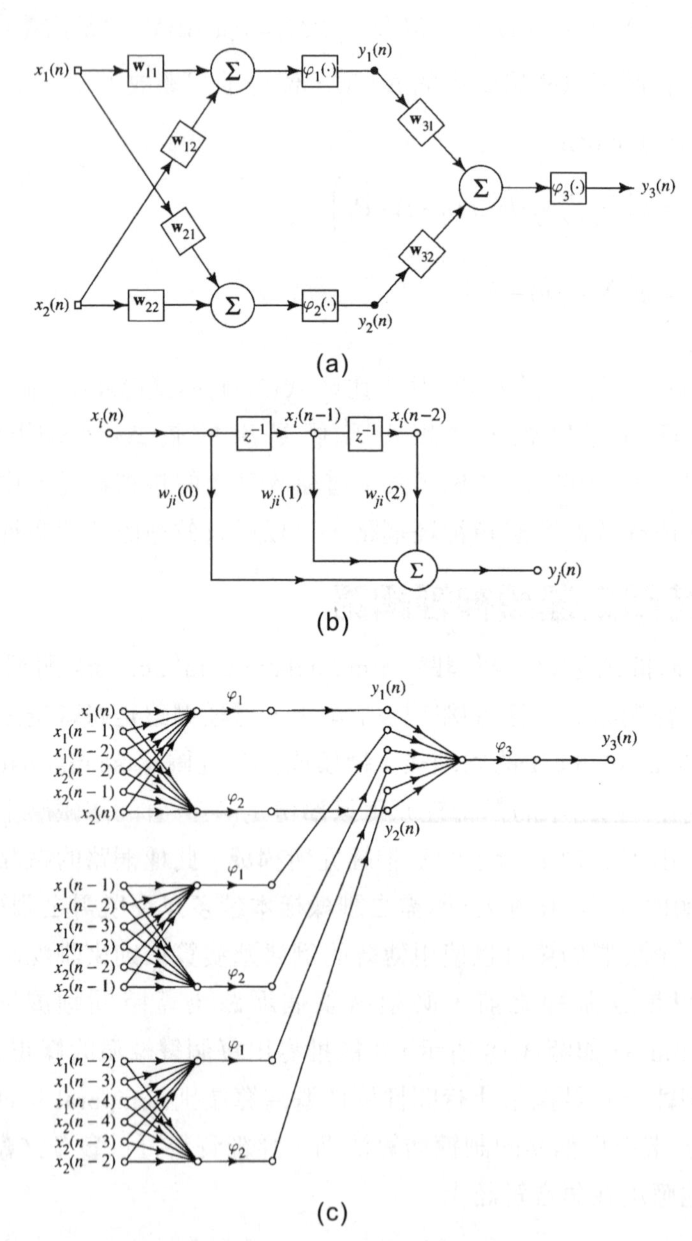

圖 3.18 TDNN 的網路訓練示意圖。(a) 2-1 的多層網路架構；(b) 有限響應之濾波器模型；(c) 2-1 的多層網路沿著時間軸展開後之架構。

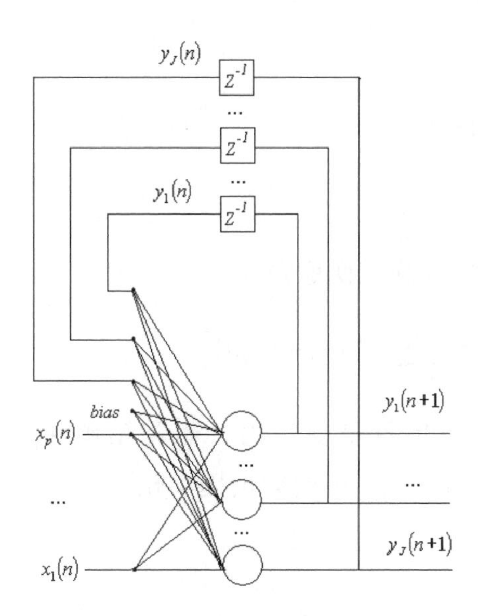

圖 3.19　循環式類神經網路

3.9.2 循環式類神經網路

Williams 和 Zipser 於 1989 年提出一種即時循環式學習演算法[25]，可用來訓練如圖 3.19 所示的循環式類神經網路。基本上，此種網路可用於 (1) 聯想記憶和 (2) 輸入－輸出映射網路(input-output mapping network)。圖 3.19 所示的網路包含了 p 個外界輸入以及 J 個類神經元。我們用 $\underline{y}(n+1)$ 代表 J 維的輸出向量，$[y_1(n+1),...,y_J(n+1)]^T$，及 $\underline{x}(n)$ 代表 p 維外界輸入向量，$[x_1(n),...,x_p(n)]^T$。然後，用 $\underline{z}(n)$ 代表由 $\underline{y}(n)$ 和 $\underline{x}(n)$ 所串接而成的 $(J+p)$ 維的組合輸入向量，$[y_1(n),...,y_J(n),x_1(n),...,x_p(n)]^T$。並且用 U 和 I 分別代表兩個下標集合，它們可以使得下式成立：

$$z_k(n)=\begin{cases} x_k(n) & if \quad k\in \mathrm{I} \\ y_k(n) & if \quad k\in \mathrm{U} \end{cases} \tag{3.46}$$

我們透過下式算出類神經元於時間 $n+1$ 之輸出：

$$s_k(n)=\sum_{l=U\cup I} w_{kl}z_l(n)=\sum_{l=1}^{J} w_{kl}y_l(n)+\sum_{l=1}^{p} w_{k(J+l)}x_l(n) \tag{3.47}$$

以及

$$y_k(n+1)=\varphi_k(s_k(n)) \tag{3.48}$$

其中 $\varphi_k(\cdot)$ 代表活化函數。

首先，我們定義瞬間誤差函數為：

$$J(n)=\frac{1}{2}\sum_{k\in U}e_k^2(n)=\frac{1}{2}\sum_{k\in U}\left[d_k(n)-y_k(n)\right]^2 \tag{3.49}$$

那麼網路訓練的目標就是要找出一組鍵結值 w_{ji}，使得在一段時間內 $[0,T]$ 之瞬間誤差的總合，J_{total}，能夠被極小化：

$$J_{\text{total}}=\sum_{n=0}^{T}J(n) \tag{3.50}$$

要完成此極小化之問題，首先就得找到下述之梯度資訊：

$$\frac{\partial J_{\text{total}}}{\partial w_{\text{ji}}}=\sum_{\text{n}}\frac{\partial J(n)}{\partial w_{\text{ji}}} \tag{3.51}$$

從式(3.49)可知

$$\frac{\partial J(n)}{\partial w_{\text{ji}}}=-\sum_{k\in U}e_k(n)\frac{\partial y_k(n)}{\partial w_{\text{ji}}} \tag{3.52}$$

又由式(3.47)和式(3.48)，可得

$$\begin{aligned}\frac{\partial y_k(n)}{\partial w_{ji}}&=\frac{\partial y_k(n)}{\partial s_k(n-1)}\frac{\partial s_k(n-1)}{\partial w_{ji}}=\varphi_k'(s_k(n-1))\cdot\frac{\partial s_k(n-1)}{\partial w_{ji}}\\&=\varphi_k'(s_k(n-1))\left(\sum_{l\in U}w_{kl}\frac{\partial z_l(n-1)}{\partial w_{ji}}+\sum_{l\in I}w_{kl}\frac{\partial z_l(n-1)}{\partial w_{ji}}+\sum_{l\in U\cup I}\frac{\partial w_{kl}}{\partial w_{ji}}z_l(n-1)\right)\\&=\varphi_k'(s_k(n-1))\left(\sum_{l\in U}w_{kl}\frac{\partial y_l(n-1)}{\partial w_{ji}}+\sum_{l\in U\cup I}\frac{\partial w_{kl}}{\partial w_{ji}}z_l(n-1)\right)\end{aligned} \tag{3.53}$$

其中 δ_{ik} 代表 Kronecker delta(即 $i=k$ 時， δ_{ik}=0；要不然， δ_{ik}=0)。

假設網路的初始狀態與鍵結值無關，因此，

$$\frac{\partial y_k(0)}{\partial w_{ji}}=0 \tag{3.54}$$

以上的式子都是在 $k\in U$ 、 $j\in U$ 、以及 $i\in U\cup I$ 時成立。

從式(3.53)我們可以產生下述之動態系統，其動態方程式由下式所描述：

$$p_{ji}^{k}(n)=\varphi_k^{'}\left(s_k(n-1)\right)\left[\sum_{l\in U}w_{kl}p_{ji}^{l}(n-1)+\delta_{ik}z_j(n-1)\right] \tag{3.55}$$

其中

$$p_{ji}^{k}(n)=\frac{\partial y_k(n)}{\partial w_{ji}} \tag{3.56}$$

以及

$$p_{ji}^{k}(0)=0 \tag{3.57}$$

如果活化函數 $\varphi_k^{'}\left(s_k(n-1)\right)$ 是採用 sigmoid 函數，那麼

$$\varphi_k^{'}\left(s_k(n-1)\right)=y_k(n)\left(1-y_k(n)\right) \tag{3.58}$$

結合式(3.49)、式(3.51)、式(3.55)、式(3.56)、以及式(3.58)，我們可得下述鍵結值的調整公式：

$$\begin{aligned}\Delta w_{ji}(n)&=-\eta\frac{\partial J(n)}{\partial w_{ji}}\\&=\eta\sum_{k\in U}e_k(n)\,p_{ji}^{k}(n)\\&=\eta\sum_{k\in U}e_k(n)\left\{y_k(n)\left(1-y_k(n)\right)\left[\sum_{l\in U}w_{kl}p_{ji}^{l}(n-1)+\delta_{ik}z_j(n-1)\right]\right\}\end{aligned} \tag{3.59}$$

我們將即時循環式學習演算法總結如下：

步驟一：初始化

設定學習速率及收斂的條件、並將學習循環 n 設定爲 0、以隨機的方式來將初始鍵結值 $w_{ji}(0)$ 設定爲很小的實數、及將 $\underline{y}(0)$ 和 $p_{ji}^{k}(0)$ 都設爲 0。

步驟二：計算輸出

在第 $n-1$ 次學習循環時，將輸入向量 $\underline{x}(n-1)$送入網路。輸入向量由輸入層引入，計算類神經元在第 $n-1$ 次學習循環時的輸出：

$$s_k(n-1)=\sum_{l=U\cup I} w_{kl}z_l(n-1)=\sum_{l=1}^{J} w_{kl}y_l(n-1)+\sum_{l=J+1}^{J+p} w_{kl}x_l(n-1)$$

以及

$$y_k(n)=\varphi_k(s_k(n-1))$$

步驟三：調整鍵結值向量

陸續算出下列式子，以便調整每一個類神經元的鍵結值向量：

$$p_{ji}^{k}(n)=\varphi_k'(s_k(n-1))\left[\sum_{l\in U} w_{kl}p_{ji}^{l}(n-1)+\delta_{ik}z_j(n-1)\right]$$

$$e_k(n)=d_k(n)-y_k(n)$$

$$\Delta w_{ji}(n)=-\eta\frac{\partial J(n)}{\partial w_{ji}}=\eta\sum_{k\in U} e_k(n)p_{ji}^{k}(n)$$

步驟四：收斂條件測試

將學習循環 n 加 1；回到步驟二，直到符合收斂條件或疊代次數超過某一設定值則停止。

範例 3.4：即時循環式學習演算法

我們以下述之兩個函數範例來說明即時循環式學習演算法的過程。網路包含了 1 個外界輸入以及 1 個類神經元，類神經元的鍵結值初始值爲：

$$w_1(0)=(0.1,0.1)^T$$

其中我們利用均方誤差來判斷其是否收斂。從圖 3.20 和圖 3.21 可知，光用一個類神經元所得到的結果，並不能達到非常好的效果，想要有更好的結果，則需更複雜之網路架構。

函數 1：爲一個單純的 sin 函數，我們取其中 50 個點做訓練，並設定網路學習率爲 0.01，結果如圖 3.20 所示：

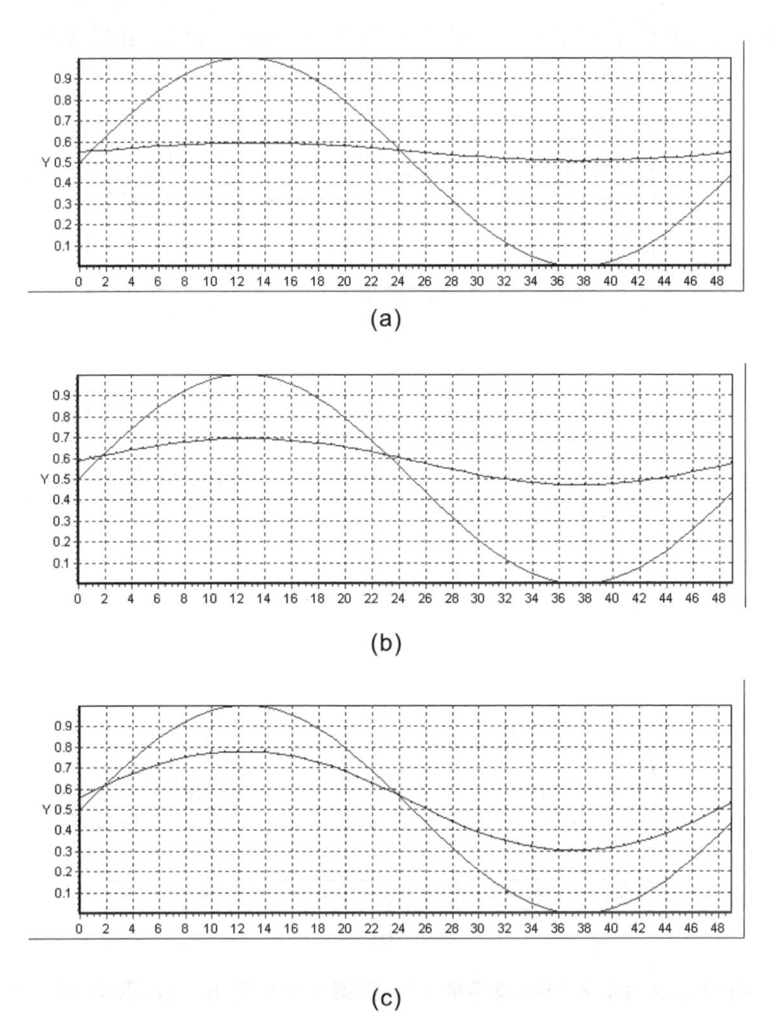

圖 3.20　Sin 函數的訓練結果：(a) 訓練 20 次的時候；(b) 訓練 100 次的時候；(c) 訓練 500 次的時候

函數 2：爲一個較複雜的組合函數：

$$f(i)=\begin{cases} \sin(i\times\pi/25) & if \quad 0\le i<250 \\ 1.0 & if \quad 250\le i<500 \\ -1.0 & if \quad 500\le i<750 \\ 0.3\times\sin(i\times\pi/25)+0.1\times\sin(i\times\pi/32)+0.6\times\sin(i\times\pi/10) & if \quad 750\le i<250 \end{cases}$$

取其中 1000 個點做訓練，網路學習率爲 0.01，結果如圖 3.21 所示：

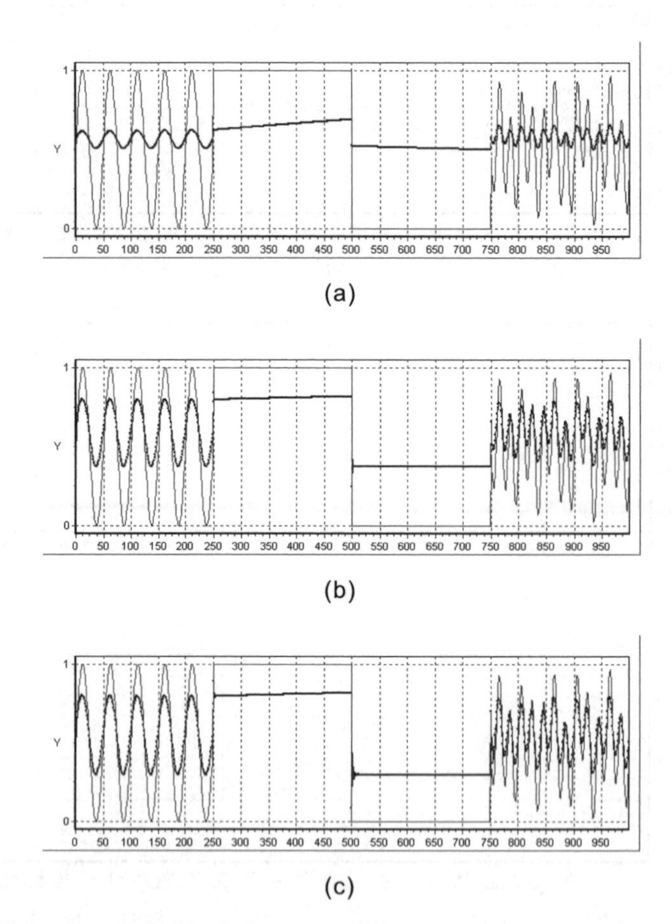

圖 3.21　複雜的組合函數的訓練結果：(a)訓練 2 次的時候；(b)訓練 20 次的時候；(c)訓練 100 次的時候。

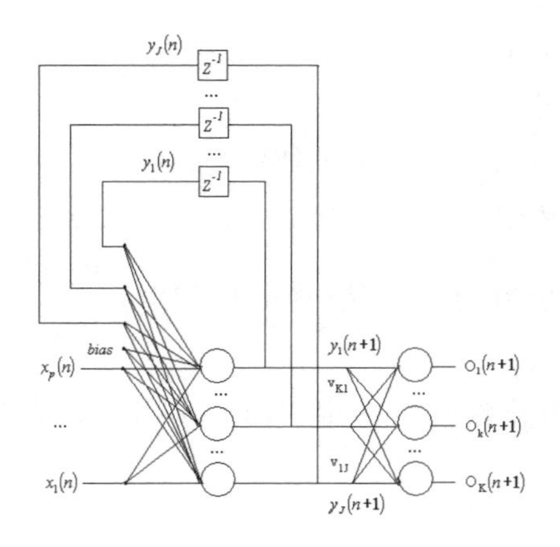

圖 3.22：簡單循環式網路(SRN)

爲了更有效地處理複雜的時序問題，我們可以採用 Elman 所提的「簡單循環式網路(simple recurrent network SRN)」[26]，如圖 3.22 所示。與圖 3.19 所示之網路相較之下，多了一層輸出層：

$$O_k(n+1) = \varphi(\sum_{j=1}^{J} v_{kj} y_j(n+1)) \tag{3.60}$$

那麼網路訓練的目標就是要找出一組鍵結值 v_{kj} 和 w_{mn}，使得在一段時間內 $[0,T]$ 之瞬間誤差的總合，J_{total}，能夠被極小化：

$$J_{\text{total}} = \sum_{n=0}^{T} J(n) = \frac{1}{2}\sum_{k}\left[d_k(n) - O_k(n)\right]^2 \tag{3.61}$$

鍵結值 v_{kj} 的調整公式如下：

$$\begin{aligned}\Delta v_{kj}(n) &= -\eta_v \frac{\partial J(n)}{\partial v_{kj}} = -\eta_v \frac{\partial J(n)}{\partial O_k(n)} \frac{\partial O_k(n)}{\partial v_{kj}} \\ &= \eta_v (d_k(n) - O_k(n)) O_k(n)(1 - O_k(n)) y_j(n)\end{aligned} \tag{3.62}$$

而鍵結值 w_{mn} 的調整公式則如下：

$$\begin{aligned}\Delta w_{mn}(n) &= -\eta_w \frac{\partial J(n)}{\partial w_{mn}} \\ &= -\eta_w \sum_k \frac{\partial J(n)}{\partial O_k(n)} \frac{\partial O_k(n)}{\partial y_j(n)} \frac{\partial y_j(n)}{\partial w_{mn}} \\ &= \eta_w \sum_k (d_k(n) - O_k(n)) O_k(n)(1 - O_k(n)) v_{kj} \frac{\partial y_j(n)}{\partial w_{mn}}\end{aligned} \tag{3.63}$$

至於 $\partial y_j(n) / \partial w_{mn}$ 的計算就可採用式(3.53)，所以鍵結值 w_{mn} 的調整公式便可整理成：

$$\begin{aligned}\Delta w_{mn}(n) &= \eta_w \sum_k (d_k(n) - O_k(n)) O_k(n)(1 - O_k(n)) v_{kj} \\ &\quad \times y_j(n)\left(1 - y_j(n)\right)\left[\sum_{l\in U} w_{jl} p_{mn}^l(n-1) + \delta_{nj} z_m(n-1)\right]\end{aligned} \tag{3.64}$$

最後，我們將簡單循環式網路的學習演算法總結如下：

步驟一：初始化

設定學習速率及收斂的條件、並將學習循環 n 設定為 0、以隨機的方式來將初始鍵結值 $v_{kj}(0)$ 和 $w_{mn}(0)$ 設定為很小的實數、及將 $\underline{y}(0)$ 和 $p_{mn}^l(0)$ 都設為 0。

步驟二：計算輸出

在第 $n-1$ 次學習循環時，將輸入向量 $\underline{x}(n-1)$送入網路。輸入向量由輸入層引入，計算隱藏層類神經元在第 $n-1$ 次學習循環時的輸出：

$$s_k(n-1) = \sum_{l=U\cup I} w_{kl} z_l(n-1) = \sum_{l=1}^{J} w_{kl} y_l(n-1) + \sum_{l=J+1}^{J+p} w_{kl} x_l(n-1)$$

$$y_k(n) = \varphi_k\left(s_k(n-1)\right)$$

當隱藏層類神經元的輸出都計算好後，根據下式計算輸出層類神經元在第 $n-1$ 次學習循環時的輸出：

$$O_k(n+1) = \varphi\left(\sum_{j=1}^{J} v_{kj} y_j(n+1)\right)$$

步驟三：調整鍵結值向量

陸續調整每一個類神經元的鍵結值向量：

$$\Delta v_{kj}(n) = -\eta_v \frac{\partial J(n)}{\partial v_{kj}} = -\eta_v \frac{\partial J(n)}{\partial O_k(n)} \frac{\partial O_k(n)}{\partial v_{kj}}$$

$$= \eta_v (d_k(n) - O_k(n)) O_k(n)(1 - O_k(n)) y_j(n)$$

$$\Delta w_{mn}(n) = \eta_w \sum_k (d_k(n) - O_k(n)) O_k(n)(1 - O_k(n)) v_{kj}$$

$$\times y_j(n)\left(1 - y_j(n)\right)\left[\sum_{l \in U} w_{jl} p^l_{mn}(n-1) + \delta_{nj} z_m(n-1)\right]$$

步驟四：收斂條件測試

將學習循環 n 加 1；回到步驟二，直到符合收斂條件或疊代次數超過某一設定值則停止。

3.10 結語

在本章，我們介紹了如何利用倒傳遞演繹法來訓練多層感知機，以及一些相關特性與技巧。在所有類神經網路中，多層感知機的被使用度最大，因爲它的通用性很廣，從圖樣識別到控制器設計都有很好的表現。另外，我們也介紹兩種常見的多層類神經網路 — 放射狀基底函數網路以及時間延遲網路，這些不同的網路架構各自有其適用範圍及其優缺點。

參考文獻

[1] F. Crick, The Astonishing Hypothesis—The Scientific Search for the Soul, 劉明勳，譯，驚異的假說—克里克的「心」、「視」界，天下文化出版公司，1997.

[2] D. E. Rumelhart, G. E. Hinton, and R. J. Williams, “Learning internal representations by error propagation,” in D. E. Rumelhart, J. L. McMclelland, *et al.*, eds., Parallel Distributed Processing, Vol. 1, Chap. 8, Cambridge, MA : MIT Press, 1986.

[3] P. J. Werbos, “Beyond regression: New tools for prediction and analysis in the behavioral sciences,” Doctoral dissertation, Harvard University, 1974.

[4] S. Haykin, *Neural Networks: A Comprehensive Foundation*, Macmillan College Publishing Company, Inc., 1994.

[5] D. Plaut, S. Nowlaw, and D. Hinton, “Experiments on learning by backpropagation,” Technical Report CMU-CS-86-126, Department of Computer Science, Carnegie Mellon University, Pittsburgh, PA, 1986.

[6] G. Cybenko, “Approximation by superpositions of a sigmoidal function,” Mathematics of Control, Signals, and Systems, Vol. 2, pp. 303-314, 1989.

[7] K. Funahashi, “On the approximate realization of continuous mappings by neural networks,” Neural Networks, Vol. 2, pp. 183-192, 1989.

[8] K. Hornik, M. Stinchcombe, and H. White, “Universal approximation of an unknown mapping and its derivatives using multilayer feedforward networks,” Neural Networks, Vol. 3, pp. 551-560, 1990.

[9] T. J. Sejnowski and C. R. Rosenberg, “Parallel networks that learn to pronounce english text,” Complex Systems, Vol. 1, pp. 145-168, 1987.

[10] D. A. Pomorleau, "ALVINN: An autonomous land vehicle in a neural network," in Advances in Neural Information Processing Systems I, ed. D. S. Touretzky, pp. 305-313, San Mateo: Morgan Kaufmann, 1989.

[11] Y. LeCun, B. Boser, J. S. Denker, D. Heuderson, R. E. Howard, W. Hubbard, and L. D. Jackel, "Backpropagation applied to handwritten zip code recognitions," Neural Computation, Vol. 1, pp. 541-551, 1989.

[12] P. S. Maclin and J. Dempsey, "A neural network to diagnose liver cancer," Proc., IEEE Int. Conf. Neural Networks, Vol. III, San Francisco, pp. 1492-1497, 1993.

[13] W. Baxt, "The applications of the artificial neural networks to clinical decision making," In Conference on Neural Information Processing Systems - Natural and Synthetic, November 30 - December 3, Denver, CO, 1992.

[14] R. P. Gorman, T. J. Sejnowski, "Analysis of hidden units in a layered network trained to classify sonar targets," Neural Networks, Vol. 1, pp. 75-89, 1988.

[15] S. Renals, N. Morgan, M. Cohen, H. Franco, H. Bourlard, "Improving statistical speech recognition," IJCNN, Vol. 2, pp. 302-307, Baltimore, MD, 1992.

[16] P. J. Werbos, "Backpropagation and neurocontrol: A review and propectus," IJCNN, Vol. 1, pp. 209-216, Washington, DC., 1989.

[17] D. Nguyen and B. Widrow, "The truck backer-upper: An example of self-learning in neural networks," IJCNN, Vol. 2, pp. 357-363, Washington, DC, 1989.

[18] K. S. Narendra and K. Parthasarathy, "Identification and Control of dynamical systems using neural networks," IEEE Trans. on Neural Networks, Vol. 1, pp. 4-27, 1990.

[19] C. L. Giles and T. Maxwell, "Learning, invariance and generalization in

high-order neural network," Applied Optics, Vol. 26, No.23, pp. 4972-4978, 1987.

[20] N. DeClaris and M. C. Su," A novel class of neural networks with quadratic junctions," IEEE Int. Conf. On System, Man, and Cybernetics, pp. 1557-1562, Virginia, U.S.A (Received the IEEE 1992 Franklin V .Taylor Award)

[21] D. F. Specht, "Probabilistic neural networks and the polynomial adline as complimentary technique for classification," IEEE Trans. on Neural Networks, Vol. I, No. I, pp. 111-121, 1990.

[22] J. Moody and C. Darken, "Fast learning in networks of local-tuned processing units," Neural Comput., Vol. I, pp. 281-294, 1989.

[23] M. J. D. Powell, "Radial basis functions for multivariable interpolation: A review, " in algorithms for Approximation, eds., J.C. Mason and M.G. Cox, Oxford : Oxford University Press , pp.143-167,1987.

[24] A. Waibel, T. Hanazawa, G. E. Hinton, K. Shikano and K. J. Long, "Phoneme recognition using time-delay neural networks," IEEE Trans. Acoust., Speech ,Signal Processing , Vol. 37, No.3, pp.328-339,1989.

[25] R. J. Williams and D. Zipser, "A learning algorithm for continually running fully recurrent neural networks," Neural Computing, vol. 1, pp. 270-280, 1989.

[26] J. L. Elman, "Finding structure in time," Cognitive Science, Vol. 14, pp. 179-211, 1990.

機器學習

CHAPTER 4

非監督式類神經網路

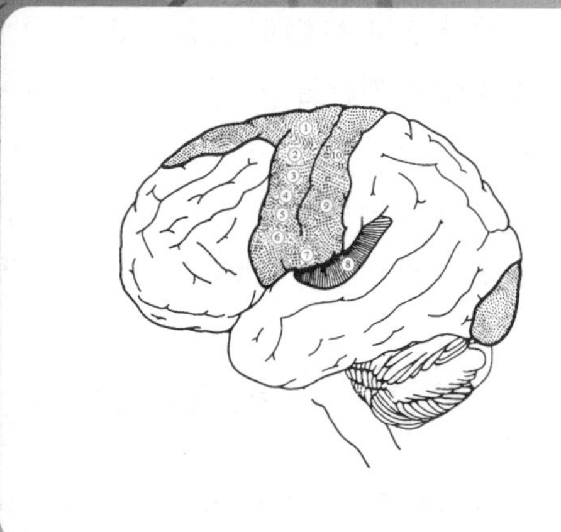

4.1 引言

本章所要探討的是非監督式的類神經網路，此種網路在缺乏期望輸出值的情況下，能夠自行發掘出資料中的那些特徵是重要的或是可忽略的，以便將資料作“群聚”(clustering)的處理。因此，此種類神經網路，經常被用來作爲前處理單元(preprocessing unit)，以便萃取出資料的特徵，或將資料做向量量化(vector quantization)之後，再配合監督式學習法，便可完成圖樣識別(pattern recognition)的任務。基本上，此類型的網路，其類神經元的輸出值所代表的意義是，此類神經元對於目前輸入網路的資料，其熟悉程度有多高？熟悉程度的高低，則取決於目前資料與過去網路所見過的一些已經形成範例的資料，彼此之間的相似度有多大？而量測相似度的方法，則依據各種不同的非監督式類神經網路，有各自的考量。我們將介紹給大家的是自我組織特徵映射網路(self-organizing feature map networks)、適應共振理論(Adaptive Resonance Theory)以及學習向量量化類神經網路(learning vector quantization neural networks)；這三種類神經網路都根植於競爭式學習演繹法。

4.2 競爭式學習演算法則

非監督式的學習(unsupervised learning)在初生兒的成長過程中扮演著十分重要的角色，因爲在這個階段，成人無法靠語言來指導尚未具備語言能力的嬰兒，該如何學習以便適應外在環境，嬰兒在觀察到某種動作會產生相同的結果時，會歸納出某些規則來解釋這些動作，以便反應出他對外界的需求。除了來自生物現象的動機之外，在圖樣分類(pattern classification)及群聚分析(clustering analysis)的問題上，我們也會需要非監督式的學習法來發掘出資料本身所具備的結構。

在類神經網路中有兩種實現非監督式學習法的演繹法則：

1. Hebbian 學習規則—根植於此種學習法的類神經網路，通常不是被用來分析資料間的群聚關係或被用來將資料分類；反而是被用來量測資料間的相似性或分析出資料中的“主要成份(principle components)”。其中一種是由哺乳動物的視覺系統所啓發的多層前饋式的「自我組織特徵分析模型(self-organized feature analysis model)」[1]；另一種則取材自統計學上用來分析資料的「主要成份分析法(principal component analysis 簡稱爲 PCA)」[2]。

2. 競爭式學習法則—使用上述的 Hebbian 學習規則的類神經網路通常會有多個類神經元同時被活化；而使用競爭式學習法的類神經網路，則只有其中的一個類神經元會被活化，這個被活化的類神經元就稱爲“得勝者(winner)”類神經元。這種類神經網路通常是被用來作群聚分析，在沒有事先的分類資訊下，去發覺資料中本身的結構及群聚關係。我們在這個章節只詳細探討競爭式學習演繹法。

在開始介紹競爭式學習法則前，我們重點式地說明有關群聚分析(cluster analysis)的要點。群聚分析是用來探索資料中資料群聚結構的一種工具，其目的主要是將相似的資料歸類在同一群聚中。那麼群聚究竟是如何定義的？群聚直觀地看就是：屬於同一群的資料，它們彼此間之相似度高；而不屬於同一群的資料，它們彼此間之相似度低於同一群的資料間之相似度。透過分群演算法所得到的這些群聚，可以用來解釋原始資料的分布與特性。有關群聚分析的研究，仍有待解決的問題有下列幾項：

1. 如何決定相似度？
2. 如何決定群聚的數目？
3. 如何決定哪個分群的結果是較理想的？

不同的相似度會導致所形成之群聚幾何特性不同。譬如說，若用歐基里德距離，$\|\underline{x}-\underline{c}\|$($\underline{x}$代表資料點而$\underline{c}$代表群聚中心向量)，來當相似度(距離越小則相似度越高)，則會形成大小相似且緊密之圓形群聚；若用 $\cos\theta=\frac{\underline{x}^T\underline{c}}{\|\underline{x}\|\|\underline{c}\|}$ 來

當相似度($\cos\theta$ 值越大則相似度越高，其中 θ 代表 $\underline{x}$ 和 $\underline{c}$ 間之夾角)，則會形成同一角度之狹長形群聚；倘若採用的是 $\underline{x}^T\underline{c}=\|\underline{x}\|\|\underline{c}\|\cos\theta$ ($\underline{x}^T\underline{c}$ 值越大則相似度越高)，則並不一定會形成同一角度之狹長形群聚，因爲 $\|\underline{x}\|$ 和 $\|\underline{c}\|$ 的大小不同，會導致即使它們幾乎同一角度，但 $\underline{x}^T\underline{c}$ 值還是有很大之差異。

現在我們介紹一種執行競爭式學習法 (此法有時被稱爲 Kohonen 學習規則或贏者全拿學習規則(winner-take-all learning rule)的單層類神經網路，如圖 4.1 所示，競爭式學習法的執行分爲三個步驟：

步驟一：競爭階段(competitive phase)—選出得勝者

擁有最大輸出的類神經元爲得勝者類神經元，假設第 j^* 個類神經元爲得勝者，則

$$y_{j^*}(=\varphi(v_{j^*}))\geq y_j(=\varphi(v_j)),\qquad j=1,2,\cdots,K \tag{4.1}$$

其中 K 爲類神經元的數目。

1. 若活化函數 $\varphi(\cdot)$ 爲嚴格遞增型的函數(如 sigmoid 函數或線性函數)，則上式可以重寫爲：

$$v_{j*}(=\underline{w}_{j^*}^T\underline{x})\geq v_j(=\underline{w}_j^T\underline{x}),\qquad j=1,2,\cdots,K \tag{4.2}$$

如果鍵結向量 $\underline{w}_j$ 都被正規化爲長度爲 1 的基本向量，則得勝者的選取便可根據輸入向量 $\underline{x}$ 與鍵結值向量 $\underline{w}_j$ 兩者間的歐幾里德距離來選取：

$$\left\|\underline{x}-\underline{w}_{j^*}\right\|\leq\left\|\underline{x}-\underline{w}_j\right\|,\qquad j=1,2,\cdots,K \tag{4.3}$$

因爲 $\left\|\underline{x}-\underline{w}_{j^*}\right\|\leq\left\|\underline{x}-\underline{w}_j\right\|\Leftrightarrow\sqrt{(\underline{x}-\underline{w}_{j^*})^T(\underline{x}-\underline{w}_{j^*})}\leq\sqrt{(\underline{x}-\underline{w}_j)^T(\underline{x}-\underline{w}_j)}$ 所以很容易證明 $\left\|\underline{x}-\underline{w}_{j^*}\right\|\leq\left\|\underline{x}-\underline{w}_j\right\|\Leftrightarrow\underline{w}_{j*}^T\underline{x}\geq\underline{w}_j^T\underline{x}$。如果輸入向量 $\underline{x}$ 和鍵結向量 $\underline{w}_j$ 都同時被正規化爲長度爲 1 的基本向量，則得勝者的選取便可根據輸入向量 $\underline{x}$ 與鍵結值向量 $\underline{w}_j$ 兩者間之夾角 $\cos\theta$ 來選取。

2. 若活化函數 $\varphi(\cdot)$ 爲高斯型基底函數($\varphi(\underline{x}) = \exp[-\frac{\left\|\underline{x}-\underline{w}_j\right\|^2}{2\sigma_j^2}$)，則在不需任何其它條件下，式(4.1)可以直接重寫爲：

$$\left\|\underline{x}-\underline{w}_{j^*}\right\| \le \left\|\underline{x}-\underline{w}_j\right\|, \qquad j=1,2,\cdots,K \tag{4.4}$$

步驟二：獎勵階段(reward phase)—調整得勝者的鍵結值向量

鍵結值向量的調整公式如下：

$$\underline{w}_j(n+1) = \begin{cases} \underline{w}_j(n) + \eta\left(\underline{x} - \underline{w}_j(n)\right) & if\ j = j^* \\ \underline{w}_j(n) & if\ j \neq j^* \end{cases} \tag{4.5}$$

其中η爲學習速率和 n 爲學習過程中的疊代次數。我們用圖 4.2 來說明式(4.5)，它會使得當時的輸入與調整後的鍵結值向量間的距離縮短，因此便更增加得勝者對此輸入的獲勝優勢。如果鍵結值向量需要作正規化則需多做下述之正規化處理：$\underline{w}_j(n+1) = \frac{\underline{w}_j(n+1)}{\left\|\underline{w}_j(n+1)\right\|}$ 。

步驟三：疊代階段(reward phase)—檢查停止訓練條件是否吻合

如果鍵結值向量的改變量小於事先設定之閥值，或則疊代次數到達事先設定之上限，則停止訓練；否則，回到步驟一，繼續訓練。

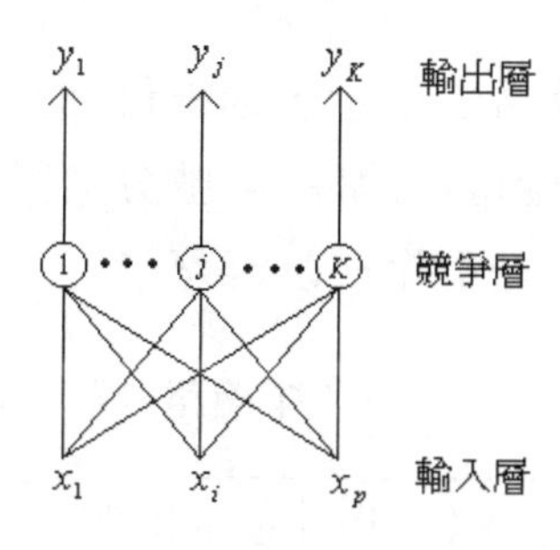

圖 4.1　競爭式學習法之網路架構

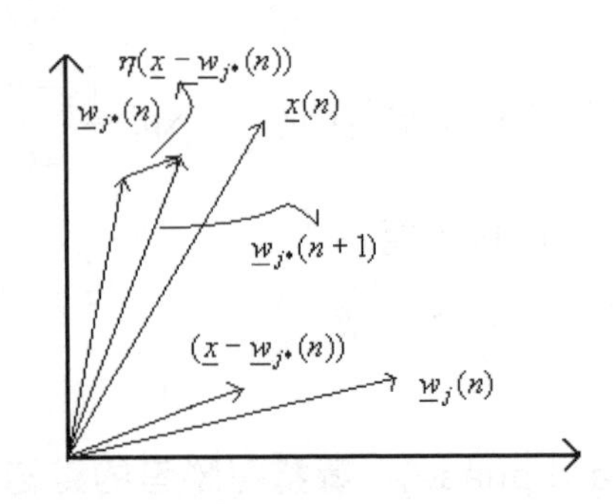

圖 4.2　鍵結值向量調整公式的幾何說明

範例 4.1：競爭式學習法則

我們以下述之範例來說明競爭式學習的過程，假設學習率 $\eta=0.5$，網路由兩個類神經元所組成，類神經元的鍵結值初始值分別為：$\underline{w}_1(0)=(1,3)^T$ 以及 $\underline{w}_2(0)=(3,2)^T$。網路的訓練資料如表 4.1 所列，共有 4 筆訓練資料；我們用圖 4.3 來顯示 4 筆訓練資料的分佈情形。

不同的得勝者選取標準會造成不同的分群結果，以下是分別使用歐基里德距離、$\cos\theta$ 值與內積為得勝者選取標準所分群的結果，表 4.2、表 4.3、及表 4.4 列出前四次訓練過程。這裡要強調一點，如果訓練過程就此停下來，然後，就將輸入資料送進訓練好之網路以了解資料的分群情形，我們會發現三種選取標準會造成不同的分群結果。特別的是，當內積為得勝者選取標準時，所有四筆資料都只分給第一個類神經元，也就是只分成一群而已。分群的結果是如圖 4.4、4.5、及 4.6 所示，細線代表初始鍵結值向量，粗線代表訓練後之鍵結值向量，並用圓圈內加+、- 號分別表示類神經元一及類神經元二所得勝的資料點，也就是，群聚一及群聚二。

表 4.1　範例 4.1 中網路的訓練資料

$\underline{x}_1=(1,1)^T$	$\underline{x}_2=(3,3)^T$	$\underline{x}_3=(1,2)^T$	$\underline{x}_4=(2,4)^T$

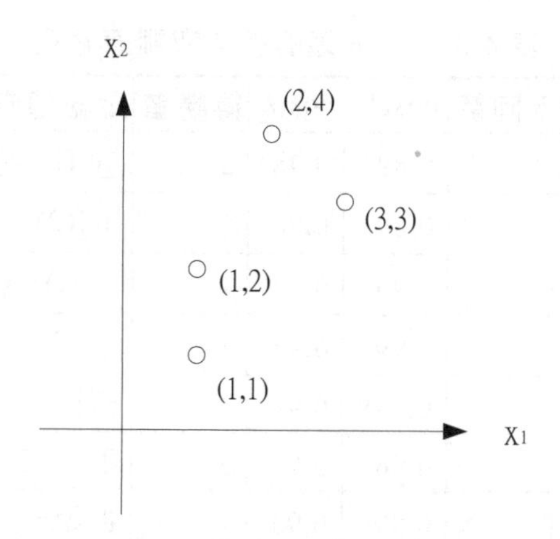

圖 4.3　競爭式學習法的訓練資料分佈狀況

表 4.2　歐基里德距離的前 4 次訓練過程

疊代次數	輸入向量	$\lVert \underline{x}-\underline{w}_1 \rVert$	$\lVert \underline{x}-\underline{w}_2 \rVert$	得勝者	鏈結值向量之調整
1	$\underline{x}_1$	2.0	2.24	1	$\underline{w}_1(1)=(1.0\,,2.0)^T$
2	$\underline{x}_2$	2.24	1	2	$\underline{w}_2(1)=(3.0\,,2.5)^T$
3	$\underline{x}_3$	0.0	2.06	1	$\underline{w}_1(2)=(1.0\,,2.0)^T$
4	$\underline{x}_4$	2.24	1.80	2	$\underline{w}_2(2)=(2.5\,,3.25)^T$
1	$\underline{x}_1$	1.0	2.70	1	群聚一
2	$\underline{x}_2$	2.24	0.56	2	群聚二
3	$\underline{x}_3$	0	1.95	1	群聚一
4	$\underline{x}_4$	2.24	0.90	2	群聚二

表 4.3　$\cos\theta$ 值的前 4 次訓練過程

疊代次數	輸入向量	$\cos\theta_1$	$\cos\theta_2$	得勝者	鏈結值向量之調整
1	$\underline{x}_1$	0.89	0.98	2	$\underline{w}_2(1)=(2.0\,,1.5)^T$
2	$\underline{x}_2$	0.89	0.98	2	$\underline{w}_2(2)=(2.5\,,2.25)^T$
3	$\underline{x}_3$	0.99	0.93	1	$\underline{w}_1(1)=(1.0\,,2.5)^T$
4	$\underline{x}_4$	0.99	0.93	1	$\underline{w}_1(2)=(1.5\,,3.25)^T$
1	$\underline{x}_1$	0.938	0.99	2	群聚二
2	$\underline{x}_2$	0.94	0.99	2	群聚二
3	$\underline{x}_3$	0.99	0.93	1	群聚一
4	$\underline{x}_4$	0.99	0.93	1	群聚一

表 4.4　內積的前 4 次訓練過程

疊代次數	輸入向量	$\underline{w}_1^T\underline{x}$	$\underline{w}_2^T\underline{x}$	得勝者	鏈結值向量之調整
1	$\underline{x}_1$	4.0	5.0	2	$\underline{w}_2(1)=(2.0\,,1.5)^T$
2	$\underline{x}_2$	12.0	10.5	1	$\underline{w}_1(1)=(2.0\,,3.0)^T$
3	$\underline{x}_3$	8.0	5.0	1	$\underline{w}_1(1)=(1.5\,,2.5)^T$
4	$\underline{x}_4$	13.0	10.0	1	$\underline{w}_1(2)=(1.75\,,3.25)^T$
1	$\underline{x}_1$	5.0	3.5	1	群聚一
2	$\underline{x}_2$	15.0	10.5	1	群聚一
3	$\underline{x}_3$	8.25	5.0	1	群聚一
4	$\underline{x}_4$	16.5	10.0	1	群聚一

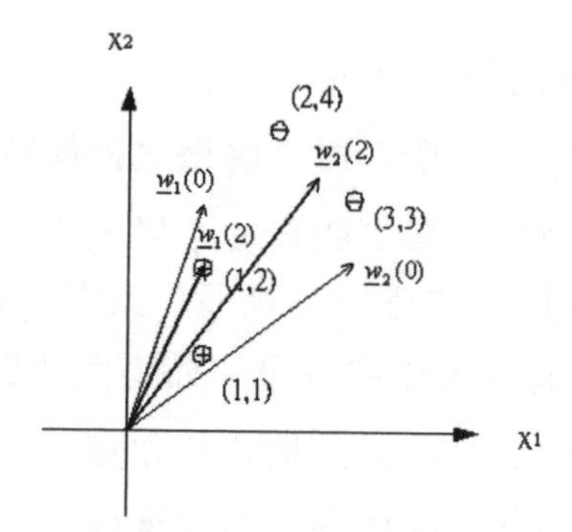

圖 4.4　以歐基里德為得勝者選取標準的分群結果

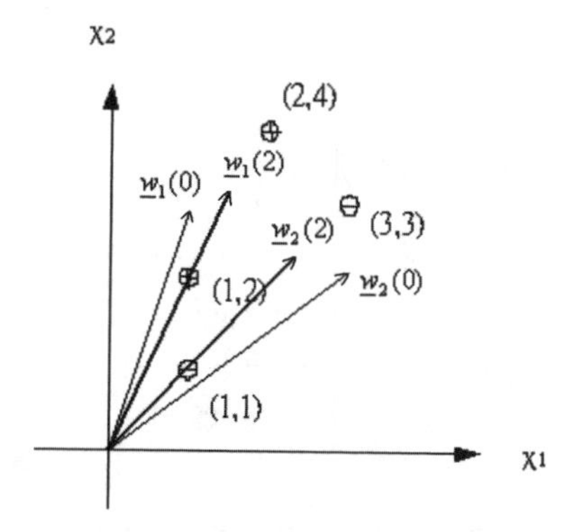

圖 4.5　以 cos 值為得勝者選取標準的分群結果

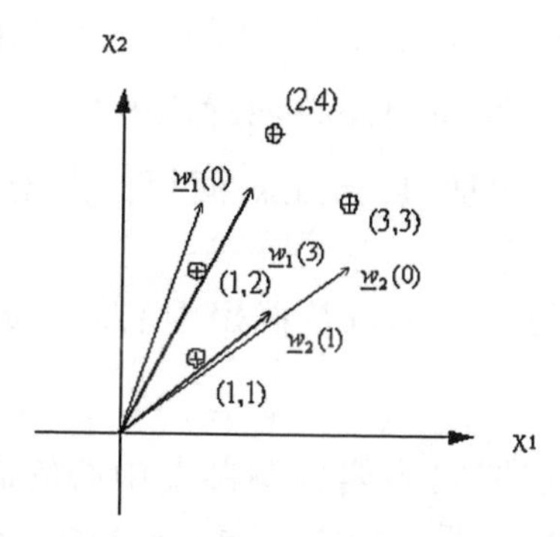

圖 4.6　以內積為得勝者選取標準的分群結果

我們將競爭式學習法的特性分析如下：

1. 得勝者的選取方式會影響到所形成之群聚之幾何特性。
2. 鍵結向量的初始化會影響到學習的最後效果，因為有可能某部份的類神經元永遠都沒有得勝的機會，如圖 4.7 所示，其中 $\underline{w}_2$ 離所有的輸入向量都較 $\underline{w}_1$ 遠，所以只有 $\underline{w}_1$ 會有被調整的機會，而這個問題的解決方式有：
   (1) 將所有類神經元的鍵結向量隨機初始化為一部份的輸入向量。
   (2) 加入良心機構—懲罰得勝機率高的類神經元，使其它的類神經元也有得勝的機會，以便調整鍵結向量，詳細作法請參見 4.4.5 節。
   (3) 在獎勵階段時，所有的類神經元的鍵結向量都予以調整，但得勝者調整得最多。

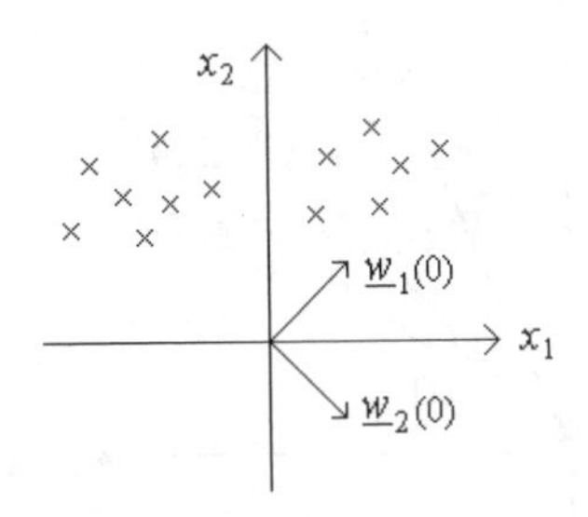

圖 4.7　鍵結值向量之初始化對競爭式學習法之影響：其中 $\underline{w}_2(0)$ 將永遠得不到被調整的機會。

3. 類神經元的數目必須由使用者設定，因此如果設定的不對(即不等於實際資料的群聚數目)，則會將資料錯誤地歸類。
4. 競爭式學習演算法的效果與 K-means 演算法則差不多，所謂的 K-means 演算法則，其過程如下：

   步驟一：設定群聚目 $K > 0$，以及群聚中心的初始中心位置 $\underline{w}_j(0)$，其中 $j = 1, \cdots, K$。

   步驟二：將訓練資料依據它們與各個群聚中心的距離(可以用一般的歐基里德距離或是其它距離量測)遠近，分配到最近的群聚中心。

步驟三：依據下式來更新群聚中心位置：

$$\underline{w}_j(n+1) = \frac{1}{N_j}\sum_{\underline{x}_i \in C_j} \underline{x}_i \qquad j = 1,2,\cdots,K$$

其中 C_j 代表所有被歸類於第 j 個群聚的資料集合，N_j 代表屬於 C_j 的資料個數。

步驟四：如果 $\max_{j=1,\cdots K}\left\|\underline{w}_j(n+1) - \underline{w}_j(n)\right\| < \varepsilon$ (ε 是一個事先給定的正實數)，或資料的歸類與前一次疊代過程相同，又或者是疊代次數超過某一上限，那麼就停止運算，否則，回到步驟二，繼續疊代。

這兩種演算法都可用來做"向量量化(vector quantization)"的工作，差別只是一個是"圖樣學習(pattern learning)"；另一個是"批次學習(batch learning)"而已。另外值得一提的是，最後分類的結果會和資料的輸入次序有關，不同的輸入次序，有可能會導至極為不同的分類結果。

5. 若我們是用電腦程式來模擬競爭式學習，那麼得勝者的尋找，便可以很輕易地從類神經元的輸出大小或輸入向量與鍵結值向量間的歐幾里德距離來決定，但是若要讓網路本身結構來使得類神經元間，可以彼此競爭以爭取勝出的機會，那麼引入"側向聯結(lateral connection)"的結構是個可行的方法，我們將在 4.4.2 節中詳細探討側向聯結。

4.3 適應共振理論

當我們進一步地探討競爭式的學習演算法時，會發現只要有輸入持續地刺激這個網路，那麼得勝者的鍵結值便會改變，很可能會使得同一筆資料，在前一次循環時被分類成群類 A，而在下一次的循環時，卻被分類成群類 B，因此，我們無法保證這個以競爭式學習演算法為架構的網路會達到穩定狀態。為了使網路能夠穩定，一種最簡單且直接的方法就是讓學習速率隨著時間逐漸下降至零，但是這種網路便失去了可塑性—即無法學習新的資料。想要同時擁有穩定性與可塑性是個不容易解決的問題，這就是 Grossberg 所提

出的"穩定性與可塑性的進退兩難論(stability and plasticity dilemma)"，實際上，一個即時的學習系統(real-time learning system)要能夠在瞬息萬變的環境下生存，就必須能夠處理這個進退兩難的問題，因此，這個學習系統要有足夠的穩定性來抗拒環境中不相干的干擾或事件，但又要有足夠的可塑性以便能夠快速地改變及學習，來因應環境的變化，也就是說，要能夠快速學習，但又不會洗去舊有的記憶。

Carpenter 以及 Grossberg [3]-[6]提出了適應共振理論(Adaptive Resonance Theory 簡稱 ART)來解決穩定性與可塑性進退兩難的問題。競爭式學習網路使用的類神經元數目是固定不變的；而他們採用的是動態式的網路架構，也就是說，有足夠數目的類神經元等待著被使用，當輸入向量與已被儲存起來的某個樣本(prototype)之間的相似度，超過某個極限時，所謂的"共振"(resonance)現象便會發生；若輸入向量與所有被儲存的樣本的相似度，都未超過那個極限值，則這個輸入會被視爲一個新的樣本，並且由一個尚未被使用過的類神經元負責記憶，一旦所有的類神經元都已記憶某種樣本時，網路對穩定性的要求便超過可塑性，此時網路便會對當時的輸入不做任何反應。由適應共振理論發展出來的，有處理二元值輸入的 ART 1 [3]、及處理連續信號的 ART 2 [4]、及 Fuzzy ART [7]；除此之外，ARTMAP [8]是監督式學習網路。本書只深入探討 ART 1 的架構，其餘的各種網路，讀者可參考相關文獻資料。

4.3.1 ART 1 演算法

由於用演算法的方式來描述 ART 1，會較從網路實現的角度來分析 ART 1 來得簡單些，所以我們先從簡單的著手，以便讓讀者較容易進入狀況。基本上，ART 1 的目地就是尋找群聚(cluster discovery)；但與競爭式學習網路不同的是，在 ART 1 的架構下，群聚的數目會隨著資料間的相似度的大小不同而適量地反應出來，而不是由使用者所設定的。ART 1 的基本概念是這樣的：輸入向量與被儲存的樣本間作相似度的比較(此時用第一種評比標準)，然後依相似度的大小的次序(此時使用第二種評比標準)來衡量樣本與輸入向量間的相似度是否有超過警戒參數值(vigilance parameter)，若已被使用的類神經元的鍵結值所儲存的樣本，都無一符合此標準，則會激發一個尚未使用過的類神經元來記憶此輸入；若有一類神經元符合此標準，則此類神經元之鍵結值會被修正，以便記憶此輸入，整個 ART 1 演繹法整理如下：

步驟一：設定所有類神經元的初始鍵結值爲構成元素都爲 1 的向量，亦即 $w_{ji}(0)=1$。

步驟二：將輸入向量呈現至網路，若是第一筆資料，則設定第一個輸出類神經元爲得勝者，然後直接跳到步驟六。

步驟三：致能所有曾經得勝過的輸出類神經元。

步驟四：在所有被致能的類神經元中，根據以下的標準尋找與輸入向量 $\underline{x}$ 最接近的類神經元，所謂的"最接近"就是指"相似度"最大；此時相似度的量測被定義爲(第一種評比標準)：

$$S_1(\underline{w}_j,\underline{x})=\frac{\underline{w}_j\cdot\underline{x}}{\beta+\left\|\underline{w}_j\right\|_1}=\frac{\underline{w}_j^T\underline{x}}{\beta+\sum_{i=1}^{p}w_{ij}} \tag{4.6}$$

其中 $\left\|\underline{w}_j\right\|_1$ 代表鍵結值向量 $\underline{w}_j=[w_{1j},w_{2j},\cdots,w_{pj}]^T$ 中的元素有幾個是 1，β是個值很小但大於零的常數。β 的加入是爲了可以使得相似度分出大小；當β值很小時，$S_1(\underline{w}_j,\underline{x})$ 代表的就是 $\underline{w}_j$ 中有多少個 1 與輸入向量 $\underline{x}$ 中的 1 的位置會相同之比例。要強調一點，這裏 $\underline{w}_j$ 代表的是 $[w_{1j},w_{2j},\cdots,w_{pj}]^T$，而不是前面所慣用的 $[w_{j1},\cdots,w_{jp}]^T$，這是因爲 ART 1 的架構比較特別，詳細情形於 4.3.2 節會有所說明。

步驟五：從步驟四中所選出的得勝者(相似度最大之類神經元)，此時假設第 j 個類神經元是得勝者，我們再用第二種相似度標準來量測得勝的類神經元中所儲存的樣本，與輸入向量 $\underline{x}$ 的相似度是否眞的夠大？第二種相似度的量測被定義爲(第二種評比標準)：

$$S_2(\underline{w}_j,\underline{x})=\frac{\underline{w}_j\cdot\underline{x}}{\|\underline{x}\|_1}=\frac{\underline{w}_j^T\underline{x}}{\sum_{i=1}^{p}x_i} \tag{4.7}$$

其中 $S_2(\underline{w}_j,\underline{x})$ 代表的是在輸入向量 $\underline{x}$ 中有多少個1的位置與鍵結值向量 $\underline{w}_j$ 的1的位置相同，當 $S_2(\underline{w}_j,\underline{x})\geq\rho$ (ρ 爲評定輸入向量與樣本間是否夠相似的警戒參數)時，則代表 $\underline{w}_j$ 與 $\underline{x}$ 可被視爲極爲相似，這時便可執行步驟六；否則將第 j 個類神經元取消致能(disable)，回到步驟四，找尋下一個 $S_1(\underline{w}_j,\underline{x})$ 高的類神經元。若所有被致能的類神經元都無一通過 $S_2(\underline{w}_j,\underline{x})$ 的驗證，並且網路還有尚未使用的類神經元，那麼就致能一個未使用過的類神經元，然後，執行步驟六；否則網路將不對此輸入做任何反應，便回到步驟二，等待下一個輸入。

步驟六：調整得勝者類神經元的鍵結值。調整的目標是使得 $\underline{w}_j$ 更接近 $\underline{x}$：

$$\underline{w}_j(n+1)=\underline{w}_j(n)\ \text{AND}\ \underline{x} \tag{4.8}$$

也就是 $w_{ij}(n+1)=w_{ij}(n)\cdot x_i$，$1\leq i\leq p$。然後輸出 j，代表此時的輸入 $\underline{x}$ 被分爲第 j 類；回到步驟一，重新接受新的輸入。

範例 4.2：ART 1 網路手算範例[9]

我們以 ART 1 網路來分類四種圖樣，如圖 4.8(a)所示的例子來說明 ART 1 網路的運作過程，範例中的每個圖樣都是一個 5×5 的灰階圖(黑色代表 1，白色代表 0)，我們用 25×1 的向量來代表每一個圖樣，因此網路的輸入層共有 25 個結點(類神經元)，假設網路的輸出層共有四個類神經元。

首先將網路鍵結值初始化，並且致能所有的類神經元，也就是：

$$w_{ij}=1,\quad j=1,2,\cdots,4;\quad i=1,2,\cdots,25. \tag{4.9}$$

假設我們將警戒參數設定於 $\rho=0.7$ 和設定式(4.6)中的 $\beta=1/2$。然後將四個圖樣一一輸入。

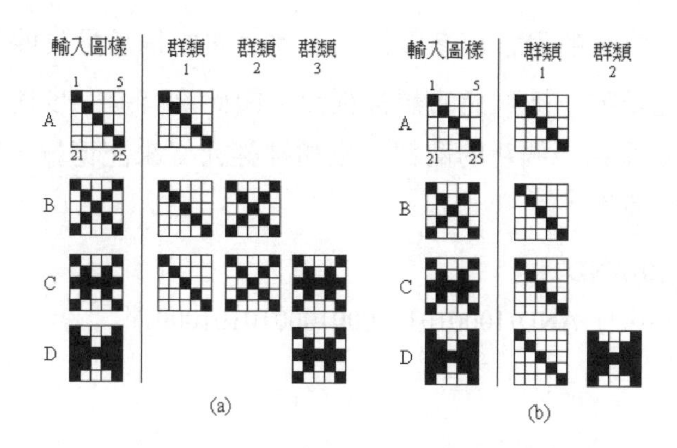

圖 4.8　以 ART 1 進行圖樣識別之輸入圖樣以及分類結果：(a) $\rho = 0.7$，(b) $\rho = 0.3$ (此圖摘自[9])

1. 輸入圖樣 A，$\underline{x}_A$：首先輸入圖樣 A 時，由於此時是第一個輸入的圖樣，因此一定會形成第一個群聚，此時我們讓第一個類神經元成爲得勝者，並且改變其聯結鍵結值爲：

$$\begin{aligned}\underline{w}_1(1) &= \underline{w}_1(0)\,\text{AND}\,\underline{x}_A \\ &= (1,1,\cdots,1)^T\,\text{AND}(1000001000001000001000001)^T \\ &= \underline{x}_A\end{aligned} \tag{4.10}$$

即

$$w_{1,1} = w_{7,1} = w_{13,1} = w_{19,1} = w_{25,1} = 1,$$
$$w_{i,1} = 0, \quad i \neq 1,7,13,19,25.$$

2. 輸入圖樣 B—$\underline{x}_B$：當輸入圖樣 B 時，由於此時輸出層只有一個類神經元是處於致能狀態，因此在輸出層中並沒有其它的類神經元參與競爭，也就是說，類神經元 1 就是當然的得勝者。再來就是要檢查此時的 $S_2(\underline{w}_1, \underline{x}_B)$ 是否有超過警戒參數值？

$$S_2(\underline{w}_1, \underline{x}_B) = \frac{\underline{w}_1 \cdot \underline{x}_B}{\|\underline{x}_B\|_1} = \frac{\underline{x}_A \cdot \underline{x}_B}{\sum_{i=1}^{25} x_i^B} = \frac{5}{9} < 0.7 = \rho \tag{4.11}$$

此時的 $S_2(\underline{w}_1, \underline{x}_B)$ 沒有超過警戒參數值，因此這次的檢驗是失敗的。由於目前第 1 個類神經元是唯一被致能的類神經元，因此沒有進一步搜尋的必要，所以將輸入圖樣 B 視爲一個新的圖樣，以類神經元 2 來記憶輸入圖樣 B，其相對應的鍵結值改變爲：

$$\begin{aligned}\underline{w}_2(1) &= \underline{w}_2(0)\,\text{AND}\,\underline{x}_B \\ &= (1,1,\cdots,1)^T\,\text{AND}(1000101010001000101010001)^T \\ &= \underline{x}_B\end{aligned} \tag{4.12}$$

即

$$\begin{aligned}&w_{1,2} = w_{5,2} = w_{7,2} = w_{9,2} = w_{13,2} = w_{17,2} = w_{19,2} = w_{21,2} = w_{25,2} = 1, \\ &w_{i,2} = 0, \quad i \neq 1,5,7,9,13,17,19,21,25.\end{aligned}$$

3. 輸入圖樣 C—$\underline{x}_C$：當輸入圖樣 C 時，由於此時輸出層有兩個類神經元是處於致能狀態，因此在輸出層中有二個類神經元參與競爭，此時類神經元 1 與類神經元 2 的第一個相似度的輸出分別爲：

$$S_1(\underline{w}_1, \underline{x}_C) = \frac{\underline{w}_1 \cdot \underline{x}_C}{1/2 + |\underline{w}_1|_1} = \frac{5}{1/2+5} = 0.91 \tag{4.13}$$

以及

$$S_1(\underline{w}_2, \underline{x}_C) = \frac{\underline{w}_2 \cdot \underline{x}_C}{1/2 + |\underline{w}_2|_1} = \frac{9}{1/2+9} = 0.95 \tag{4.14}$$

從上式便可輕易地看出 β 的重要性了，若沒有 β 的存在，那麼 $S_1(\underline{w}_1, \underline{x}_C) = S_2(\underline{w}_2, \underline{x}_C) = 1$，就分不出大小了，有了 β 的介入，導致類神經元 2 爲此時的得勝者，接下來就是要檢查第二種相似度是否有超過警戒參數值？

$$S_2(\underline{w}_2, \underline{x}_C) = \frac{\underline{w}_2 \cdot \underline{x}_C}{\|\underline{x}_C\|_1} = \frac{9}{13} < 0.7 = \rho \tag{4.15}$$

由於此時的 $S_2(\underline{w}_2, \underline{x}_C)$ 沒有超過警戒參數值，所以這次的檢驗是失敗的，因此我們抑制類神經元 2，並且取消其致能狀態。此時還處於致能的類神經元只剩類神經元1，因此我們現在將類神經元1設定為得勝者，並且檢驗 $S_2(\underline{w}_1,\underline{x}_C)$：

$$S_2(\underline{w}_1,\underline{x}_C)=\frac{\underline{w}_1\cdot\underline{x}_C}{|\underline{x}_C|_1}=\frac{5}{13}<0.7=\rho \tag{4.16}$$

類神經元 1 的檢驗仍然是失敗的，因此我們抑制類神經元 1，並且取消其致能狀態。由於此時已經沒有處於致能狀態的類神經元，因此我們將圖樣 C 視為一個新的圖樣，以類神經元 3 來記憶輸入圖樣 C，並且改變其相對應的鍵結值。

$$\begin{aligned}\underline{w}_3(1)&=\underline{w}_3(0)\,\text{AND}\,\underline{x}_C\\&=(1,1,\cdots,1)^T\,\text{AND}(1000101010111110101010001)^T\\&=\underline{x}_C\end{aligned} \tag{4.17}$$

即

$$\begin{aligned}&w_{1,3}=w_{5,3}=w_{7,3}=w_{9,3}=w_{11,3}=w_{12,3}=w_{13,3}\\&\quad=w_{14,3}=w_{15,3}=w_{17,3}=w_{19,3}=w_{21,3}=w_{25,3}=1,\\&w_{i,3}=0,\quad i=2,3,4,6,8,10,16,18,20,22,23,24.\end{aligned}$$

4. 輸入圖樣 D — $\underline{x}_D$：當輸入圖樣 D 時，由於此時輸出層有三個類神經元是處於致能狀態，因此在輸出層中有三個類神經元參與競爭，其第一個相似度的值分別為：

$$S_1(\underline{w}_1,\underline{x}_D)=\frac{\underline{w}_1\cdot\underline{x}_D}{1/2+|\underline{w}_1|_1}=\frac{5}{1/2+5}=0.91 \tag{4.18}$$

$$S_1(\underline{w}_2,\underline{x}_D)=\frac{\underline{w}_2\cdot\underline{x}_D}{1/2+|\underline{w}_2|_1}=\frac{9}{1/2+9}=0.95 \tag{4.19}$$

以及

$$S_1(\underline{w}_3,\underline{x}_D)=\frac{\underline{w}_3\cdot\underline{x}_D}{1/2+|\underline{w}_3|_1}=\frac{13}{1/2+13}=0.96 \tag{4.20}$$

類神經元 3，2，1 會被依序來測試第二種相似度是否有超過警戒值？首先，

先測 $S_2(\underline{w}_3, \underline{x}_D)$ 是否大於警戒參數ρ？我們發現：

$$S_2(\underline{w}_3, \underline{x}_D) = \frac{13}{17} > 0.7 = \rho \tag{4.21}$$

所以圖樣 D 將被分類爲群類 3，也就是和圖樣 C 歸爲同一類，此時原本用來記憶圖樣 C 的類神經元 3 的鍵結值，會由於圖樣 D 的加入而予以修正，如下列式子所示。

$$\begin{aligned} \underline{w}_3(2) &= \underline{w}_3(1) \text{AND} \underline{x}_D \\ &= (1000101010111110101010001)^T \text{ AND} \\ &\quad (1000111011111111101110001)^T \\ &= \underline{x}_C \end{aligned} \tag{4.22}$$

圖 4.8(a)顯示了整個訓練過程。

假設此時將警戒參數值ρ 設定爲 0.3，我們可以很快地發現輸入完前三個輸入圖樣後，只使用到一個神經元，$\underline{w}_1(1) = \underline{x}_A$，直到輸入圖樣 D 時，發現 $S_2(\underline{w}_1, \underline{x}_D) < 0.3$，才使用第二個神經元，$\underline{w}_2(1) = \underline{x}_D$。因此，只會形成兩個群聚而已，圖 4.8(b)顯示了整個訓練過程。從這個例子中我們可以發現ρ 越大則形成的群聚越多，反之，ρ 越小則群聚數目越少。

我們將 ART 1 網路的特性分析如下：

1. 由於 ART 1 處理的輸入是單極性的二元值(unipolar binary)，所以需要 $S_1(\underline{w}_j, \underline{x})$ 及 $S_2(\underline{w}_j, \underline{x})$ 來確定 $\underline{w}_j$ 與 $\underline{x}$ 的 1 與 0 位於相同的位置有多少？譬如說 $\underline{x} = [1100111]^T$，$\underline{w}_1 = [1110110]^T$，$\underline{w}_2 = [1100100]^T$ 以及 $\beta = 0.5$。此時，$S_1(\underline{w}_1, \underline{x}) = 0.727 < S_1(\underline{w}_2, \underline{x}) = 0.857$ 但是 $S_2(\underline{w}_1, \underline{x}) = 0.8 > S_2(\underline{w}_2, \underline{x}) = 0.6$，所以需要 $S_1(\underline{w}_j, \underline{x})$ 及 $S_2(\underline{w}_j, \underline{x})$ 兩種標準。另一種變通的方式是計算漢明距離(Hamming distance)，即可取代上述的兩種標準。
2. 若增加警戒參數值ρ 的大小，則會導致群聚數目的增加，也就是說，群聚的大小便會降低，因此，警戒參數值的選定，關係到整體的分群效果，目前沒有具體的參考標準可以依據，以便設定警戒參數值。

3. 若輸入的維度為 P，則 ART 1 可以形成的群聚數目最大為 2^P，此乃因為輸入向量的維度為 P，所以最多有 2^P 個不同的輸入，只要警戒參數 ρ 設得夠大的話，則 2^P 個輸入便可分成 2^P 類。

4. 在類神經元尚未完全被使用完以前，ART 1 具有可塑性；一旦所有的類神經元都參與學習的過程時，ART 1 便進入穩定狀態。經過進一步的分析，我們會發現，只要輸入的數目是有限的，經過一定數目的循環後，網路的鍵結值便不會再變更，因為鍵結值的改變是依據步驟六的式(4.8)，由於是採用邏輯 AND 的效果，會使得鍵結向量的構成元素是 1 的數目會減少而不會增加，因此，若某一個類神經元所儲存的樣本一旦被改變之後，便不會再出現了。

4.3.2 ART 1 的網路實現

ART 1 的網路架構如圖 4.9 所示，最底下一層為輸入層 F_0，此層的類神經元不具資訊處理的能力，也就是只當作緩衝區(buffer)或前處理區。中間那一層為"特徵表現區(feature representation field)" F_1，這一層的主要工作是接受來自 F_0 的輸入，以便與來自上一層的樣本信號做比對。最上一層為"分類表示區(category representation)" F_2，亦稱為"贏者全拿層(winner-take-all layer)"，這一層的每一個類神經元都代表一種分類，它們會彼此競爭，以便爭取與輸入信號進行比對的機會，若最後的相似度比對成功，則此類神經元便將此輸入視為它所代表的信號之一，然後進行鍵結值的修正工作。F_1 與 F_2 之間有兩組鍵結值，一組是由下而上，負責將特徵表現區的信號往上傳遞，以便讓位於 F_2 層的類神經元彼此競爭；另一組則是由上而下，負責將得勝的類神經元所儲存的樣本，送至 F_1 以進行比對。除此之外，另有增益控制單元(gain control unit)與重置單元(reset unit)。增益控制單元提供控制信號給 F_1，以便區別輸入信號與樣本信號，而重置單元的任務就是，辨別輸入信號與樣本空間的相似度是否已超過警戒參數，若未超過，則會送重置信號至 F_2，通知它送出下一個樣本以便進行比對，或要求一個尚未被使用過的類神經元來記憶這個從未處理過的輸入。

現在，我們仔細介紹每一單元所執行的工作，以便與前一節所介紹的演繹法則能夠結合在一起。

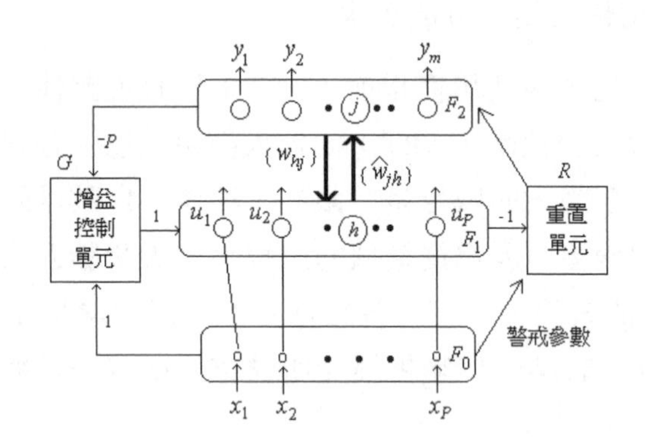

圖 4.9　ART 1 的網路架構

1. 增益控制單元(gain control unit)

   增益控制單元的輸出爲單極性的二元值信號，當輸入是不爲 $\underline{0}$ 的向量時，如果 F_2 的任一類神經元的輸出皆爲零，則 $G = 1$，否則 $G = 0$。基本上我們可用一個感知機來完成此任務

$$G = \varphi(\sum_h x_h - p\sum_j y_j - 0.5) \tag{4.23}$$

其中 $\varphi(\cdot)$ 爲二元值的活化函數(硬限制器)，p 爲輸入維度，x_h 代表輸入向量的第 h 個元素，y_j 代表位於 F_2 的第 j 個類神經元的輸出。

2. 特徵表現區 F_1

   位於 F_1 的類神經元的輸出由 u_h 代表，並且由下式所計算

$$u_h = \begin{cases} x_h & \text{若}G=1 \\ x_h \cap w_{hj} & \text{若}G=0\text{且類神經元 } j \text{ 爲得勝者} \end{cases} \tag{4.24}$$

其中 w_{hj} 代表由 F_2 的第 j 個類神經元至 F_1 的第 h 個類神經元的鍵結值。上式可由一個二元值的感知機完成

$$u_h = \varphi(x_h + \sum_j w_{hj} y_j + G - 1.5) \tag{4.25}$$

值得注意的是，x_h、$\sum_j w_{hj} y_j$、以及 G 這三種信號，必須至少有兩個同時爲 1，u_h 才會爲 1，否則爲 0，這就是所謂的「2/3 規則」。

3. 分類表現區 F_2

   當第一個輸入向量剛輸入 ART 1 時，所有位於 F_2 的類神經元的輸出爲 0，故 $G = 1$，因此，位於 F_1 的類神經元的輸出便等於輸入向量(即 $u_h = x_h$，$1 \le h \le p$)。然後透過由下而上的鍵結值 $\hat{w}_{jh}$ 送至 F_2。$\hat{w}_{jh}$ 代表 F_1 的第 h 個類神經元至 F_2 的第 j 個類神經元的鍵結值，與由上至下的鍵結值的關係如下：

$$\hat{w}_{jh} = \frac{w_{hj}}{\beta + \sum_h w_{hj}} = \frac{w_{hj}}{\beta + \left|\underline{w}_j\right|_1} \tag{4.26}$$

而 $\underline{w}_j = (w_{1j}, w_{2j}, \cdots, w_{pj})^T$ 代表的就是 F_2 的第 j 個類神經元所儲存的樣本向量。很清楚地，位於 F_1 層的輸出 $\underline{u} = (u_1, \cdots, u_p)^T$ (當 G =1 時 $\underline{u} = \underline{x}$)會透過鍵結值向量 $\hat{\underline{w}}_j = (\hat{w}_{1j}, \hat{w}_{2j}, \cdots, \hat{w}_{jp})^T$ 輸入至 F_2 層的第 j 個類神經元，因此，這個類神經元得到的總輸入爲 $\underline{v}_j = \hat{\underline{w}}_j^T \underline{u}$，將式(4.26)和 $\underline{u} = \underline{x}$ 代入此式，則會發現 $\hat{\underline{w}}_j^T \underline{u} = S_1(\underline{w}_j, \underline{x})$。接著，$F_2$ 層的類神經元便會根據 $\underline{v}_j$ 亦即 $S_1(\underline{w}_j, \underline{x})$ 的大小來競爭，以便成爲得勝者。當有一個類神經元勝出時，會導至 $G = 0$，因此，$u_h = x_h \cap w_{hj}$，所以 F_1 的類神經元的輸出總合 $\sum_h u_h = \sum_h x_h \cap w_{hj} = \underline{w}_j^T \underline{x}$ 就與 4.3.1 節之步驟五中的 $S_2(\underline{w}_j, \underline{x})$ 的分子相同，所以 $\sum_h u_h / \sum_h x_h = S_2(\underline{w}_j, \underline{x})$。

4. 重置單元(reset unit)

   重置單元執行 $S_2(\underline{w}_j, \underline{x})$ 與警戒參數 ρ 的比對工作，可以由一個二元值的感知機來完成：

$$R = \varphi(\rho \sum_h x_h - \sum_h u_h) = \begin{cases} 1 & 若 \rho \sum_h x_h > \sum_h u_h \quad (即 S_2(\underline{w}_j, \underline{x}) < \rho) \\ 0 & 若 \rho \sum_h x_h \le \sum_h u_h \quad (即 S_2(\underline{w}_j, \underline{x}) \ge \rho) \end{cases} \tag{4.27}$$

(1) 若 $R = 0$，則進入所謂的“共振(resonance)”狀態，亦即 F_1 與 F_2 之間傳遞的信號會反覆出現。此時，w_{hj} 就會根據以下的微分方程式來調整：

$$\frac{dw_{hj}}{dt} = \eta \cdot y_j (u_h - w_{hj}) \quad 0 \le \eta \le 1 \tag{4.28}$$

其中 y_j 的出現是顯示除非第 j 個類神經元是得勝者，w_{hj} 才會調整，而 w_{hj} 便逐漸修正爲 u_h，若以離散時間來表示則爲：

$$\Delta w_{hj}(n) = \eta \cdot y_j(n)\left[u_h(n) - w_{hj}(n)\right] \tag{4.29}$$

當 $\eta = 1$ 時，因爲 $w_{hj}(n+1) = w_{hj}(n) + \Delta w_{hj}(n)$，因此鍵結值向量 w_{hj} 只要經過一次的調整便可以成爲 u_h，也就是，$w_{hj} = x_h AND w_{hj}$。

(2) 若 $R = 1$，則剛才得勝者的那個類神經元會被取消致能(disable)，然後剩餘的類神經元便彼此競爭以爭取勝出的機會。這種過程會一直持續到所有已存有記憶的類神經元，都沒有任何一個與輸入向量相似時才會停止，這個時候，一個從未被用來儲存樣本的類神經元，便會被要求來記憶此輸入向量，因爲所有 F_2 的類神經元，一開始的初始值都是設定爲 $\underline{1}$，所以 $\sum_h x_h = \sum_h u_h$ (因爲 $u_h = x_h \text{AND} w_{hj} = x_h \text{AND} 1 = x_h$)，也就導至 $R = 0$ (即 $S_2(\underline{w}_j, \underline{x}) = \rho$)，此時便進入共振狀態，然後修正 w_{hj} 成爲 x_h。

我們將整個網路運作的程序摘要如下：

1. 輸入 $\underline{x}$ 剛進入網路時，$G = 1$，位於 F_1 層的類神經元的輸出就等於它的輸入，即 $\underline{u} = (u_1, \cdots, u_p)^T = \underline{x} = (x_1, \cdots, x_p)^T$。
2. F_1 層的類神經元的輸出便透過由下而上的鍵結值 $\hat{w}_{jh}$ 輸入至 F_2 層的類神經元，以便讓 F_2 層的類神經元互相競爭以爭取勝出機會。哪一個類神經元會得勝是根據 $\underline{v}_j$ 的大小來選定，亦即：

若 $\underline{v}_{j*} = \underline{\hat{w}}_j^T \underline{u}\ (= \underline{\hat{w}}_j^T \underline{x}) > \underline{v}_j = \underline{\hat{w}}_k^T \underline{u}\ (= \underline{\hat{w}}_k^T \underline{x}), \quad k \neq j$

也就是說：$S_1(\underline{w}_j, \underline{x}) > S_1(\underline{w}_k, \underline{x})$ (4.30)

則類神經元 j 是得勝者。

3. 一旦有類神經元得勝(如第 j 個類神經元)，導至 $G = 0$，使得 F_1 層的類神經元的輸出改變成 $\underline{u} = \underline{x} AND \underline{w}_j$。
4. 此時 F_1 層的類神經元的所有輸出總合($\sum_h u_h$)便送至重置單元與輸入總合的ρ 倍($\rho \cdot \sum_h x_h$)做比較。若 $\sum_h u_h \geq \rho \sum_h x_h$ (即 $S_2(\underline{w}_j, \underline{x}) \geq \rho$)時 $R = 0$，那麼 F_1 層與 F_2 層之間的傳遞信號會反覆出現進入共振狀態，以便讓鍵結值向量進行改變，亦即 $\underline{w}_j(n+1) = \underline{w}_j(n)\ AND\ \underline{u} = \underline{w}_j(n)\ AND\ \underline{x}$，而 $\underline{\hat{w}}_j$ 也作應有的調整。若 $R = 1$，那麼 F_2 層的第 j 個類神經元會被抑制，以便讓其它類神經元參與 S_2 與警戒值ρ 的比較，直到有類神經元負責將此輸入歸於它的群聚之下或有未使用過的類神經元負責記憶此輸入爲止。當然最糟的情況是，所有的類神經元都已用盡，卻仍然無法將此時的輸入歸類，那麼網路就會顯示已超過記憶容量了。

整體來說，ART 1 並不須要外界的控制信號，它本身可以完全自主地運作，並且可以很穩定地處理源源不絕而來的輸入，這點與競爭式學習網路有很大的差別。基本上，ART 1 對從未見過的輸入會交由一個類神經元來記憶，然後遇到相似度接近的輸入，便會修正相關的樣本向量，以便將所有類似的輸入歸成一類；一旦輸入與所儲存的樣本都不同時，就有另一未使用過的類神經元來負責，若所有類神經元都已各有所司(即達到最大記憶容量)，則 ART 1 不對此輸入有反應。這種運作機制，雖然解決了穩定性與可塑性兩難的問題，付出的代價是儲存(storage)的效率不高。

4.4 特徵映射

自我組織特徵映射網路(self-organizing feature map network，簡稱爲 SOFM 網路或 SOM 網路)，是根植於「競爭式學習」的一種網路[10]-[11]。在自我組織特徵映射網路中，輸出層的類神經元是以矩陣方式排列於一維或二維的空間中，並且根據目前的輸入向量，彼此競爭以爭取得到調整鍵結值向量的機會，而最後輸出層的類神經元會根據輸入向量的「特徵」以有意義的「拓蹼結構」(topological structure)展現在輸出空間中，由於所產生的拓蹼結構圖可以反應出輸入向量本身的特徵，因此我們將此種網路稱爲自我組織特徵映射網路。

此種類神經網路的發展，是經由人類大腦的結構所啓發，人類的大腦可以依其不同的功能區分爲不同的區域，舉例來說，負責觸覺、視覺、聽覺等的感應器分別對應至大腦皮質上的不同區域，因此這種特徵映射的關係構成了中樞神經系統對資訊處理的一個重要功能機制，各種不同的輸入感應器將外界的刺激以「平行」的方式傳遞至大腦中，以提供資訊給更高層次的決策單位使用。

4.4.1 大腦皮質中的特徵映射

人類學家發現身爲靈長類的我們，之所以比其它哺乳類動物具有更高的智慧，是因爲人類大腦發展出更高層次的大腦皮質，人類的大腦表面，幾乎完全地被一層皮質所覆蓋著，這層皮質雖然只有大約 2mm 的厚度，但將其展開的表面積可達 2400 平方公分，尤其令人訝異的是，有數以百萬計的神經元以及上億的突觸存在於大腦皮質之上，以其複雜程度來說，大腦皮質的結構堪稱爲是目前已知的最複雜的系統。

人類大腦分成左腦和右腦兩個半腦，左右兩個半腦透過胼胝體(corpus callosum)連接起來。在大腦裡，除了中央底部的松果體之外，每一模組在兩個腦半球都各有一個。由於左右兩半腦的生理結構並非完全相同，左腦有較多之灰質(細胞體組成)；而右腦卻有較多之白質(軸突束組成)，導致左右兩腦各有不同之功能。一般而言，左腦善於計算及構思；而右腦則與感覺及知覺較有關係。此外，左腦和身體右半邊的關係最直接(嗅覺是例外)；右腦則正好相反。人類大腦在嬰兒期最具可塑性，若將半邊大腦皮質切除，剩下的半邊大腦皮質會重新組織自己，以便發展出被切除的大腦皮質所應有之功能[12]。

許多大腦的研究已確定腦部確實有某種程度的局部化。但大多數的腦功能仍需不同部位的皮質一同合作，才能正常運作，所以大腦也並非絕對地局部化。大部份的皮質是用來做感覺處理，只有額葉負責做非感覺處理；尤其特別的是，每一種感覺在大腦都有特定部位負責處理。圖 4.10 所示爲大腦皮質的結構圖，其中不同區域的劃分是以其不同的皮質厚度以及不同種類的神經元來加以區分。我們可以發現不同的感應器輸入，會以某種特定的方式，映射至大腦皮質上不同的區域，這種映射關係並不是天生就固定不變的，而是在神經系統的發展初期時所決定的。然而，目前我們仍然不知道大腦皮質上的各個區域爲什麼會以這樣的方式排列。許多人相信，基因並無法完全主導神經元的連接模式來達成此種拓樸結構，很可能有許多不同的機制(mechanisms)，一同參與此種發展，其中“學習”與“制約”(conditioning)，最可能參與拓樸映射圖形成的過程。一旦映射圖形成之後，神經系統就能夠很有彈性地處理外界的各種刺激。

即使大腦皮質上的特徵映射關係形成後，在某種程度上來說，這些映射關係仍然是可以改變的，以適應外界或是感應器輸入的變化，而其可以改變的程度，則視不同的系統而有不同的「可塑性」。以上所說的都可從一些醫學的臨床案例中得到驗證；曾經有這樣的一個案例，一個患了某種特殊腦部病變的小孩，經過許多次的治療，始終都無法治癒，最後，醫生決定切除他的左半腦來救這個小孩，手術成功後，剛開始小孩並無法開口說話，以及許許多多該有的能力都喪失，可是，經過一段時間的治療後，小孩逐漸復原，又可以開口說話了，這個案例說明了特徵映射圖並非是固定的，一旦某部份腦組織受傷後，很可能又有其它部位的腦組織可以取代這些受損的組織。此外，每兩萬五千人中，有可能會有一人會得到「感官相連症」，感官相連症的患者會把兩種或兩種以上的感覺綜和起來，導致他們可以感受「看見音樂」、「聞到影像」、或「聽到顏色」等令人不可思議的奇異經驗[12]。

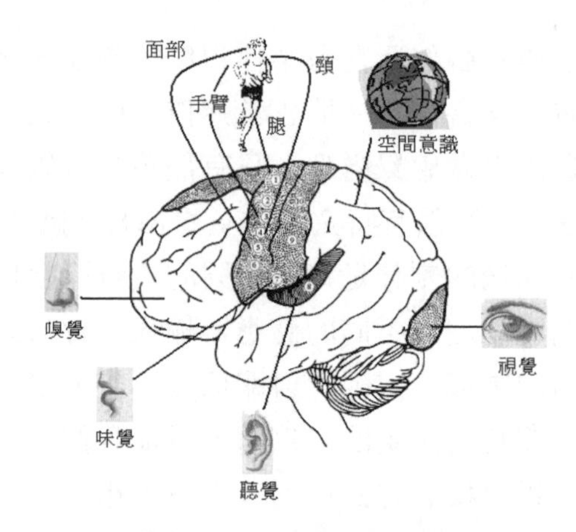

圖 4.10　大腦皮質結構圖

大腦皮質上採用特徵映射的好處是[13]：

一、有效地處理資訊：由於神經系統必須能有效地分析由外界輸入的刺激，因此需要快速地處理大量的資訊，而特徵映射是以平行處理來進行，並且能將處理結果以簡單又系統化的方式表示，因此相當符合其要求。

二、易於存取資訊：使用特徵映射可以簡化更高層次的決策單位對所需資訊的存取要求。

三、加快對傳入訊息的辨識速度：倘若沒有映射圖的存在，任何的刺激都可能產生多重感官的認知。譬如說，我們眼前出現黃蜂，這個刺激會被感受成味覺、嗅覺、及聽覺等感知，等到大腦產生要我們小心的認知時，我們可能已伸手想品嚐誤以爲是美味的食物，而被它螫得痛死了[12]。

四、易於系統的交互作用：特徵映射可以使系統的交互作用專注於被映射到的區域而不是整個大腦，因此對大腦資源的使用較有效率。

4.4.2 側向聯結

特徵映射圖形成的原因，除了非監督式學習是個重要關鍵之外，“側向聯結”也是不可或缺的要素之一。在介紹自我組織映射模型之前，我們先來探討「側向聯結」(lateral connection)，通常在許多生物的腦部組織中會有大量的神經元，彼此之間有側向聯接，並形成二維的層狀結構，而側向聯接的強度與神經元間的距離有關，由生物解剖學上的觀察發現，側向聯結的回饋量，通常是以「墨西哥帽函數」來代表，如圖 4.11 所示，由圖中我們可以發現側向聯結作用的三個不同區域：

一、具有一短距離的側向激發作用區域(半徑約 50 至 100 微米)，圖中標示爲 1 的區域。

二、具有一較大的側向抑制作用區域(半徑約 200 至 500 微米)，圖中標示爲 2 的區域。

三、一個強度較小的激發作用區域，其涵蓋區域包圍著抑制區域(半徑可達好幾公分)，圖中標示爲 3 的區域。

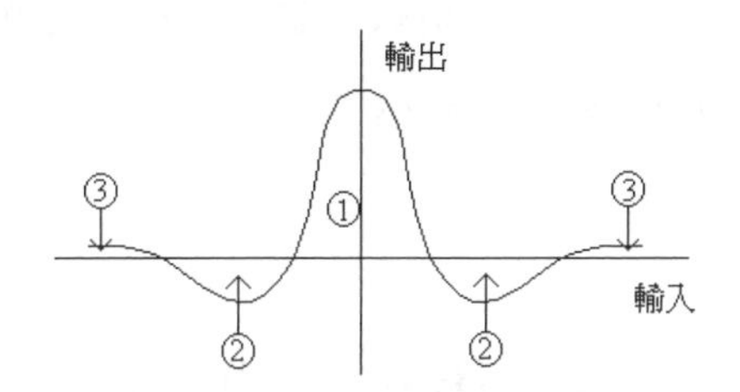

圖 4.11　墨西哥帽函數

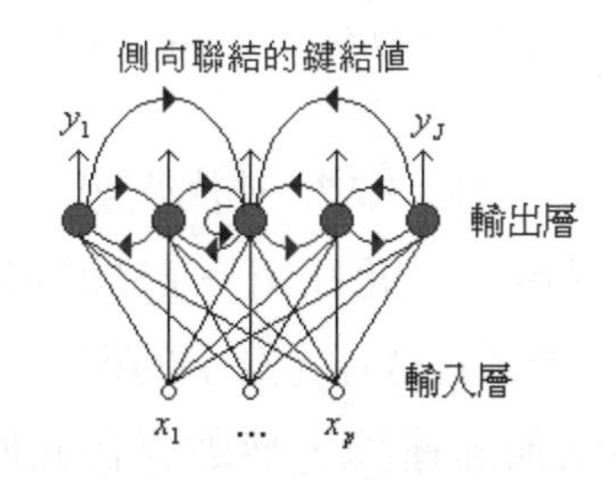

圖 4.12　一維陣列結構之側向聯結

圖 4.12 所示的網路結構便是由此種特殊的神經元聯結現象所觸發的，其中有兩種形態的鍵結架構，一種就是輸入與類神經元間的鍵結，我們稱作前向聯結(feedforward connection)，另一種是類神經元彼此間的鍵結聯接，此種鍵結方式稱爲側向聯結(lateral connection)。由圖 4.12 所示的類神經網路有兩

項重要的特徵：第一個是網路的反應會集中於一小區域稱之爲「活化氣泡」(activity bubbles)的範圍內；第二個是產生活化氣泡的位置是由輸入向量的特徵所決定。在圖 4.12 所示的網路中，令 $x_1, x_2, \cdots x_p$ 代表網路的輸入向量，其中 p 是輸入向量的維度，$w_{j1}, w_{j2}, \cdots, w_{jp}$ 代表第 j 個類神經元的鍵結值，$c_{j,-K}, \cdots, c_{j,-1}, c_{j,0}, c_{j,1}, \cdots, c_{j,K}$ 代表第 j 個類神經元的側向聯結的鍵結值，其中 K 是與第 j 個類神經元的側向聯結距離，$y_1, y_2, \cdots, y_J$ 代表網路的輸出，其中 N 是網路中類神經元的個數，我們可以將第 j 個類神經元的輸出表示爲：

$$y_j = \varphi\left(I_j + \sum_{k=-K}^{K} c_{j,k} y_{j+k}\right), \qquad j = 1, 2, \cdots, N \tag{4.33}$$

其中 $\varphi(\cdot)$ 是非線性型式的活化函數，並且使得 $y_j \geq 0$，I_j 是網路因外界的刺激(輸入向量)所引起的反應，表示爲：

$$I_j = \sum_{l=1}^{p} w_{jl} x_l \tag{4.34}$$

由式(4.33)所表示的非線性方程式可以由疊代的方式來求解，我們將式(4.33)以差分方程式的型式重寫爲：

$$y_j(n+1) = \varphi\left(I_j + \beta \sum_{k=-K}^{K} c_{j,k} y_{j+k}(n)\right), \quad j = 1, 2, \cdots, N \tag{4.35}$$

其中 n 代表離散的時間，因此 $y_j(n+1)$ 代表第 j 個類神經元在第 n+1 時間的輸出，$y_{j+k}(n)$ 是第 j+k 個類神經元在第 n 時間的輸出，參數 β 則是用來控制疊代過程時的收斂速度，由式(4.35)所表示的回授系統可由圖 4.13 來表示。

圖 4.13 中的 z^{-1} 是單位延遲運算，參數 β 在此回授系統中則是扮演回授因子的角色，此系統包括了正回授與負回授，也就是對應到墨西哥帽函數裏的激發區域與抑制區域。如果參數 β 設定的夠大，當此系統到達穩定狀態時，也就是 $n \to \infty$，第 j 個類神經元的輸出會傾向於集中在一小區域裏，也就是所謂的活化氣泡；此活化氣泡的位置則是位於當輸入向量進入網路時，對此輸入向量反應最大的類神經元，而此活化氣泡的寬度則是由側向聯結中激發

作用與抑制作用間的比值來決定，也就是說，若正回授越強，則活化氣泡的寬度越寬；相反地，若負回授越強，則活化氣泡的寬度越窄。

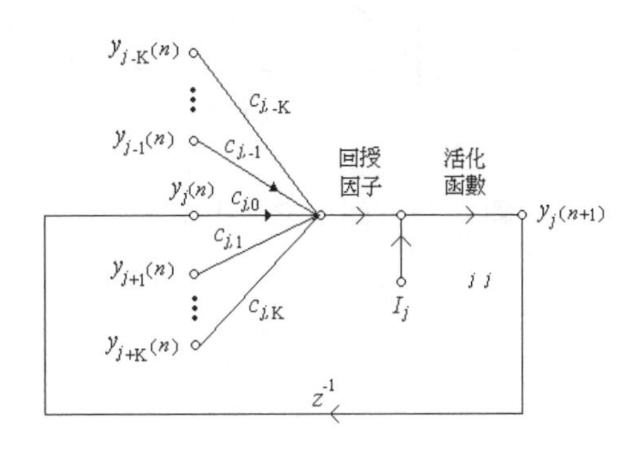

圖 4.13　式(4.35)所表示的回授系統

範例 4.3：活化氣泡的電腦模擬[13]

爲了簡化計算，我們將圖 4.11 的墨西哥帽函數簡化爲如圖 4.14 所示，其中忽略掉強度較小的激發作用區域，以及將激發作用區域與抑制作用區域的強度，正規化爲單位強度，並且類神經元所採用的活化函數是如圖 4.15 的片段線性函數：

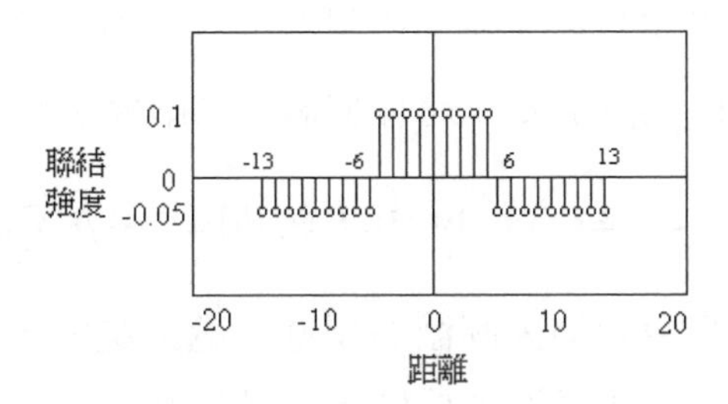

圖 4.14　簡化之墨西哥帽函數

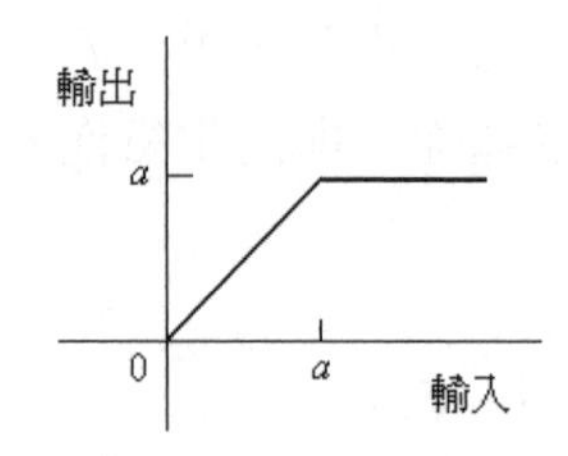

圖 4.15　簡化之活化函數

$$\varphi(x)=\begin{cases} a & x\geq a \\ x & 0\leq x<a \\ 0 & x<0 \end{cases} \tag{4.36}$$

其中我們將 a 設定爲 10。令圖 4.12 中的類神經元個數 $N=51$，再假設第 j 個類神經元對外界輸入刺激的反應爲：

$$I_j=2\sin\left(\frac{\pi j}{50}\right),\quad 0\leq j\leq 50 \tag{4.37}$$

由式(4.37)可知類神經元對外界輸入刺激反應的程度，在一維陣列的兩端爲 0，在一維陣列的中間有最大值 2，圖 4.16 所示爲不同的回授因子在式(4.35)中的十次疊代過程，分述如下：

回授因子 β=2：電腦模擬的結果如圖 4.16(a)所示。當 $n=0$ 時，側向聯接的影響還沒發生，所以類神經元陣列中對輸入刺激有反應的類神經元的寬度爲 50($y_j=\varphi(I_j)=2\sin(\frac{\pi j}{50})$)，當 n=1 時側向聯接的影響開始產生作用，導至 $y_j=0$ 當 j=0, 1, 2, 3, 4, 5, 45, 46, 47, 48, 49, 50，此乃因 $I_j+\beta\sum_{k=-K}^{K}c_{j,k}y_{j+k}(1)<0$。隨著 n 增加，類神經元陣列中對輸入刺激的反應，越來越窄，也越來越高。當到達穩定狀態時，也就是活化氣泡形成時，位於活化氣泡內的類神經元的內部激發狀態值爲 10，位於活化氣泡外的類神經元的內部激發狀態值爲 0，由圖 4.16(a)可知最後形成活化氣泡的位置是對當時輸入向量反應最大的類神經元所在的位置，亦即位於陣列的中間部位的那一個類神經元(即 $j=25$)。

回授因子 β=0.75：假若回授因子設定得太小，並且小於一特定的臨界值時，將無法形成活化氣泡，電腦模擬的結果如圖 4.16(b)所示。

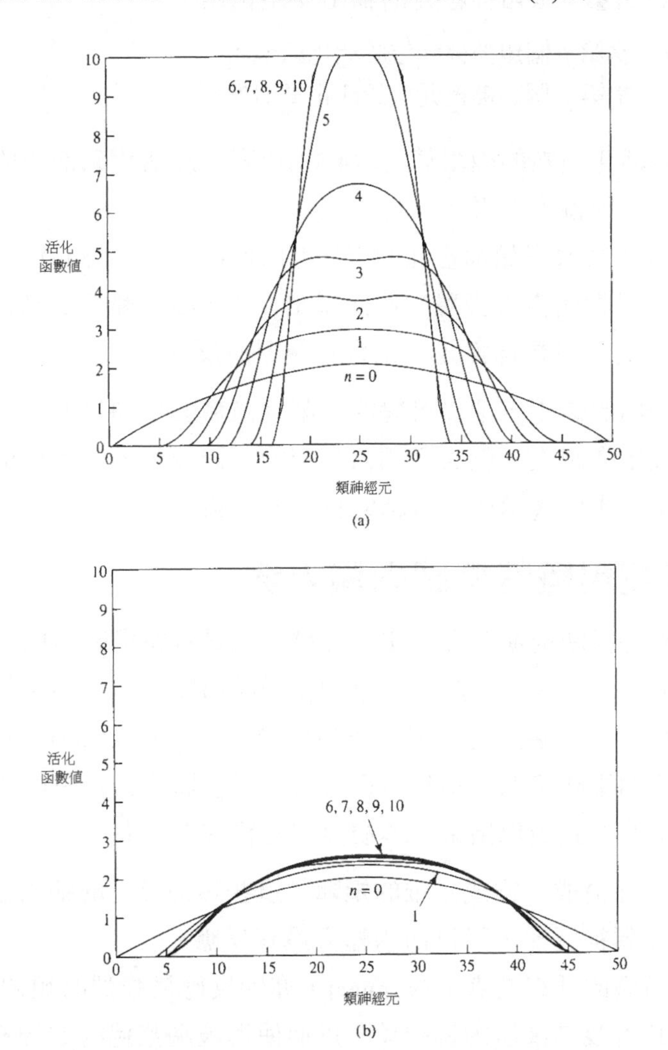

圖 4.16　不同的回授因子所產生之活化氣泡：(a) $\beta=2$；(b) $\beta=0.75$
(本圖摘自：S. Haykin, Neural Networks : A Comprehensive Foundation, 1994 [13])

最後從這個電腦模擬，我們可以得到以下的結論：

一、我們可以將第 j 個類神經元的輸出理想化爲：

$$y_j = \begin{cases} a, & \text{當第 } j \text{ 個類神經元位於活化氣泡內} \\ 0, & \text{當第 } j \text{ 個類神經元位於活化氣泡外} \end{cases} \tag{4.38}$$

其中 a 爲活化函數的極限值。式(4.38)代表位於活化氣泡內的類神經元會有輸出；反之，則輸出爲零。

二、我們可以用被激發類神經元的「鄰近區域(neighborhood)」的概念，來取代以墨西哥帽函數來表現的側向聯結作用，因爲鄰接對輸入最有反應的類神經元的那些類神經元，也會有類似的反應。

對側向聯結的修正，則以可變的「鄰近區域」來加以取代；也就是說，當鄰近區域設定得越大，就表示側向聯結的正回授越強，相反地，當鄰近區域設定得越小，也就表示側向聯結的負回授越強。

4.4.3 自我組織特徵映射演算法

自我組織特徵映射演算法的主要目標，就是以特徵映射的方式，將任意維度的輸入向量，映射至一維或二維的特徵映射圖上。換句話說，其實特徵映射可以視爲一種將輸入空間，以非線性的投影(projection)方式，轉換成類神經元所構成的矩陣空間。這種投影方式，可以將輸入向量間的鄰近關係，以二維或一維的方式表現出來。本演算法的構成要素有：

一、由類神經元構成一維或二維的矩陣，這些類神經元的輸出值，可以顯示出那一個類神經元，對目前的輸入最有反應。

二、尋找出所謂的「得勝者」(winner)，亦即反應最強烈的類神經元。

三、調整得勝者及其鄰居的鍵結值，以便使得被調整過的類神經元，對此輸入向量能較調整前更有反應。

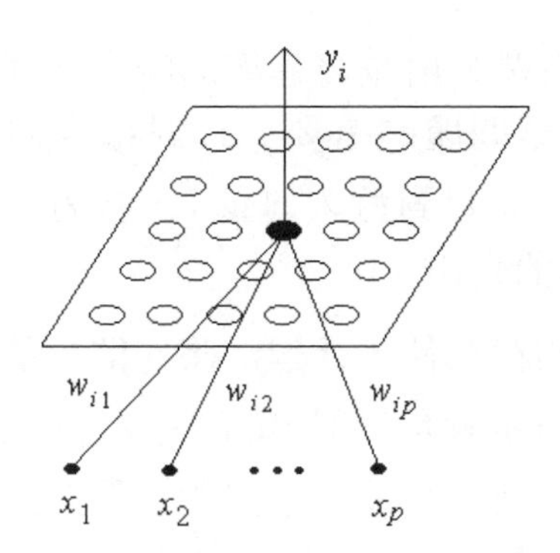

圖 4.17　二維矩陣之自我組織特徵映射模型

圖 4.17 所示爲二維矩陣的類神經元，由圖中可知輸入向量被連接至矩陣中所有的類神經元，我們將輸入向量表示爲 $\underline{x}=[x_1,x_2,\cdots,x_p]^T$ 以及第 j 個類神經元的鍵結值向量表示成 $\underline{w}_j=[w_{j1},w_{j2},\cdots,w_{jp}]^T,\ \ j=1,2,\cdots,N$，如果

$$\underline{w}_{j^*}^T\cdot\underline{x}\geq\underline{w}_j^T\cdot\underline{x},\ \ j=1,2,\cdots,N \tag{4.39}$$

那麼第 j^* 個類神經元就是得勝者。但是，通常我們並不計算內積，反而是將鍵結值向量正規化成長度爲 1 的單位向量之後，找出那一個正規化後的鍵結值與輸入向量的距離最短，此類神經元便是得勝者，可以用下列式子表示此過程：

$$\begin{aligned} j^*(\underline{x}) &= \arg\max_j\ \underline{x}^T\,\underline{w}_j \\ &= \arg\min_j\left|\underline{x}-\frac{\underline{w}_j}{\left|\underline{w}_j\right|}\right|,\ \ j=1,2,\cdots,N \end{aligned} \tag{4.40}$$

或者

$$\left\|\underline{x}-\frac{\underline{w}_{j^*}}{\left\|\underline{w}_{j^*}\right\|}\right\|\leq\left\|\underline{x}-\frac{\underline{w}_j}{\left\|\underline{w}_j\right\|}\right\|,\ \ \ j=1,2,\cdots,N \tag{4.41}$$

其中 $\|\cdot\|$ 表示歐幾里德範數，而第 j^* 個類神經元，就是與當時輸入向量最匹配的類神經元，我們稱第 j^* 個類神經元爲對輸入向量 $\underline{x}$ 的「得勝者」。由式

(4.40)或(4.41)中可知，特徵映射是將連續的輸入空間，映射至離散的類神經元，而網路的輸出可依據問題的需要，以對輸入向量 $\underline{x}$ 最匹配的類神經元 j^*，作爲網路的輸出，或是以對輸入向量 $\underline{x}$，具有最小歐幾里德距離的鍵結值向量 $\underline{w}_{j^*}$，來作爲網路的輸出。

若光靠調整得勝者的鍵結值，是無法將空間中的拓樸關係，表現於類神經元間的鄰近關係的，這也就是爲何“贏者全拿”的競爭式學習法，無法發展出拓樸映射圖的原因。在前一小節中，我們已探討過活化氣泡的相關特性，這是自我組織過程的很重要特徵，於是我們可以藉由定義“鄰近區域函數(neighborhood function)”的方法，來表現活化氣泡的基本精神，以取代較複雜的側向聯接的回授功能。我們令 $\Lambda_{j^*}(n)$ 爲得勝者類神經元 j^* 的鄰近區域，注意鄰近區域 $\Lambda_{j^*}(n)$ 是離散時間 n 的函數，因此我們也將 $\Lambda_{j^*}(n)$ 稱爲鄰近區域函數。

自我組織特徵映射演算法的目地，是以一個簡單的特徵映射關係來替代 Hebbian 型式的學習法則以及側向聯結，我們將其演算步驟敘述如下：

步驟一、初始化：將鍵結值向量 $\underline{w}_j(0)$，以隨機方式設定其值，但須注意所有的 N 個鍵結值向量之初始值都應不同，而 N 是類神經元的個數。

步驟二、輸入呈現：從訓練集中隨機選取一筆資料輸入此網路。

步驟三、篩選得勝者類神經元：以最小歐幾里德距離的方式找出，在時間 n 的得勝者類神經元 j^*：

$$j^* = \arg\min_j \left| \underline{x}(n) - \underline{w}_j \right|, \quad j = 1, 2, \cdots, N \tag{4.42}$$

步驟四、調整鍵結值向量：以下列公式調整所有類神經元的鍵結值向量：

$$\underline{w}_j(n+1) = \begin{cases} \underline{w}_j(n) + \eta(n)[\underline{x}(n) - \underline{w}_j(n)], & j \in \Lambda_{j^*}(n) \\ \underline{w}_j(n) & j \notin \Lambda_{j^*}(n) \end{cases} \tag{4.43}$$

其中 $\eta(n)$ 是學習率參數，$\Lambda_{j^*}(n)$ 是得勝者類神經元 j^* 的鄰近區域，兩者都是時間 n 的函數。

步驟五、回到步驟二，直到特徵映射圖形成時才終止演算法。

4.4.4 參數的選擇

特徵映射圖的學習過程，本身是機率導向的，也就是說特徵映射圖的準確度和演算法的學習次數有關，更明確地說，就是和演算法的參數設定有很密切的關係，以下我們就討論其參數的設定方式：

一、學習率參數 $\eta(n)$：用來調整鍵結值向量的學習率參數，根據許多研究報告指出，應該隨著時間而調整。舉例來說，在開始的 1000 次學習循環中，學習率參數應相當接近 1，然後隨著時間增加慢慢遞減，但仍需保持在 0.1 以上，而學習率參數 $\eta(n)$ 的型式，可以是線性地遞減 $\eta(n)=\eta_0(1-n/\tau)$、指數遞減 $\eta(n)=\eta_0\cdot e^{-n}$、或是和時間 n 成反比的函數，如 $\eta(n)=\eta_0/n+1$ 等都可以用來作爲學習率函數的形式，舉例來說，Kohonen 建議 $\eta(t)=0.9(1-t/1000)$ 就是一個合理的選擇；在剛開始的學習過程，可以視爲是演算法的「排列階段」(ordering phase)，也就是所謂的粗調階段；往後其餘的學習循環的主要目地是細部地調整特徵映射圖，因此稱之爲演算法的「收斂階段」(convergence phase)，而此時的學習率參數，應保持在相當小的數值如 0.01 或更小，通常收斂階段需要大約數千次的學習循環。

二、鄰域函數 $\Lambda_{j^*}(n)$：鄰近區域函數通常採用包圍著得勝者類神經元 j^* 的正方形的型式，如圖 4.18(a)所示，而鄰近區域函數也可以採用其它的型式，例如六邊形的型式，如圖 4.18(b)所示、或是高斯函數的型式都可以；然而不管採用何種型式，鄰近區域的設定，應於一開始時包括全部的類神經元，然後隨著時間的增加而慢慢縮減鄰近區域的大小，舉例來說，在「排列階段」時，鄰近區域可以線性地隨著時間 n 而縮減至一相當小的範圍，在「收斂階段」時，鄰近區域應保持只包含一個或兩個類神經元，甚至只針對得勝者類神經元來調整其鍵結值即可。這樣的設定，也就是於一開始時使用相當大的側向正回授，然後，再慢慢增加側向負回授。

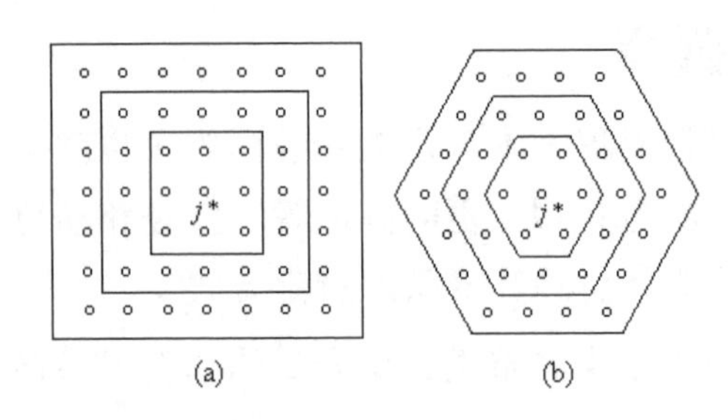

圖 4.18　鄰近區域函數：(a) 正方形；(b) 六邊形的型式

學習次數：由自我組織特徵映射圖網路所形成的拓樸映射圖，其數理統計特性具有可以反應出輸入資料的機率分佈的特性。由此觀點來看，由於網路的學習過程爲機率導向(stochastic)的，因此最後形成的拓樸映射圖與學習過程的次數相關，而學習過程的次數則無一定的法則來決定，爲了使拓樸映射圖具備良好的數理統計特性，Kohonen 建議學習過程的次數大約可以設定爲網路中類神經元個數的 500 倍以上[14]。另一方面，輸入資料的維度則與學習過程的次數無關，高維度的資料並不需要較多次的學習次數。一般說來，學習過程的次數大約設定在 10,000 至 100,000 次左右。如果輸入資料的個數相當地少，則在每一次的學習循環中，應該將資料輸入至網路的次序打亂，以得到較好的數理統計特性。

輸入資料的正規化：在自我組織特徵映射圖演算法則中，輸入資料的正規化不是一個必要步驟，但是可以改善特徵映射圖中數值資料的數理統計特性，因爲最後形成的特徵映射圖，其類神經元所代表的參考向量會有一定的動態範圍。

4.4.5 改良的方法

傳統的自我組織特徵映射演算法中，得勝者類神經元 j^* 的鄰近區域函數 Λ_{j^*}，是假設具有相同的振幅(激發強度)，因此在鄰近區域內所有的類神經元都是以相同的強度予以激發，而這些類神經元的側向聯結作用，則與得勝者類神經元 j^* 的側向聯結距離無關，如圖 4.19 所示。然而以生物學上的觀點來看，此種模型是太簡化了，實際上與得勝者類神經元 j^* 的側向聯結距離較近的類神經元，被激發的強度會較強，側向聯結距離較遠的類神經元，被激發的強度會較弱，爲了反應出側向聯結作用的不同，我們將得勝者類神經元 j^* 的鄰近區域函數 Λ_{j^*}，依側向聯結的距離予以遞減，令 d_{j,j^*} 代表第 j 個類神經元與得勝者類神經元 j^* 的側向聯結距離，其距離的計算方式是以在平面上(如果網路是二維的平面)類神經元 j 與第 j^* 個類神經元的歐幾里德距離，令 π_{j,j^*} 代表得勝者類神經元 j^* 的鄰近區域函數的強度，由於鄰近區域函數的強度 π_{j,j^*} 是側向聯結距離 d_{j,j^*} 的函數，因此我們可以發現：

一、鄰近區域函數的強度 π_{j,j^*} 的最大值發生在側向聯結距離 $d_{j,j^*}=0$ 時，也就是發生在得勝者類神經元 j^* 的位置。

二、鄰近區域函數 π_{j,j^*} 的強度隨著側向聯結距離 d_{j,j^*} 的增加而減小。

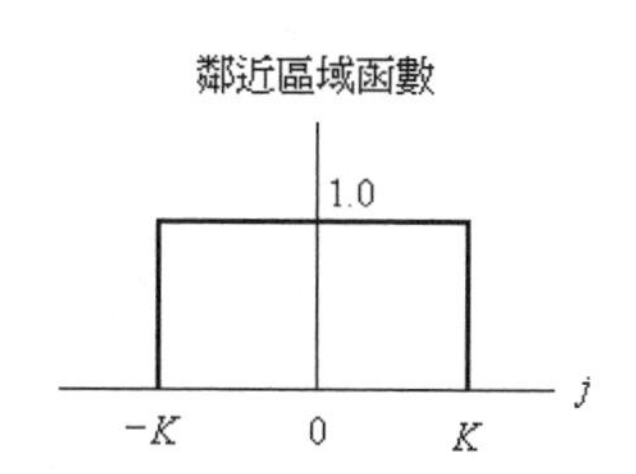

圖 4.19　簡化之鄰近區域函數

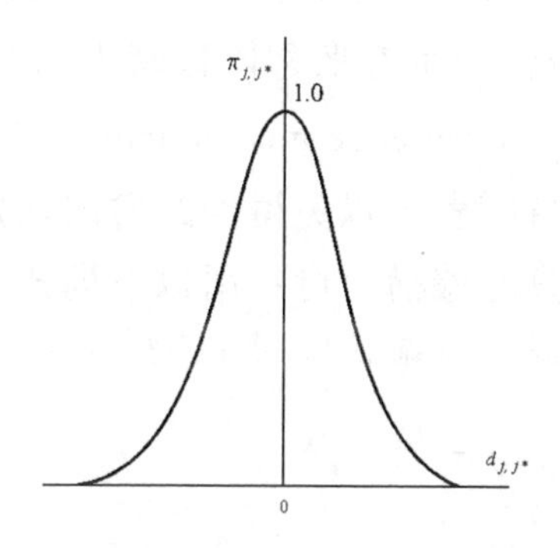

圖 4.20　高斯型式之鄰近區域函數

高斯型式的函數是符合上述條件的鄰近區域函數 π_{j,j^*} 的一種函數型式：

$$\pi_{j,j^*} = \exp\left(-\frac{d_{j,j^*}^2}{2\sigma^2}\right) \tag{4.44}$$

其中 σ 是鄰近區域函數的「有效寬度」，如圖 4.20 所示。現在我們可以將鍵結值向量的調整公式修正為：

$$\underline{w}_j(n+1) = \underline{w}_j(n) + \eta(n)\pi_{j,j^*}(n)[\underline{x}(n) - \underline{w}_j(n)] \tag{4.45}$$

自我組織特徵映射演算法的其餘部份則不變。式(4.45)中的學習率參數 $\eta(n)$ 與鄰近區域函數 π_{j,j^*} 都與時間 n 有關，為了能使演算法能夠收斂，鄰近區域函數的有效寬度 $\sigma(n)$ 與學習率參數 $\eta(n)$，必須隨著學習過程而慢慢減小，通常我們將此兩項參數的型式設定為：

$$\sigma(n) = \sigma_0 \exp\left(-\frac{n}{\tau_1}\right) \tag{4.46}$$

與

$$\eta(n) = \eta_0 \exp\left(-\frac{n}{\tau_2}\right) \tag{4.47}$$

其中的常數 σ_0 與 η_0，則由演算法的初始值所設定，而 τ_1 與 τ_2 是其時間常數，值得注意的是，式(4.46)與式(4.47)所代表的鄰近區域函數與學習率參數，只使用於演算法的排列階段，而在收斂階段時則以一微量值代替。除此之外，我們可以加入"良心機構(conscience mechanism)[15]"，使得所有的類神經元，能有較均等的機會成為得勝者，以免得網路會因初始值設定的不良，而導致不良的結果。而所謂的良心機構，可以用以下列式子來完成：

步驟一、經由下式找出最接近輸入向量 $\underline{x}$ 的鍵結值向量 $\underline{w}_i$：

$$|\underline{x} - \underline{w}_i| = \min_j |\underline{x} - \underline{w}_j|, \quad j = 1,2,\cdots,N \tag{4.48}$$

其中 N 是類神經元的個數。

步驟二、令 p_j 爲第 j 個類神經元成爲得勝者的機率，則：

$$p_j^{new} = p_j^{old} + B(y_j - p_j^{old}) \tag{4.49}$$

其中 $0 < B << 1$（一般被設定爲 0.001）而且

$$y_j = \begin{cases} 1 & j = j^* \\ 0 & j \neq j^* \end{cases} \tag{4.50}$$

其中 p_j 的初始值設定爲零。

步驟三、使用良心機構找出新的得勝者類神經元 j^*：

$$\left\| \underline{x} - \underline{w}_{j^*} \right\| - b_{j^*} = \min_j \left(\left\| \underline{x} - \underline{w}_j \right\| - b_j \right), \tag{4.51}$$

其中 b_j 爲修正競爭式學習法的偏移量，定義爲：

$$b_j = C\left(\frac{1}{N} - p_j^{new} \right) \tag{4.52}$$

其中 C 爲偏移因子（一般設定爲 10），N 是類神經元的個數。

步驟四、調整得勝者類神經元的鍵結值向量：

$$\underline{w}_{j^*}(n+1) = \underline{w}_{j^*}(n) + \eta(n)(\underline{x} - \underline{w}_{j^*}(n)) \tag{4.53}$$

其中 η 是學習率參數。

步驟五、回到步驟一，直到收斂爲止。

範例 4.4：特徵映射圖的手算範例

我們使用的訓練資料是如表 4.5 所示的 8 筆 2 維資料：

表 4.5　範例 4.4 中網路的訓練資料

$\underline{x}_1 = (2, 0)^T$	$\underline{x}_2 = (2, -1)^T$	$\underline{x}_3 = (0, 2)^T$	$\underline{x}_4 = (-1, 2)^T$
$\underline{x}_5 = (1, 2)^T$	$\underline{x}_6 = (2, 1)^T$	$\underline{x}_7 = (3, 0)^T$	$\underline{x}_8 = (0, 3)^T$

假設我們採用 3×3 的網路架構，而這 9 個類神經元的初始鍵結值向量分別是：$\underline{w}_1=(0,0)^T$，$\underline{w}_2=(0,1)^T$，$\underline{w}_3=(1,0)^T$，$\underline{w}_4=(3,3)^T$，$\underline{w}_5=(0,-1)^T$，$\underline{w}_6=(2,4)^T$，$\underline{w}_7=(-1,4)^T$，$\underline{w}_8=(2,-3)^T$，以及 $\underline{w}_9=(-2,4)^T$，鄰域函數採用的是式(4.44)，而且 $\sigma=1$，並且讓 $\eta=0.1$，這 9 個神經元的排列方式依序是由上到下，由左至右地排成 3×3 的網路架構，如下所示：

①②③
④⑤⑥
⑦⑧⑨

1. 當 $\underline{x}_1=(2,0)^T$ 輸入網路時，與 9 個鍵結值向量的內積分別是 $\underline{w}_1^T(0)\underline{x}_1=0$，$\underline{w}_2^T(0)\underline{x}_1=0$，$\underline{w}_3^T(0)\underline{x}_1=2$，$\underline{w}_4^T(0)\underline{x}_1=6$，$\underline{w}_5^T(0)\underline{x}_1=0$，$\underline{w}_6^T(0)\underline{x}_1=4$，$\underline{w}_7^T(0)\underline{x}_1=-2$，$\underline{w}_8^T(0)\underline{x}_1=4$，以及 $\underline{w}_9^T(0)\underline{x}_1=-4$，因此，根據式(4.39)，得知第 4 個神經元為得勝者。
2. 接下來要根據式(4.45)來調整所有的鍵結值向量，首先，d_{j,j^*} 的計算分別是：$d_{1,4}=1$，$d_{2,4}=\sqrt{2}$，$d_{3,4}=\sqrt{5}$，$d_{4,4}=0$，$d_{,4}=1$，$d_{6,4}=2$，$d_{7,4}=1$，$d_{8,4}=\sqrt{2}$，以及 $d_{9,4}=\sqrt{5}$，所以，這 9 個鍵結值向量分別被調整為：

$$\underline{w}_1(1)=(0,0)^T+0.1\cdot e^{-\frac{1}{2}}((2,0)^T-(0,0)^T)=(0.1212,0)^T$$

$$\underline{w}_2(1)=(0,1)^T+0.1\cdot e^{-\frac{1}{2}}((2,0)^T-(0,1)^T)=(0.0734,0.9633)^T$$

$$\underline{w}_3(1)=(1,0)^T+0.1\cdot e^{-\frac{1}{2}}((2,0)^T-(1,0)^T)=(1.0082,0)^T$$

$$\underline{w}_4(1)=(3,3)^T+0.1\cdot e^{-\frac{1}{2}}((2,0)^T-(3,3)^T)=(2.9,2.7)^T$$

$$\underline{w}_5(1)=(0,-1)^T+0.1\cdot e^{-\frac{1}{2}}((2,0)^T-(0,-1)^T)=(0.1212,-0.9394)^T$$

$$\underline{w}_6(1)=(2,4)^T+0.1\cdot e^{-\frac{1}{2}}((2,0)^T-(2,4)^T)=(2,3.946)^T$$

$$\underline{w}_7(1)=(-1,4)^T+0.1\cdot e^{-\frac{1}{2}}((2,0)^T-(-1,4)^T)=(-0.8182,3.7576)^T$$

$$\underline{w}_8(1)=(2,-3)^T+0.1\cdot e^{-\frac{1}{2}}((2,0)^T-(2,-3)^T)=(2,-2.8899)^T$$

$$\underline{w}_9(1)=(-2,4)^T+0.1\cdot e^{-\frac{1}{2}}((2,0)^T-(-2,4)^T)=(-1.9672,3.9672)^T$$

3. 輸入下一資料，然後重覆整個訓練過程，直到收斂爲止。

範例 4.5：均勻分佈之資料的自我組織特徵映射圖

我們以電腦模擬來說明自我組織特徵映射演算法的功能。我們使用 100 個類神經元排列成 10×10 的二維矩陣來進行電腦模擬，用來進行測試的輸入向量 $\underline{x}$ 的維度也是二維的資料，且其機率分佈爲均勻地分佈在 $\{-1<x_1<+1;\ -1<x_2<+1\}$。

圖 4.21(a)-(d)所示爲學習過程中的四個階段，其中的符號“•”代表類神經元，每一個類神經元與它的上、下、左、右四個鄰居(位在邊緣的類神經元只有三個鄰居，而位在四個角落的類神經元則只有兩個鄰居)都用線段連接起來。圖 4.21(a)是網路鍵結值的初始狀態，我們讓初始的鍵結值向量隨機地分佈在 $[-1,1]\times[-1,1]$ 的這個範圍內，所以看到的是一個雜亂無章的網子；圖 4.21(b)，4.21(c)，4.21(d)分別是學習循環爲 50，1000，以及 10000 時網路的鍵結值狀態。

圖 4.21 包含了自我組織特徵映射網路學習過程中的排列階段以及收斂階段；在排列階段時特徵映射圖試著展開成爲一張具有拓蹼關係的網狀，如圖 4.21(b)與圖 4.21(c)；在收斂階段時特徵映射圖試著儘量伸展以佈滿整個輸入空間，如圖 4.21(d)；在收斂階段的最後，我們發現類神經元在特徵映射圖中的機率分佈正好反應出輸入向量的機率分佈。若相關參數設定得不恰當，則訓練過程中，很可能會發生網子打結或纏繞在一起的現象，如圖 4.21(e)與圖 4.21(f)所示。另外必須注意的是，在整個訓練過程中，如果學習率沒有適時地下降時，很可能會有以下的情形發生 — 在某次疊代時，網子原本已張開，但是，若是在學習率仍然很大的情況下，網子很可能又會再度纏繞在一起。

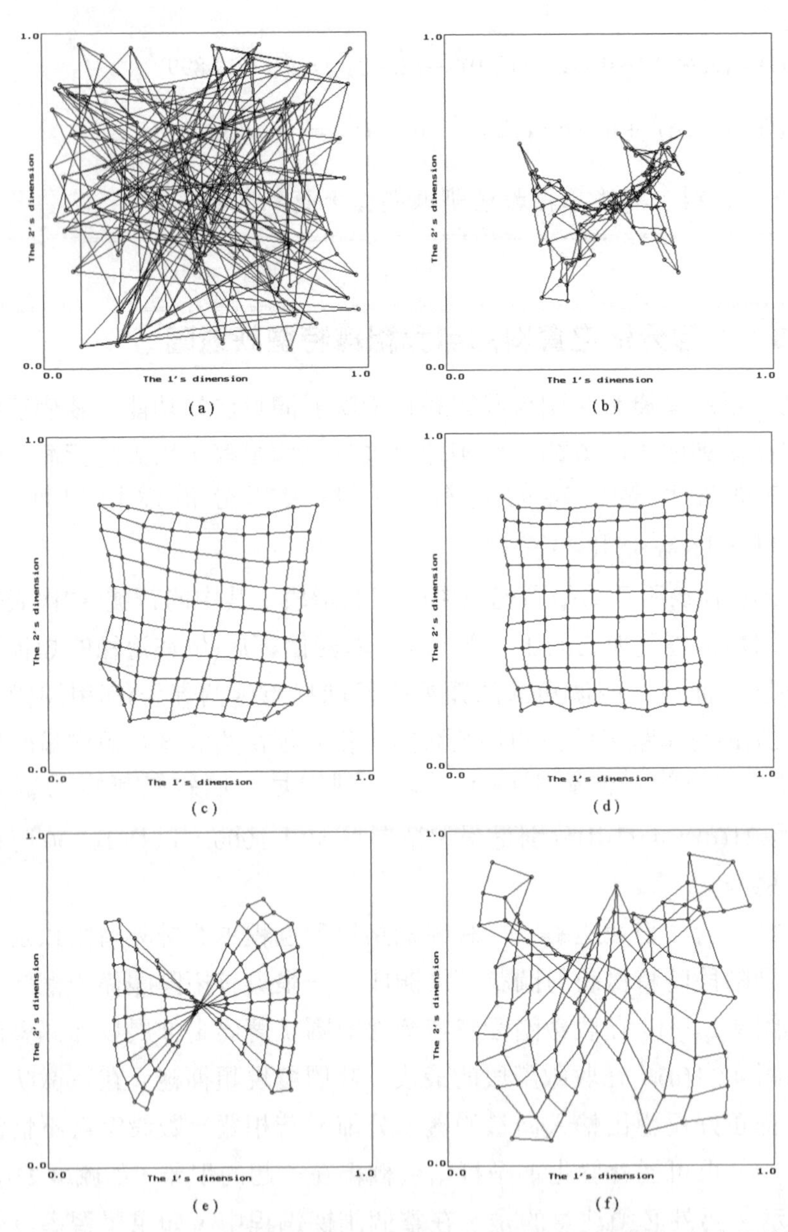

圖 4.21　均勻分佈之資料的自我組織特徵映射圖：(a)隨機設定之初始鍵結值向量; (b) 經過 50 次疊代後之鍵結值向量; (c) 經過 1,000 次疊代後之鍵結值向量; (d) 經過 10,000 次疊代後之鍵結值向量; (e) 訓練過程中，網子打結的情形; (f) 訓練過程中，網子纏繞的情形。

如果我們將輸入資料均勻地分佈至三角形的區域，網路經過充分的訓練之後，可以得到如圖 4.22 (a) 的拓蹼映射圖；又如果此時將原本 10×10 的二維網路架構改成 100×1 的一維網路架構，網路經過訓練後，可以得到如圖 4.22 (b) 的拓蹼映射圖，此時必須強調的一點，由於原資料是二維的向量，而網路的架構是一維的，雖然類神經元儘可能地去塡滿整個區域，但這種非線性的映射，使得拓蹼關係無法完全被保留，因爲，相鄰近的兩個輸入向量，可能會導致獲勝的類神經元，其在一維陣列的位置相差甚遠。

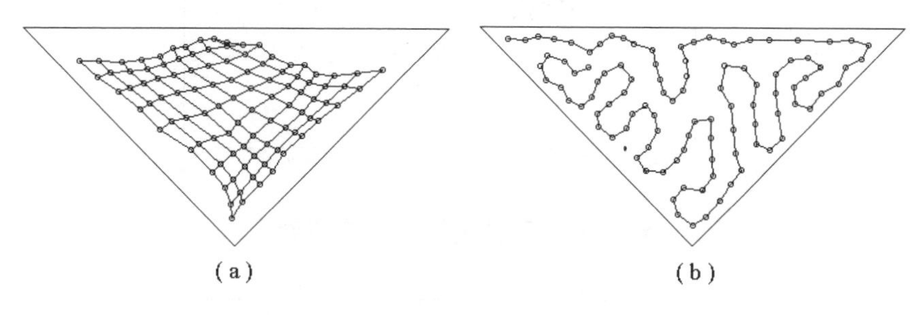

圖 4.22　資料均勻分布於三絞刑區域的自我組織特徵映射圖：
(a) 10×10 的拓蹼映射圖；(b) 100×1 的拓蹼映射圖。

範例 4.6：非均勻分佈之資料的自我組織特徵映射圖

從範例 4.5 中可知，當輸入向量的機率分佈爲均勻分佈時，類神經元在特徵映射圖中的機率分佈可以反應出輸入向量的機率分佈。我們以如圖 4.23 所示的 579 筆二維資料 $(x_1, x_2)^T$，映射至 7×7 的二維陣列類神經元，圖 4.23 中的資料是由三群以高斯分佈的資料所組成。經過充份的訓練之後，可以發現在特徵映射圖中，類神經元也會集中於群聚的中心附近，如圖 4.24 所示。因此我們可以知道類神經元在特徵映射圖中的機率分佈，的確可以反應出輸入向量的機率分佈。這裏要強調一點的是，資料的機率分佈特性並非是線性地反應於映射圖中。

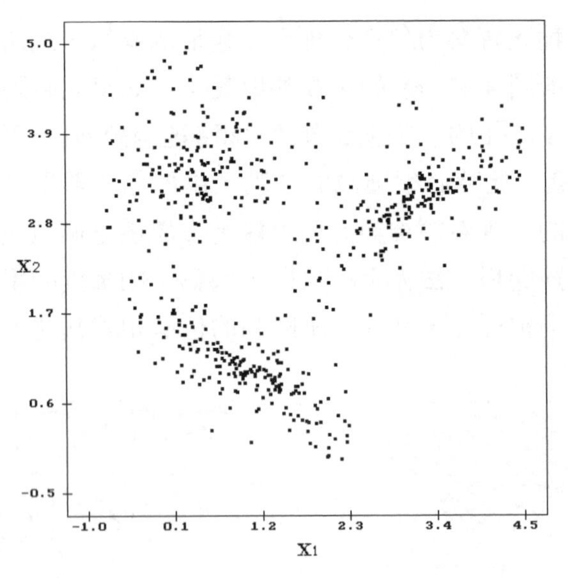

圖 4.23　三群高斯分佈之資料

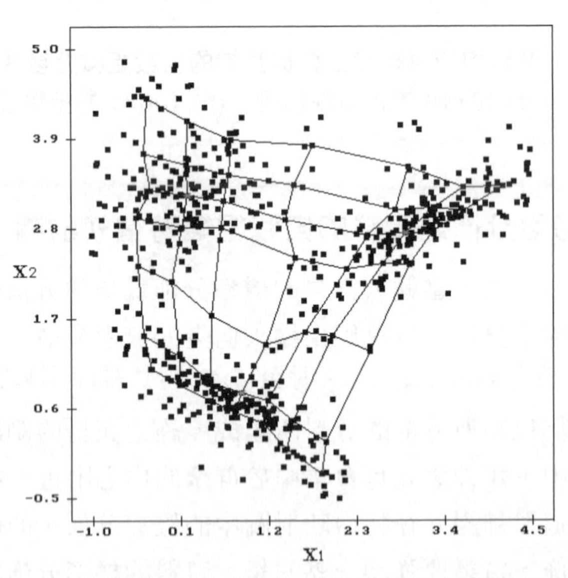

圖 4.24　高斯分佈之資料的自我組織特徵映射圖

4.4.6 特徵映射圖之應用

特徵映射圖的應用可從兩方面來看：

一、藉由電腦模擬的驗證，可以用來佐證人腦的映射圖的形成假設[16]-[17]。

二、可利用特徵映射圖來解決許多工程方面的問題，如：機器人手臂控制[18]、群聚分析[19]-[22]、及向量量化[23]等，有心的讀者可以參考文獻[10]，[24]，以便能進一步的瞭解特徵映射圖，因爲這些文獻詳盡地介紹特徵映射圖於工程上的各種應用。

範例 4.7：應用特徵映射圖於語音辨識

一般特徵映射圖完成訓練之後，通常我們必須做“校正”的工作，才知道如何解釋映射圖，也才能顯示出特徵映射的拓樸關係。而所謂的校正，就是利用訓練集中，已被分類的資料(labeled data)，來標示類神經元會對那一類的資料最有反應。Kohonen 曾經利用芬蘭語的音素(phoneme)資料[24]，訓練出一個 8×12 的類神經元矩陣，經過此校正的加標過程後，得到圖 4.25 的音素映射圖，從此圖可以讓我們很清楚地看到，音素的頻譜特徵向量有群聚效果，而此圖的用途，可用於語言“治療”(therapy)或訓練，因爲有些聾啞人士，發聲的器官仍然正常，但對聲音的敏感度極低，所以他們若要學說話，就可以對照此音素特徵映射圖來驗證他們的發音是否正確？也就是說，我們可以將視覺效果來取代聽覺的效果。事實上，此圖的終極用途是希望能解決語音辨認的問題。經過加標過程後的特徵映射圖，可被用來當作是分類器使用，當輸入送進網路後，我們可用得勝者之加標符號將此輸入予以分類。此種將特徵映射圖當作分類器使用的作法，基本上是對每一類別用多個樣本(templates)(即類神經元之鍵結值向量)來代表。

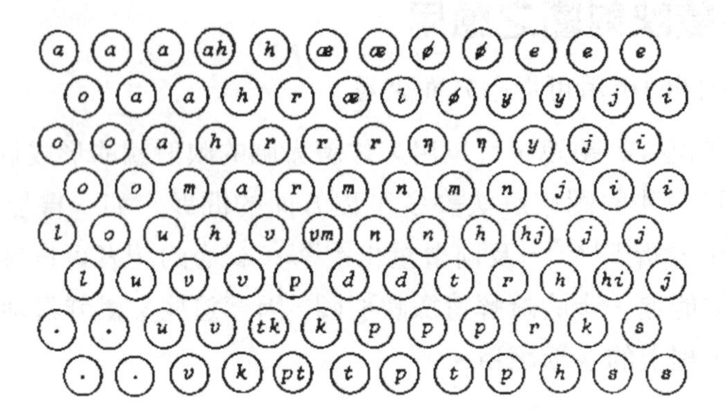

圖 4.25　芬蘭語之音素映射圖 (本圖摘自[24])。

範例 4.8：應用特徵映射圖於群聚分析

由於在群聚分析的應用中，只有輸入資料而無期望輸出，所以無法像範例 4.7 一樣，可以用期望輸出將訓練好的特徵映射圖予以加標處理後看出群聚資訊；因此，如何從訓練好的特徵映射圖中得到分群資訊是一大挑戰。Ultsh 和 Siemon 提出 U-matrix 方法[19]、以及 Kraaijveld 等人提出了一種將特徵映射圖轉換爲灰階影像以利肉眼判讀出群聚資訊的方法 [20]。

基本上，上述兩個方法具有類似的想法，在訓練完 SOM 的網路後，求出每一個神經元與其上下左右的四個鄰居的神經元的距離(神經元間的距離是以鍵結值向量間的歐基里德距離爲準)，然後，取其最大值當作該神經元的強度，距離越大則該神經元於灰階影像的灰階值越大(越亮)。因此，若影像中有被白色環繞之黑色區塊出現時，則該黑色區塊很可能就代表一個群聚的存在。以圖 4.26 爲例，圖 4.26(a) 顯示呈現四群的資料，使用 13×13 的 SOM 網路架構訓練後得到圖 4.26(b)，從圖 4.26(b) 可以看出有四群的結構。但若該資料集並沒呈現出緊密的群聚現象，如圖 4.26(c) 所示，則較難從圖 4.26(d) 看出有幾群的結構。

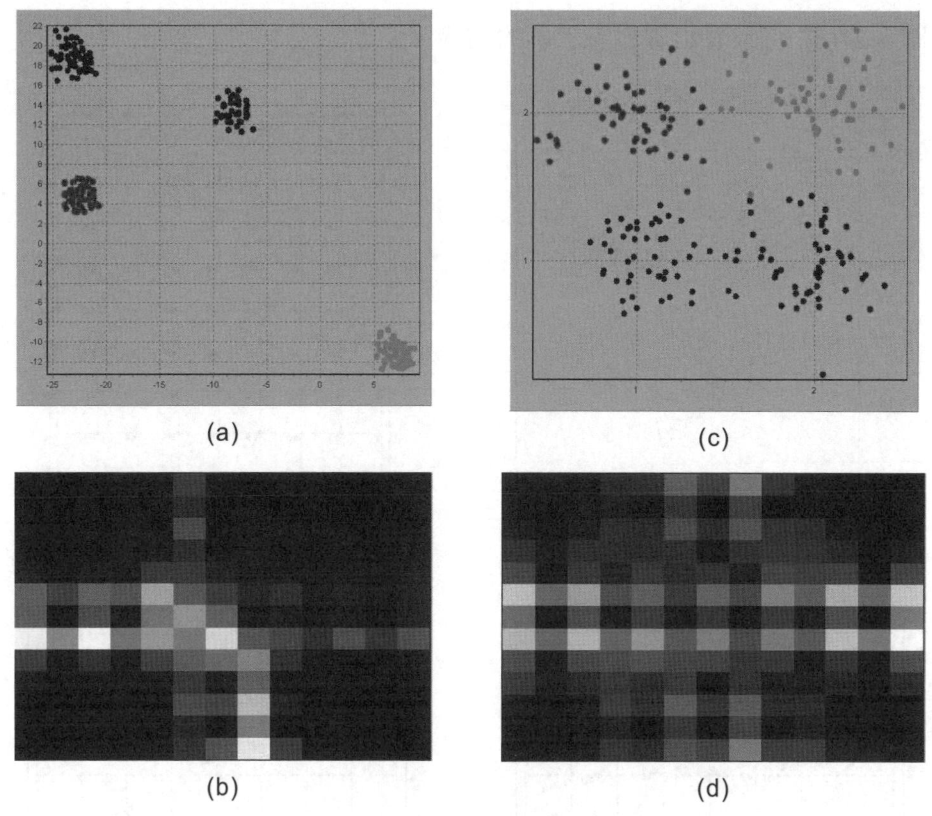

圖 4.26　灰階影像以利肉眼判讀出群聚資訊的方法

爲了將特徵映射圖應用於群聚分析上，以便從特徵映射圖中解讀得知群聚之資訊，本書作者提出了雙自我組織特徵映射圖(DSOM) [22] 的做法。在原本的 SOM 網路架構中加入「調整類神經元之平面位置向量」的概念，以反應出資料間的拓樸關係，進而提供我們更多有關於資料集合中的群聚資訊。DSOM 在特徵映射圖的形成過程中，除了會調整鍵結值向量外，也會一起調整平面位置向量，兩者交互進行。如此一來，不但可以得到傳統的由鍵結值向量所組成之特徵映射圖，還可以得到由平面位置向量所形成之神經元移動軌跡圖。從移動軌跡圖中，使用者便可以估測出資料的群聚資訊，以輔助我們判斷群聚之數目及其幾何特性。圖 4.27(a) 顯示呈現三群的資料，使用 9×9 的 SOM 網路架構訓練，圖 4.27(b) 至圖 4.27(d)顯示的是神經元移動軌跡圖，從圖 4.27(d) 可以看出資料有三群的結構。

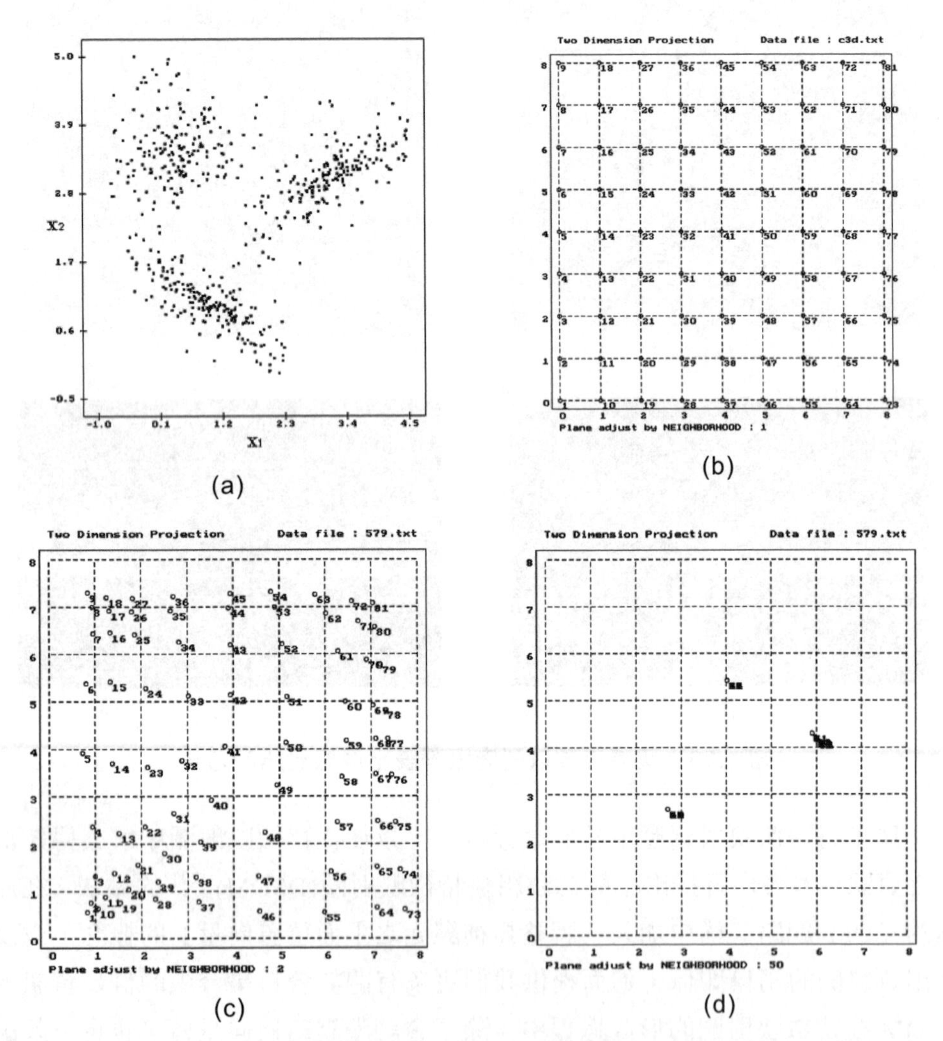

圖 4.27 雙自我組織特徵映射圖（DSOM）判讀出群聚資訊的方法 (本圖摘自[22])

4.5 學習向量量化

設計分類器(classifier)的理念，基本上可以分成兩種：一種是直接在原輸入空間上處理，若輸入資料具有高度非線性時，分類器的設計便會變得很複雜，因為要形成一個非線性的切割超平面來將資料分類；另一種方式是將輸入資料透過特徵萃取的處理轉換至特徵空間，此時經過轉換的輸入資料呈現較易切割的特性，那麼我們便可用一個較簡易的分類器來達成分類的效果。雖然第二種方式頗為可行，但不同資料的特性便需要不同的特徵萃取處理，當然，要如何萃取特徵是一門蠻深奧的學問。一種可行的方法，便是利用特徵映射圖來當作特徵萃取器，再後接一個簡單的分類器便可達成分類任務，如圖 4.28 所示。

圖 4.28　兩階段之圖樣分類器方塊圖。

在這一章節，我們介紹另一種結合非監督式與監督式學習法的網路來做為分類器，此種類神經網路稱為學習向量量化網路(learning vector quantization neural networks，簡稱為 LVQ 網路) [11]，[24]-[25]。基本上 LVQ 網路的架構與競爭式學習網路相似，主要差別在 LVQ 網路的訓練有使用加標的資訊(labeled information or category information)，而競爭式學習網路則沒有這類的期望輸出值，另一個差別是競爭式學習網路經過訓練後，每個群聚只以一個樣本向量(即相對應的類神經元的鍵結值向量)來代表，而 LVQ 網路則可採用多個樣本向量來代表同一分類(class)。LVQ 網路的訓練過程分成兩個階段，第一階段是採用非監督式學習法(亦即先不利用加標資訊)來將資料分群，分群的方法可以是競爭式學習法或其它群聚分析法如 k-means 演算法，接著我們利用加標資訊將這些群聚予以加標，使用"多數制"的投票法將群聚加標，也就是說，這個群聚所涵蓋的圖樣以那一種分類(class)為最多，則這個群聚就被標示爲那個分類，群聚經此加標過程之後，就進入第二階段 — 監督式學習法，使用加標的圖樣將群聚位置予以細調，使得群聚的位置更具代表性，這裏要強調一點，LVQ 網路的訓練效果的好壞取決於同一分類的圖樣是否有群聚現象，若有，則訓練效果會好；反之，則效果差，當然效果的好壞，也跟類神經元的數目是否與圖樣本身所形成的群聚數目一致有很大的關係。我們將 LVQ 網路的演繹法則摘要如下：

步驟一、利用群聚演算法(clustering algorithm) (如：競爭式學習法和 k-means 演算法等)來將圖樣的群聚中心位置找到，並以這些位置來初始化類神經元的鍵結值。

步驟二、利用“多數制”的投票法將類神經元予以加標。

步驟三、隨機選取加標過的資料(圖樣 $\underline{x}$)輸入至網路，並根據下式找出得勝者

若 $\left\|\underline{x}-\underline{w}_{j^*}\right\|<\left\|\underline{x}-\underline{w}_{j}\right\|, \quad j=1,2,\cdots,N$ (4.54)

則類神經元 j^* 是得勝者

其中 N 代表類神經元的數目

步驟四、調整得勝者類神經元的鍵結值

$$\underline{w}_{j^*}(n+1)=\begin{cases}\underline{w}_{j^*}+\eta\left(\underline{x}-\underline{w}_{j^*}(n)\right) & \text{如果 } \underline{x} \text{ 的分類與神經元 } j^* \text{ 的標示相同} \\ \underline{w}_{j^*}-\eta\left(\underline{x}-\underline{w}_{j^*}(n)\right) & \text{如果 } \underline{x} \text{ 的分類與神經元 } j^* \text{ 的標示不同}\end{cases} \quad (4.54)$$

步驟五、若疊代次數已超過限制或鍵結值已收斂則停止訓練，否則回到步驟三。

這裏要補充一點的是類神經元的數目(譬如說在步驟三中的 N)可以是使用者設定的值或者是由群聚演算法所自動找到的群聚數目。最後我們用以下的範例來說明整個訓練過程。

範例 4.9：學習向量化之手動範例

假如訓練資料有 12 筆，如表 4.6 所示以及學習速率 η=0.1：

表 4.6　輸入資料集

輸入資料	期望值	輸入資料	期望值
$\underline{x}_1=(0,3)^T$	1	$\underline{x}_7=(1,-2)^T$	2
$\underline{x}_2=(0,0.5)^T$	2	$\underline{x}_8=(0,-3)^T$	2
$\underline{x}_3=(1,2)^T$	1	$\underline{x}_9=(1,0)^T$	2
$\underline{x}_4=(-1,2)^T$	1	$\underline{x}_{10}=(3,0)^T$	2
$\underline{x}_5=(0,-1)^T$	2	$\underline{x}_{11}=(2,-1)^T$	2
$\underline{x}_6=(-1,-2)^T$	2	$\underline{x}_{12}=(2,1)^T$	2

我們選定 $N=3$，即使用三個類神經元來組成這個網路，首先只利用輸入資料(沒有期望值)，根據 k-means 演算法，可以能到以下三個群聚中心 $(0.1875)^T$，$(0,-2)^T$，以及$(2,0)^T$。接者我們利用這三個中心位置來初始化網路中的三個類神經元的鍵結值向量，$\underline{w}_1(0)=(0,1.875)^T$，$\underline{w}_2(0)=(0,-2)^T$，$\underline{w}_3(0)=(2,0)^T$，然後，利用期望值來對這三個類神經元予以加標，我們發現第一類神經元會被歸於第一類，而第二個及第三個類神經元會被劃分為第二類，經此加標過程後，我們開始利用訓練資料來細調網路之鍵結值：

1. 當 $\underline{x}_1=(0,3)^T$ 輸入網路時，根據式(4.54)，第一個類神經元會得勝，又因為 $\underline{x}_1$ 的期望值是 1，與第一個類神經元的加標符合，所以

$$\begin{aligned}\underline{w}_1(1)&=\underline{w}_1(0)+\eta(x_1-\underline{w}_1(0))\\&=(0,1875)^T+0.1((0,3)^T-(0,1.875)^T)\\&=(0,19875)^T\end{aligned}$$

2. 當 $\underline{x}_2=(0,0.5)^T$ 輸入網路時，經過計算之後，仍然是第一個類神經元得勝，但此時 $\underline{x}_2$ 的期望值與第一個類神經元的加標不相同，所以

$$\underline{w}_1(2) = \underline{w}_1(1) + \eta(x_2 - \underline{w}_1(1)$$
$$= (0, 19875)^T + 0.1((0, 0.5)^T - (0, 1.9875)^T)$$
$$= (0, 2.13625)^T$$

3. 接著 $\underline{x}_3$ 輸入網路然後又重複以上的工作直到收斂爲止，整個過程我們可以用圖 4.29 來說明：

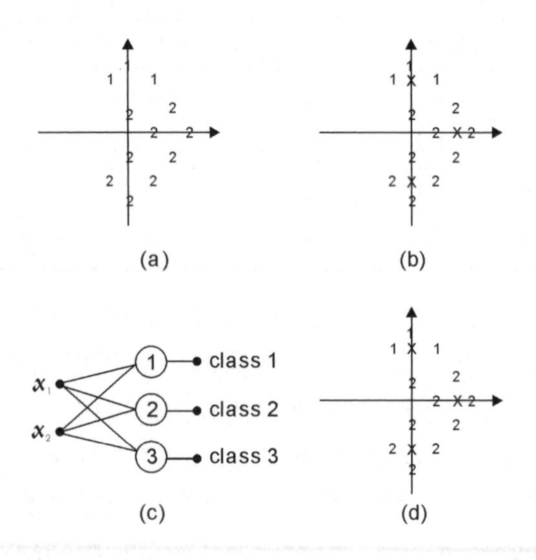

圖 4.29 LVQ 網路的訓練過程。(a) 訓練資料；(b) 符號"×"表示 k-means 演繹法所找到的三個群聚中心；(c) 使用三個類神經元的 LVQ 網路架構；(d) 訓練完成的 LVQ 網路所找出的鍵結值向量如符號"×"所示。

4.6 結語

在本章我們介紹了幾種以非監督式學習爲架構的類神經網路，此種架構的類神經網路最適合用來分析資料的群聚關係，在沒有任何分類資訊(category information)的情況之下，這些神經網路可以主動地偵測到資料的結構，進而將資料依其相似度的大小而分成數個群聚。當然每種網路都各有其優缺點，譬如說，競爭式學習網路的優點是簡單，但是必須事先選定類神經元的數目(即群聚數目)，而 ART 1 網路的優點是不需事先設定群聚數目，直接依照相似度的大小，而動態式地增加群聚數目，但是其缺點是警戒參數值的設定影響了最後群聚的數目及大小。自我組織特徵映射圖則是特徵萃取的有利工具，若再配合監督式學習法將是很有效的圖樣分類器。學習向量量化網路則是一種將非監督式與監督式學習法結合的類神經網路，可被當作分類器使用。

參考文獻

[1] R. Linsker, "From Basic Network Principles to Neural Architecture," in Proc. Natl. Acad. Sci., USA, Vol. 83, pp. 7508-7512, 8390-8394, 8779-8783, 1986.

[2] I. T. Jolliffe, *Principal Component Analysis*, New York: Springer-Verlag, 1986.

[3] G. A. Carpenter and S. Grossberg, "A massively parallel architecture for a self-organizing neural pattern recognition machine," Comput. Vision Graphics Image Process, Vol. 37, pp. 54-115, 1987.

[4] G. A. Carpenter and S. Grossberg, "ART 2: Self-organization of stable category recognition codes for analog input patterns," Appl. Opt. Vol. 26, pp. 4919-4930, 1987.

[5] G. A. Carpenter and S. Grossberg, "The ART of adaptive pattern recognition by a self-organization neural network," computer Vol. 21, No. 3, pp. 77-88, 1988.

[6] G. A. Carpenter and S. Grossberg, "ART 3: Hierarchical search using chemical transmitters in self-organizing pattern recognition architectures," Neural Networks, Vol. 3, No. 2, pp. 129-152, 1990.

[7] G. A. Carpenter, S. Grossberg, and D. B. Rosen, "Fuzzy ART: fast stable learning and categorization of analog patterns by an adaptive resonance system," Neural Networks, Vol. 4, pp. 759-771, 1991.

[8] G. S. Carpenter, S. Grossberg, and J. H. Reynolds, "ARTMAP: Supervised real-time learning and classification of nonstationary data by a self-organizing neural network," Neural Networks, Vol. 4, pp. 565-588, 1991.

[9] D. G. Stork, "Self-organizing pattern recognition and adaptive resonance networks," J. Neural Network Comput. Summer: pp. 26-42, 1989.

[10] T. Kohonen, *Self-organizing and Associate Memory*, Springer-Verlag, London, 3rd edition, 1989.

[11] T. Kohonen, *Self-organizing Maps*, Springer-Verlag, Berlin, 1995.

[12] R. Carter, Mapping the Mind。洪蘭，譯，大腦的秘密檔案，遠流出版公司，2002.

[13] S. Haykin, *Neural Networks: A Comprehensive foundation*, Macmillan College Publishing Company, Inc., 1994.

[14] T. Kohonen, "The self-organizing map," Proc. IEEE, Vol. 78, No. 9, pp. 1464-1480, 1990.

[15] D. DeSieno, "Adding a conscience to competitive learning," IEEE ICNN, Vol. 1, pp. 117-124, San Diego, 1988.

[16] H. J. Ritter, T. Martinetz, and K. Schulten, *Neural Computation and Self-Organizing Map: An Introduction*, Reading, MA: Addison-Wesley, 1992.

[17] M. Cottrell and J. C. Fort, "A stochastic model of retinotopy : A self organizing process," Biological Cybernetics, Vol. 53, pp. 405-411, 1986.

[18] T. M. Martinetz, H. J. Ritter, and K. J. Schulten, "Three-dimensional neural net for learning visuomotor coordination of a robot arm," IEEE Trans. on Neural Networks, Vol. 1, pp. 131-136, 1990.

[19] A. Ultsh and H. P. Siemon, "Kohonen's self-organizing feature maps for exploratory data analysis," Proceedings of Neural Networks Conference (INNC'90), pp. 864-867, 1990.

[20] M. A. Kraaijveld, J. Mao, and A. K. Jain, "A nonlinear projection method based on Kohonen's topology preserving maps," IEEE Trans. on Neural Network, vol. 6, pp. 548-559, 1995.

[21] M. C. Su, N. DeClaris, and T. K. Liu, "Application of neural networks in cluster analysis," IEEE Int. Conf. on Systems, Man, and Cybernetics, pp. 1-6, Orlando, 1997.

[22] M. C. Su and H. T. Chang, "A new model of self-organizing neural networks and its application in data projection," IEEE Trans. on Neural Networks, vol. 12, no. 1, pp. 153-158, 2000.

[23] S. P. Luttrell, "Hierarchical vector quantization," IEEE Proceedings (London), Vol. 136, pp. 405-413, 1989.

[24] T. Kohonen, E. Oja, O. Simula, A. Visa, and T. Kangas, "Engineering application of the self-organizing map," Proceeding of The IEEE, Vol-84, No.10, pp. 1358-1383, 1996.

[25] T. Kohonen, "Improved versions of learning vector quantization," IJCNN, Vol. 1, pp. 545-550, San Diego, 1990.

機器學習

CHAPTER 5

聯想記憶

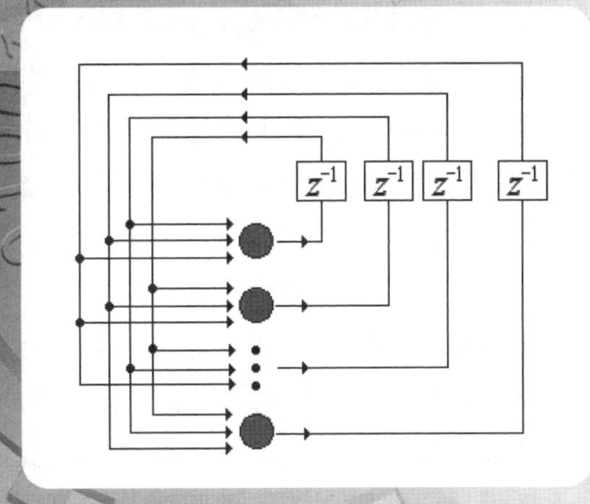

5.1 引言

經歷了多年的研究，科學家們在大腦中找到了負責視覺、聽覺、嗅覺、及味覺的區域，但對於負責記憶的區域，卻沒有一個完整且令人信服的理論可以說明個中原理，以下是一些主要的理論[1]：

一、記憶可能是藉由神經元間的聯接形態來儲存，而非透過單一神經元本身的變化來紀錄。柏克萊大學的 Rosenzwieg 博士曾經做過一個實驗，他將一群老鼠分爲兩組，一組養在一個單調而乏味的籠子裏；另一組則被養在一個有輪子及玩具的環境中。結果發現，接受豐富刺激的這組老鼠，牠們的大腦長得更大，神經元間的聯結更緊密。從這個實驗中驗證了 Rosenzwieg 博士對於記憶所提出的理論 — 每當一個人學到一件新的事物時，神經元便改變它們的伸展範圍，使得訊息更容易透過相關的突觸，而傳遞至相連接的神經元，新的聯結形成之後，舊的便消失，彼此消長之間，便形成所謂的記憶。

二、根據多方面的臨床實驗證據，證實我們無法指出在大腦的某一特定位置是與某種特定記憶有關。史丹福大學的卡爾、帕瑞巴博士提出所謂的“全圖像理論(hologram)” — 所有的記憶都被儲存在大腦的所有區域中，而任何一段片段便能夠使整體的記憶再現。但是，這種理論似乎又無法對某些失憶症病人的現象加以解釋，因爲，有些現象會使人覺得或許記憶並非是如此分散地儲存於大腦所有區域，而有可能是擁有局部性質。

有關記憶的三個重要歷程爲：

1. **登錄**(registration)：從各種外界的刺激中挑選出感興趣的訊息。
2. **保留**(retention)：將所注意到的訊息，從短程記憶的強記，轉化成永久儲存的長程記憶。
3. **提取**(retrieve)：如何從大腦中提取所儲存的資訊，主要是靠所謂的“聯想

(associations)”；而不像現今的數位電腦，必須靠住址(address)的搜尋，才能找到儲存的資訊。例如說，我們可以從電話聲音中，得知對方是何方神聖；某首歌曲的旋律，讓你緬懷過去曾經發生過的事情；或者 $E=mc^3$ (即使正確的公式應該是 $E=mc^2$) 都可以令你聯想到愛因斯坦或是相對論。

雖然，我們無法準確地找到記憶在大腦的哪個地方處理；但科學家們已在大腦中找到一些與記憶十分關係密切之區域。研究顯示長程記憶的永久儲存與顳葉有關、程序式記憶(如騎腳踏車)儲存在殼核、潛意識的創傷記憶儲存在杏仁核、登錄和提取記憶及與空間有關之記憶儲存在海馬回、而人類的本能(紀錄在基因上的記憶) 則與尾狀核有關。此外，記憶的固化與海馬回有十分密切之關係，一旦海馬回受損或被切除，會引起相當嚴重之失憶症，無法記得新的東西，而永遠活在當下[2]。

若我們以電腦的術語來描述“聯想記憶 (associative memory)”，我們會用“內容可定位之記憶 (content-addressable memory)”這個字眼來形容它。而聯想記憶又可細分爲：“自聯想 (autoassociation)”以及“異聯想 (heteroassociation)”兩種。所謂的自聯想就是，只要外界的刺激，被雜訊干擾得不算太嚴重時，我們仍然能夠回想出這個刺激的原來內容。譬如說，一張模糊不清的照片，我們有時仍然辨別得出原來的風貌應是如何；而所謂的異聯想就是，外界的刺激 (譬如說，聲音、影像、代數公式等) 會導致我們聯想到不同性質的記憶 (譬如說，人名、情境等)，例如“相對論”這個名詞會讓你聯想到愛因斯坦就是個異聯想的例子。

從 1950 年代開始，就有許許多多的學者專家，投注大量心血，希望能用類神經網路的模式來模擬聯想記憶[3]-[6]，實現的方式可分爲線性與非線性兩種：

1. 線性聯想記憶：優點是計算量少而且簡單，但有不少的缺點，譬如說記憶容量低。
2. 非線性聯想記憶：可以克服線性聯想記憶的部份缺點，但付出增加計算量的代價。

5.2 線性聯想記憶

假設有一組輸入/輸出對，$(\underline{x}_i,\underline{y}_i), i=1,\cdots,N$，$\underline{x}_i$與$\underline{y}_i$的維度分別為$p$和$r$。我們的目標是想將這$N$個輸入/輸出對，用聯想記憶的方式予以儲存起來，也就是說，當輸入為$\underline{x}_i$或是加了一些雜訊的$\underline{x}_i+\underline{n}$ ($\underline{n}$代表雜訊)，輸出會是$\underline{y}_i$。當$\underline{x}_i=\underline{y}_i$時，執行的是自聯想的工作，反之，則為異聯想。

線性聯想記憶的任務就是想辦法找到一組鍵結值，可以執行下述的線性轉換：

$$\underline{y}=W\underline{x} \tag{5.1}$$

或

$$y_j=\varphi\left(\sum_{i=1}^{p}w_{ji}x_i\right)=\sum_{i=1}^{p}w_{ji}x_i \quad j=1,2,\cdots,r \tag{5.2}$$

其中 $W=[w_{ji}]$為$r\times p$的鍵結值矩陣，w_{ji}代表第i維的輸入至第j個類神經元的鍵結值，以及活化函數$\varphi(v_j)=v_j$，圖 5.1 為實現線性聯想記憶的類神經網路示意圖。

一、網路學習

鍵結值的調整方法，最簡單的方式就是採用第一章所提到的 Hebbian 規則 — 若類神經元i與j都有相同的反應，則w_{ji}會被增強，反之會減弱：

$$w_{ji}(k+1)=w_{ji}(k)+\eta x_{ki}y_{kj} \tag{5.3}$$

其中$\underline{x}_k=[x_{k1},x_{k2},\cdots,x_{kp}]^T$和$\underline{y}_k=[y_{k1},y_{k2},\cdots,y_{kr}]^T$，若寫成矩陣型式且讓 η = 1，則鍵結值矩陣可用下式決定：

$$W=\begin{bmatrix} w_{1,1} & \cdots & w_{1,p} \\ \vdots & \ddots & \vdots \\ w_{r,1} & \cdots & w_{r,p} \end{bmatrix}=\sum_{k=1}^{N}\underline{y}_k\ \underline{x}_k^T \tag{5.4}$$

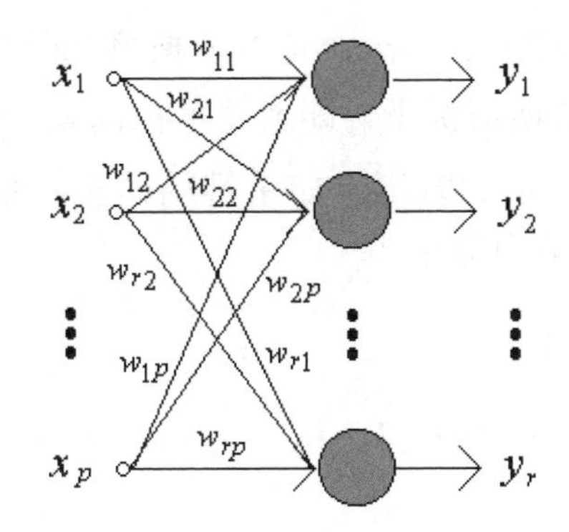

圖 5.1　為實現線性聯想記憶的類神經網路示意圖

二、網路回想

假設現在的輸入爲 $\underline{x}_k$，則網路的輸出爲：

$$\underline{y} = W\underline{x}_k = \underline{y}_k \underline{x}_k^T \cdot \underline{x}_k + \sum_{i \neq k} \underline{y}_i \underline{x}_i^T \cdot \underline{x}_k \tag{5.5}$$

如果輸入 $\underline{x}_i$ 彼此之間爲正規化正交(orthonormal)，即

$$\underline{x}_j^T \underline{x}_i = \begin{cases} 1 & if\ i = j \\ 0 & if\ i \neq j \end{cases} \tag{5.6}$$

則上述式子便簡化爲

$$\underline{y} = \underline{y}_k \tag{5.7}$$

表示 $\underline{x}_k$ 輸入此網路後，我們可以百分之百將 $\underline{y}_k$ 回想起來。在這個正規化正交的條件之下，會導致這個網路可以儲存的輸入/輸出對的數目，最多不可以超過 p (即輸入向量的維度)；如果輸入間並沒有符合正規化正交的條件時，會產生什麼樣的結果呢？

假設 $\underline{x}_i$ 只是長度爲 1 的單位向量，那麼網路輸出可重寫爲：

$$\underline{y} = \underline{y}_k \underline{x}_k^T \cdot \underline{x}_k + \sum_{i \neq k} \underline{y}_i \underline{x}_i^T \cdot \underline{x}_k = \underline{y}_k + \underline{\Delta}_k \tag{5.8}$$

其中 $\underline{\Delta}_k$ 是所謂的"雜訊向量(noise vector)" 或稱爲"交互影響(crosstalk)"。從式(5.8)我們可以發現，在這種情況下（即 $\underline{x}_i$ 爲單位向量），聯想工作無法百分之百成功，會產生帶有雜訊項的輸出，如果鍵結值矩陣是由下式計算而得的，那麼這些雜訊向量 $\underline{\Delta}_k$ 會降到最小：

$$W = YX^{+} = YX^{T}(XX^{T})^{-1} \tag{5.9}$$

其中 $Y = [\underline{y}_1, \cdots, \underline{y}_N]$，以及 X^{+} 稱爲 $X = [\underline{x}_1, \cdots, \underline{x}_N]$ 的虛擬反矩陣。

範例 5.1：聯想記憶

假設我們想要儲存以下三個輸入 / 輸出對：

$$(\underline{x}_1, \underline{y}_1), (\underline{x}_2, \underline{y}_2), (\underline{x}_3, \underline{y}_3)$$

其中

$$\underline{x}_1 = (1,0,0)^T, \underline{x}_2 = (0,1,0)^T, \underline{x}_3 = (0,0,1)^T$$
$$\underline{y}_1 = (2,1,2)^T, \underline{y}_2 = (1,2,3)^T, \underline{y}_3 = (3,1,2)^T$$

經由前述之公式可知

$$W = \underline{y}_1 \underline{x}_1^T + \underline{y}_2 \underline{x}_2^T + \underline{y}_3 \underline{x}_3^T$$
$$= \begin{pmatrix} 2 \\ 1 \\ 2 \end{pmatrix} (1 \quad 0 \quad 0) + \begin{pmatrix} 1 \\ 2 \\ 3 \end{pmatrix} (0 \quad 1 \quad 0) + \begin{pmatrix} 3 \\ 1 \\ 2 \end{pmatrix} (0 \quad 0 \quad 1) = \begin{pmatrix} 2 & 1 & 3 \\ 1 & 2 & 1 \\ 2 & 3 & 2 \end{pmatrix}$$

如果網路現在的輸入是 $\underline{x}_2 = (0,1,0)$，那麼網路的輸出爲

$$\underline{y} = W \cdot \underline{x}_2 = \begin{pmatrix} 2 & 1 & 3 \\ 1 & 2 & 1 \\ 2 & 3 & 2 \end{pmatrix} \begin{pmatrix} 0 \\ 1 \\ 0 \end{pmatrix} = \begin{pmatrix} 1 \\ 2 \\ 3 \end{pmatrix} = \underline{y}_2$$

當網路的輸入分別是 $\underline{x}_1$ 和 $\underline{x}_3$，那麼網路的輸出將會分別是 $\underline{y}_1$ 和 $\underline{y}_3$。

5.3 Hopfield 網路

如果輸入及輸出向量都是由二元值（0 與 1）或雙極值（−1 與 1）所構成的向量，那麼式(5.8)的輸出雜訊向量可以藉助下述的非線性轉換技術達到抑制雜訊的效果：(1) 將輸出取閥值(thresholding)以及 (2) 將取閥值後的輸出，轉輸入回網路，然後重覆這兩項步驟直到收斂爲止。這樣的類神經網路，基本上與線性聯想記憶網路架構類似，但多了回授及將輸出取閥值的非線性活化函數，這種有回授的類神經網路被稱爲“循環式類神經網路(recurrent neural networks)”，而離散的 Hopfield 網路(discrete Hopfield networks)便是此種網路的代表[7]，如圖 5.2 所示。

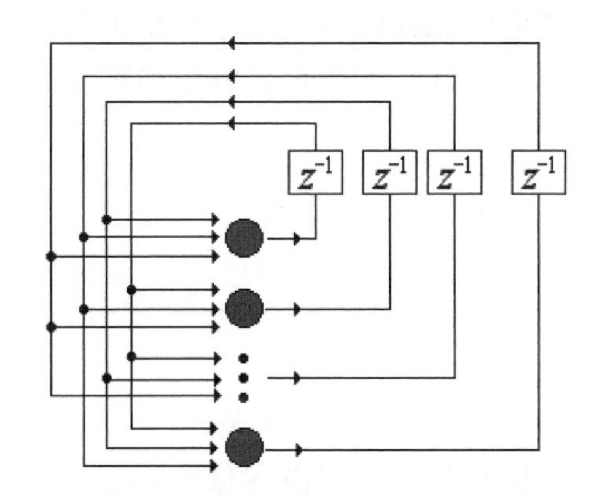

圖 5.2　離散的 Hopfield 網路

一、網路學習

假設有 N 筆輸入向量 $\underline{x}_i = [x_{i1}, \cdots, x_{ip}]^T, i = 1, \cdots, N$，要用自聯想的方式儲存至離散 Hopfield 網路上，並且每筆輸入向量的維度爲 p，那麼我們需要 p 個類神經元來組成此網路，鍵結值的設定可以仍然引用 Hebbian 規則來執行：

$$w_{ji} = \frac{1}{p}\sum_{k=1}^{N} x_{ki}\ x_{kj} \tag{5.10}$$

其中 w_{ji} 代表從類神經元 i 至類神經元 j 的鏈結值，而之所以要加入 $\frac{1}{p}$ 是爲了簡化記憶提取的數學表示法，當然，使用者可以選擇不加入 $\frac{1}{p}$ 通常，爲了避免正回授的情形發生，我們將 w_{ii} 設定爲零，即

$$w_{ii} = 0, \quad i = 1, \cdots, p \tag{5.11}$$

若以鏈結值矩陣的型式表示，則使用下列式子：

$$W = \begin{bmatrix} w_{11} & \cdots & w_{1p} \\ \vdots & \ddots & \vdots \\ w_{p1} & \cdots & w_{pp} \end{bmatrix} = \frac{1}{p} \sum_{k=1}^{N} \underline{x}_k \underline{x}_k^T - \frac{N}{p} I \tag{5.12}$$

其中 I 爲 $p \times p$ 的單位矩陣 (identity matrix)，而 W 是一個對角線皆爲零的對稱(symmetric)矩陣(即 $W = W^T$)。至於第 j 個類神經元的閥值 θ_j 的設定有兩種方式：

$$\theta_j = 0, \quad j = 1, \cdots, p \tag{5.13}$$

或者

$$\theta_j = \sum_{i=1}^{p} w_{ji}, \qquad j = 1, \cdots, p \tag{5.14}$$

第二種的閥值設定法會提高網路的記憶容量[8]。當上列的式子都執行完畢之後，離散 Hopfield 網路的訓練工作便結束了(即一次訓練便成功)，從現在開始，網路鏈結值不必更動，可以開始做自聯想的工作了。

二、網路回想

步入記憶提取階段(retrieval)時，假若此時有一輸入 $\underline{x}$ 進入此網路，我們將此時的輸入視做網路的初始輸出 $\underline{x}(0)$，緊接著，每個類神經元的後續輸出是由下式計算：

$$x_j(n+1)=\mathrm{sgn}(\sum_{i=1}^{p} w_{ji}\ x_i(n)-\theta_j)=\mathrm{sgn}(u_j(n)-\theta_j)$$
$$=\begin{cases} 1 & \text{若 } u_j(n)>\theta_j \\ x_j(n) & \text{若 } u_j(n)=\theta_j \\ -1 & \text{若 } u_j(n)<\theta_j \end{cases} \tag{5.15}$$

其中 n 代表疊代的次數。倘若輸出值採用的是二元值（0 與 1），則式（5.15）需要將情況 $u_j(n)<\theta_j$ 時的輸出改爲 $x_j(n+1)=0$ 即可。

此外，有一點必須強調的是，離散 Hopfield 網路是用非同步 (asynchronization) 的方式來變更類神經元的輸出，整個聯想過程可以用下列之鏈狀關係來描述：

$$\underline{x}(0)\rightarrow\underline{x}(1)\rightarrow\underline{x}(2)\rightarrow\cdots\rightarrow\underline{x}(k)\rightarrow\underline{x}(k+1)\rightarrow\cdots \tag{5.16}$$

直到收斂至穩定狀態 — 即連續多次疊代出來的輸出都不變，若用數學式表示則爲 $\underline{x}=\mathrm{sgn}(W\underline{x}-\underline{\theta})$，此時 $\underline{x}$ 即爲穩定狀態。如果我們用同步 (synchronization) 的方式來變更網路輸出，結果會有些不同，網路輸出仍然會收斂，其中之一的可能是收斂至穩定狀態，另外則可能呈現長度爲 2 的有限循環 (a limit cycle of length at most 2) [9]。

範例 5.2：聯想記憶中的記憶提取

假設我們要儲存下列兩筆資料：

$$\underline{x}_1=\begin{pmatrix}1\\-1\\1\end{pmatrix},\qquad \underline{x}_2=\begin{pmatrix}-1\\1\\-1\end{pmatrix}$$

根據前述推導之公式，鍵結值矩陣 W 及閥值向量 $\underline{\theta}=(\theta_1,\theta_2,\theta_3)^T$ 分別爲

$$W=\frac{1}{3}(\underline{x}_1\underline{x}_1^T+\underline{x}_2\underline{x}_2^T)-\frac{2}{3}I$$

$$=\frac{1}{3}\left[\begin{pmatrix}1\\-1\\1\end{pmatrix}(1,-1,1)+\begin{pmatrix}-1\\1\\-1\end{pmatrix}(-1,1,-1)\right]-\frac{2}{3}\begin{bmatrix}1&0&0\\0&1&0\\0&0&1\end{bmatrix}=\begin{pmatrix}0&-2/3&2/3\\-2/3&0&-2/3\\2/3&-2/3&0\end{pmatrix}$$

$$\underline{\theta}=(\theta_1,\theta_2,\theta_3)^T=\left(\sum_{i=1}^{3}w_{1i},\sum_{i=1}^{3}w_{2i},\sum_{i=1}^{3}w_{3i}\right)^T$$

$$=\left(\left(0-2/3+2/3\right),\left(-2/3+0-2/3\right),\left(2/3-2/3+0\right)\right)^T$$

$$=\left(0,-4/3,0\right)^T$$

假設此時輸入為 $\begin{pmatrix}1\\1\\-1\end{pmatrix}$，我們想知道哪一筆資料會被聯想起來？

1. 若我們依序利用下式來更新類神經元的輸出狀態：

$$x_j(n+1)=\text{sgn}(\sum_{i=1}^{p}w_{ji}\,x_i(n)-\theta_j)$$

疊代次數	類神經元	輸出
1	1 (x_1)	$(-1,1,-1)^T$
2	2 (x_2)	$(-1,1,-1)^T$
3	3 (x_3)	$(-1,1,-1)^T$
4	1 (x_1)	$(-1,1,-1)^T$
5	2 (x_2)	$(-1,1,-1)^T$
6	3 (x_3)	$(-1,1,-1)^T$
⋮	⋮	⋮

可見網路的輸出會收斂至 $\underline{x}_2=(-1,1,-1)^T$ 。

2. 若我們使用同步的方式來更新網路輸出狀態：$\underline{x}(n+1)=\text{sgn}(W\underline{x}(n)-\underline{\theta})$

疊代次數	輸出
1	$(-1,1,-1)^T$
2	$(-1,1,-1)^T$
⋮	⋮

可見網路的輸出仍然是會收斂至 $\underline{x}_2=(-1,1,-1)^T$ 。

範例 5.3：離散 Hopfield 網路應用於字聯想

Lippman 曾以數字做實驗來說明離散 Hopfield 網路的回想能力，詳細資料可參考[10]、[22]。在這個範例，我們以英文字母 A、C、E、L、U、S 做實驗來說明離散 Hopfield 網路的回想能力。在本實驗中，以 $P=120$ 個類神經元、$P^2-P=14280$ 個鍵結值來記憶如圖 5.3(a) 的六個樣本圖樣，每個圖樣都是由 120 個像素所組成，樣本圖樣是以二元的灰階值表示，輸入至網路時以+1 代表黑點、以 -1 代表白點。爲了測試網路的回想能力，我們以 0.25 的機率將其灰階值由 +1 變 -1，或由 -1 變 +1，並且以這個被雜訊干擾過的新圖樣來作爲網路的輸入圖樣，以測試網路是否能夠從被雜訊干擾過的圖樣中，以訓練完成的鍵結值，來正確地回想出原來的樣本圖樣？

首先，我們以圖 5.3(b)左邊被雜訊干擾過的圖樣 “A” 來做爲網路的輸入。如圖 5.3(b)所示，很清楚地，網路正確地收斂至字母 A 的原樣本圖樣。

值得一提的是，並不是每次的回想過程都會成功，若圖樣被雜訊干擾的太嚴重，如圖 5.3(c)左邊的圖樣 “U” 所示，則網路會收斂至錯誤的圖樣 “C”。回想過程中的另一個問題如圖 5.3(d)所示，網路雖然會收斂，但其收斂的結果與原樣本圖樣並不完全相同。

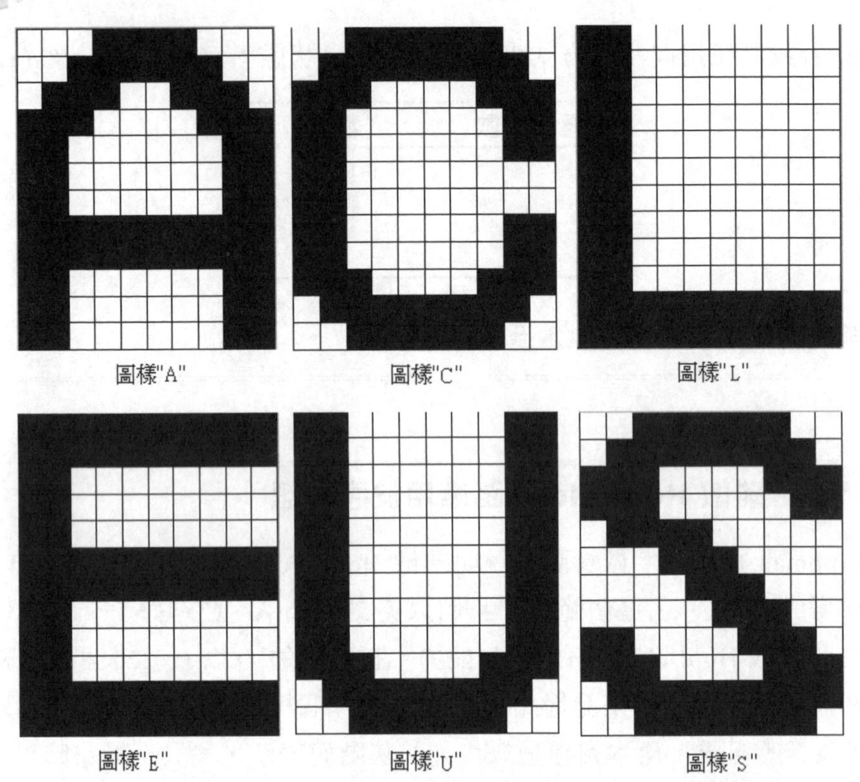

圖 5.3 (a) 測試離散 Hopfield 網路的六個樣本圖樣

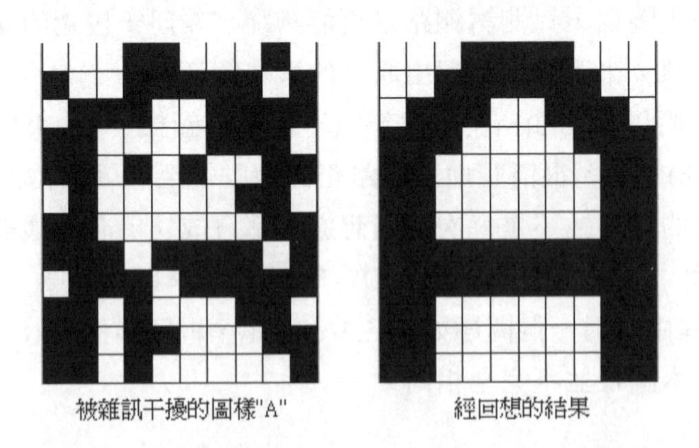

圖 5.3 (b) 原樣本圖樣"A"被雜訊干擾後，經由網路收斂至圖樣"A"(完全正確回想)

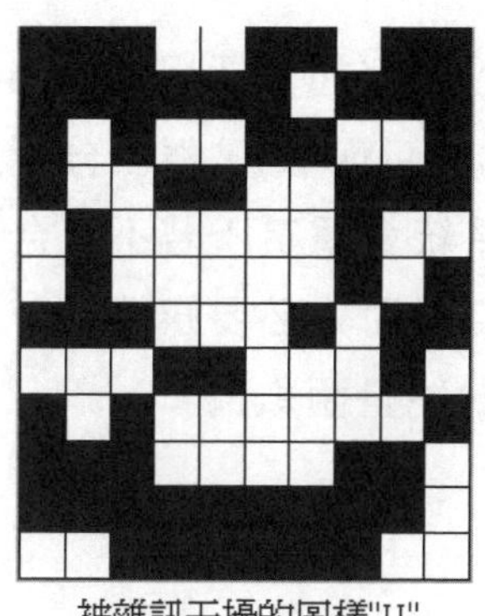

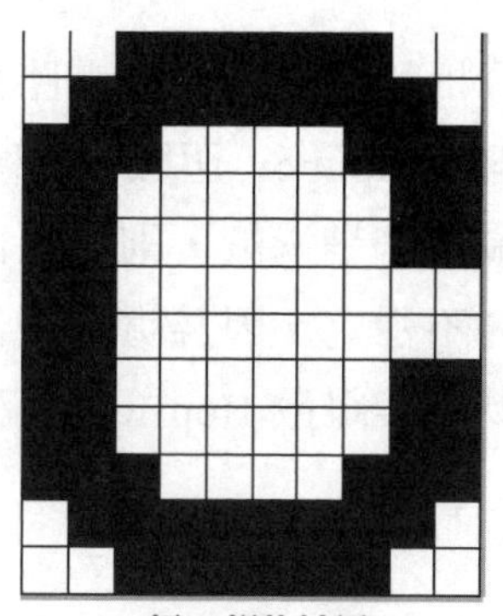

圖 5.3 (c) 原樣本圖樣“U”被雜訊干擾後，經由網路收斂至圖樣“C”(錯誤回想)

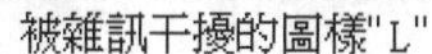

圖 5.3 (d) 原樣本圖樣“L”被雜訊干擾後，經由網路收斂至類似 L 圖樣(部份錯誤回想)

5.3.1 離散 Hopfield 網路的特性

一、如果類神經元輸出的更新是採用非同步模式，則網路必定會收斂至某一穩定狀態。

證明：離散 Hopfield 網路於記憶提取期間是屬於動態系統，網路的輸出狀態會隨著時間而更新，而動態系統的穩定度分析，最直接的方式是解出系統方程式，然而，此種方法用來分析離散 Hopfield 網路卻顯得太過複雜以至於不可行，因此，分析離散 Hopfield 網路是否穩定通常採用 Lyapunov 法 — 即找出系統的相關 Lyapunov 函數 (或稱爲能量函數)，然後分析此函數是否會隨著時間而遞減，若是遞減，則證明此系統會穩定；若不符合，我們並不能說此系統必定會不穩定。因爲這是充份條件而非必要條件。

首先，我們定義離散 Hopfield 網路的能量函數爲：

$$E(k) = -\frac{1}{2}\underline{x}^T(k)W\underline{x}(k) + \underline{x}^T(k)\underline{\theta}$$

$$= -\frac{1}{2}\sum_{h=1}^{p}\sum_{j=1}^{p} w_{jh}\, x_h(k)\, x_j(k) + \sum_{h=1}^{p}\theta_h\, x_h(k) \tag{5.17}$$

假設第 i 個類神經元的輸出於時間 k 時產生了變化，即

$$\Delta x_i(k) = x_i(k+1) - x_i(k) \tag{5.18}$$

由於 $\Delta x_i(k)$ 的產生，導致網路的能量於時間 k+1 時變成

$$E(k+1) = \left[-\frac{1}{2}\sum_{h\neq i}\sum_{j\neq i} w_{hj}x_h(k)x_j(k) + \sum_{h\neq i}\theta_h x_h(k)\right] \tag{5.19}$$

$$+\left[-\frac{1}{2}\sum_{j\neq i} w_{ij}x_i(k+1)x_j(k) - \frac{1}{2}\sum_{h\neq i} w_{hi}x_h(k)x_i(k+1) + \theta_i x_i(k+1)\right]$$

因此，網路能量的變化量爲

$$\Delta E = E(k+1) - E(k) \tag{5.20}$$

$$= -\frac{1}{2}\sum_{j\neq i} w_{ij}\left(x_i(k+1)x_j(k) - x_i(k)x_j(k)\right)$$

$$-\frac{1}{2}\sum_{h\neq i} w_{hi}\left(x_h(k)x_i(k+1) - x_h(k)x_i(k)\right)$$

$$+\theta_i\left(x_i(k+1) - x_i(k)\right) \tag{5.21}$$

接著，我們將下標 h 改爲下標 j，又因爲 $w_{ij} = w_{ji}$，因此可以將上式爲

$$\Delta E = -\sum_{j \neq i} w_{ij} \left[x_i(k+1) x_j(k) - x_i(k) x_j(k) \right] + \theta_i \left[x_i(k+1) - x_i(k) \right]$$
$$= -\left[x_i(k+1) - x_i(k) \right] \left[\sum_{j \neq i} w_{ij} x_j(k) - \theta_i \right]$$
$$= -\Delta x_i(k) \cdot \left[\sum_{j \neq i} w_{ij} x_j(k) - \theta_i \right] \tag{5.22}$$

由於 $\Delta x_i(k)$ 的值只有三種可能，現在我們就分三種情況來分析 ΔE：

1. $\Delta x_i(k) = 2$：即 $x_i(k+1) = 1$ 且 $x_i(k) = -1$
   $x_i(k+1) = 1$ 代表 $\sum_{j \neq i} w_{ij} x_j(k) - \theta_i > 0$，因此 $\Delta E < 0$

2. $\Delta x_i(k) = -2$：即 $x_i(k+1) = -1$ 且 $x_i(k) = 1$
   $x_i(k+1) = -1$ 代表 $\sum_{j \neq i} w_{ij} x_j(k) - \theta_i < 0$，因此 $\Delta E < 0$

3. $\Delta x_i(k) = 0$：即 $x_i(k+1) = x_i(k)$
   $x_i(k+1) = x_i(k)$ 代表 $\sum_{j \neq i} w_{ij} x_j(k) - \theta_i = 0$，因此 $\Delta E = 0$

綜合上列三種情況，我們得知

$\Delta E \leq 0$

上式代表，網路的能量會朝向減少的狀態改變，直到到達能量函數的局部極小為止 — 即穩定狀態。

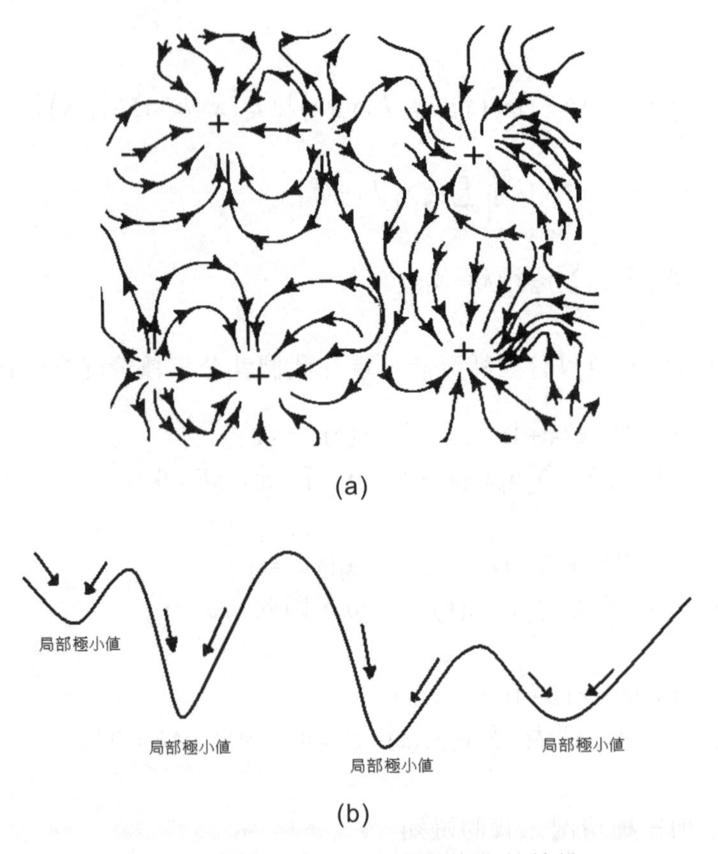

(a)

(b)

圖 5.4　離散 Hopfield 網路的收斂特性

二、離散 Hopfield 網路利用能量函數的局部極小特性來儲存資料，這些局部極小點可被視為有個漩渦在那裏，網路的初始狀態就好像在漩渦的旁邊，然後逐漸收斂至漩渦底端，就如同在漩渦附近的東西都會被吸引到漩渦底端一樣，如圖 5.4 所示。這裏有一點必須強調，我們利用 Hebbian 規則來調整網路的鍵結值，有可能會使得網路能量之局部極小值的數目會超過原先儲存的資料數目，也就是會有 "偽造狀態(spurious states)" 的產生，這些偽造狀態仍然是穩定狀態，但不是位於我們所期望的位置，因此，網路雖然會收斂，但並不保證會收斂到我們想要的穩定狀態。

三、離散 Hopfield 網路的記憶容量有其上限，若類神經元的數目是 p，在記憶提取有 99%正確率的情況下，則可儲存的資料筆數不會超過下式 [11]。

$$\text{記憶容量} \le \frac{p}{4\ln p} \tag{5.23}$$

5.3.2 連續 Hopfield 網路

上述所探討的離散 Hopfield 網路，太過簡化了神經元的特性，譬如說：輸出是二元值，而且狀態的轉變是立即的，這些都不是生物神經元所擁有的特性。Hopfield 於 1984 年提出了連續 Hopfield 網路(analog or continuous Hopfield networks) [12]。網路中的類神經元採用 S 曲線的活化函數，網路的狀態以及輸出可以用下列之微分方程式來描述：

$$\begin{cases} C_i \dfrac{du_i}{dt} = \sum_{j \neq i} w_{ij} y_j - \dfrac{u_i}{R_i} + I_i \\ y_i = \varphi(u_i) \end{cases} \tag{5.24}$$

其中，對第 i 個類神經元來說，C_i 代表細胞膜的電容性，R_i 是細胞膜的電阻性，I_i 是外界輸入電流(代表閥值項)，y_i 是類神經元的輸出電位差，u_i 代表軸突丘的細胞膜電位差，以及 w_{ij} 代表第 j 個類神經元至第 i 個類神經元的鍵結值，$\varphi(\cdot)$ 是個嚴格遞增的 S-型活化函數。

連續 Hopfield 網路仍然擁有離散 Hopfield 網路的特性，網路輸出的狀態會朝向能量函數減少的方向進行，最後收斂至穩定狀態 — 即局部最小。除此之外，我們可以用超大型積體電路 (VLSI) 的技術來實現連續 Hopfield 網路，如圖 5.5 所示，其中的反相器 (inverter) 是用來實現抑制型 (負值) 的鍵結值。

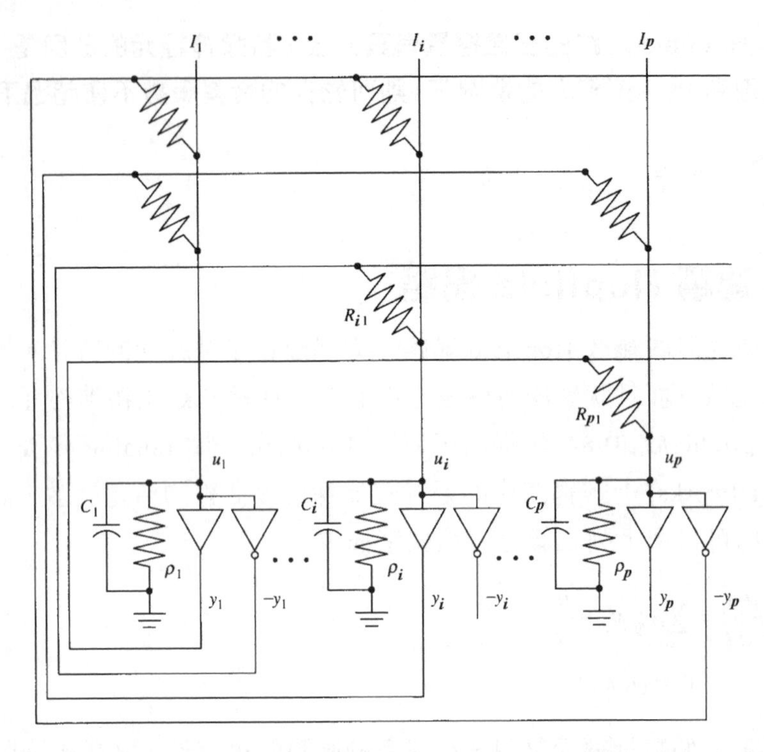

圖 5.5　以超大型積體電路 (VLSI)的技術來實現連續 Hopfield 網路

根據克希荷夫電流定律(Kirchhoff equation)—流入以及流出同一個節點的電流總合爲零，所以，我們可用以下的式子來描述第 i 個類神經元的狀態：

$$C_i \frac{du_i}{dt} + \frac{u_i}{\rho_i} = \sum_{j \neq i} \frac{1}{R_{ij}}(y_j - u_i) + I_i \tag{5.25}$$

其中 ρ_i 代表非線性放大器的輸入電阻性。如果我們定義

$$\begin{cases} \dfrac{1}{R_i} = \dfrac{1}{\rho_i} + \sum_j \dfrac{1}{R_{ij}} \\ \quad w_{ij} = \dfrac{1}{R_{ij}} \end{cases} \tag{5.26}$$

可以將式(5.27)轉換成如下

$$C_i \frac{du_i}{dt} = \sum_j w_{ij} y_j - \frac{u_i}{R_i} + I_i \tag{5.27}$$

上式再加上 $y_i = \varphi(u_i)$ 就等同於式(5.25)。其實還有很多各種不同的電路可以實現連續 Hopfield 網路 [13]-[15]，各有其優缺點，大致上有以下的困難必須克服：(1) 鍵結值必須對稱（$w_{ij} = w_{ji}$）否則網路會震盪或者不穩定；(2) 鍵結值必須具有學習性或可以調整，否則一旦固定後，就無法重新應用到別的問題上；(3) 一旦類神經元的數目增加到很多，則鍵結的數目也會隨著變得很多，導致於 IC 的面積變大；因此有些研究者嘗試用光學技術來實現它 [16]。

接下來，我們來驗證類比 Hopfield 網路是否也會朝向能量降低的方向收斂至穩定狀態，我們可以用下述的 Lyapunov 函數(或稱能量函數)來分析此網路：

$$E = -\frac{1}{2}\sum_h \sum_j w_{hj}\, y_j\, y_h - \sum_h I_h\, y_h + \sum_h \frac{1}{R_h}\int_0^{y_h} \varphi^{-1}(y)\, dy \tag{5.28}$$

其中 $\varphi^{-1}[\varphi(\cdot)] = \varphi\left[\varphi^{-1}(\cdot)\right] = 1$，而且 $\varphi(u) = y_i$。將 E 對時間 t 微分，可得

$$\begin{aligned} \frac{dE}{dt} &= \sum_i \frac{dE}{dy_i}\frac{dy_i}{dt} = \sum_i \left[-\sum_j w_{ij}\, y_j - I_i + \frac{1}{R_i}\varphi_i^{-1}(y_i)\right]\frac{dy_i}{dt} \\ &= -\sum_i \left(\sum_j w_{ij} y_j - \frac{u_i}{R_i} + I_i\right)\frac{dy_i}{dt} \end{aligned} \tag{5.29}$$

上式括弧中的式子其實就是式(5.27)的右邊式子，因此式(5.29)可以簡化為

$$\begin{aligned} \frac{dE}{dt} &= -\sum_i C_i \frac{du_i}{dt}\frac{dy_i}{dt} \\ &= -\sum_i C_i \frac{du_i}{dy_i}\frac{dy_i}{dt}\frac{dy_i}{dt} \\ &= -\sum_i C_i \frac{d\left(\varphi^{-1}(y_i)\right)}{dy_i}\left(\frac{dy_i}{dt}\right)^2 \end{aligned} \tag{5.30}$$

由於 $\varphi(\cdot)$ 是嚴格遞增且可微分(monotonically increasing differentiable)的函數，所以 $\varphi^{-1}(\cdot)$ 也會是嚴格遞增型，因此 $d\left(\varphi^{-1}\left(y_i\right)\right) / dy_i > 0$；又因爲 $C_i > 0$，所以

$$\begin{cases} \dfrac{dE}{dt} \leq 0 \\ \dfrac{dE}{dt} = 0 \Leftrightarrow \dfrac{dy_i}{dt} = 0, \quad \forall i \end{cases} \tag{5.31}$$

綜合以上的分析，再加上 E 是個有下限的函數，因此，我們可以知道連續 Hopfield 網路必定會隨著時間的演化而往能量低的方向改變，而最後必定收斂至穩定狀態 $dE/dt = dy_i/dt = 0$。

5.3.3 Hopfield 網路的應用

其實 Hopfield 網路的應用範圍很廣，譬如說，有些人把它應用於類比/數位轉換器的設計[17]；另一個廣受注意的應用就是用來解決最佳化的問題[18]，主要的關鍵技術就是想辦法將欲最佳化的目標函數 (object function) 整理成 Hopfield 網路的 Lyapunov 函數，然後便可發現鍵結值應如何設定，最後我們初始化網路的輸出值，然後隨著時間的變化，網路會收斂至穩定狀態，而此穩定狀態便是目標函數的極小值，在此強調一點，我們無法保證它是全域極小值 (global minima)。

範例 5.4：推銷員旅途長度問題 (TSP)

在這個例子我們要說明如何利用 Hopfield 網路來解決推銷員旅途長度 (Traveling Salesman Tour Length) 問題 — 如何設計一條最短的行程以便走過 N 個城市，而每個城市只能去一次，並且最後要回到原先出發的城市。我們可以用 N^2 個類神經元組成的 Hopfield 網路來解出答案，這些類神經元是被安排成 $N \times N$ 的矩陣，行(column)代表旅途的順序，列(row)代表城市名稱，而矩陣的每一個元素 — 亦即類神經元的輸出，都是單極性的二元值，若矩

陣的第 (y,i) 元素爲 1，則代表城市 y 是第 i 站，圖 5.6 顯示這麼一條路徑：B → D → A → C → (B)。現在我們將要最小化的目標函數 (最短距離) 以及限制條件整合成 Hopfield 網路的能量函數：

城市 y,z \ 第幾站 i,j	1	2	3	4
A	0	0	1	0
B	1	0	0	0
C	0	0	0	1
D	0	1	0	0

圖 5.6　推銷員旅途長度問題的解答之一：B → D → A → C → (B)

(1)每個城市只能去一次：

$$E_1 = \sum_{y=1}^{N}\sum_{i=1}^{N}\sum_{j\neq i}^{N} x_{y,i}\, x_{y,j} \tag{5.32}$$

若不符合此限制條件，則 E_1 會大於零，即 $x_{y,i}$ 與 $x_{y,j}$ 同時爲 1，也就是說，城市 y 同時是第 i 站和第 j 站。

(2)一次只能去一個城市：

$$E_2 = \sum_{i=1}^{N}\sum_{y=1}^{N}\sum_{\substack{z=1\\ z\neq y}}^{N} x_{y,i}\, x_{z,i} \tag{5.33}$$

若 $x_{y,i}$ 與 $x_{z,i}$ 同時爲 1 時，即第 i 站同時去了城市 y 與城市 z，則 E_2 不爲零，此時便破壞了此限制條件。

(3)所有城市都要被經過：

$$E_3 = (\sum_{y=1}^{N}\sum_{i=1}^{N} x_{y,i} - N)^2 \tag{5.34}$$

若符合上述限制條件則 $E_3=0$，否則 $E_3\neq 0$。

(4)路途距離最短：

$$E_4=\sum_{y=1}^{N}\sum_{\substack{z=1\\z\neq y}}^{N}\sum_{i=1}^{N} d_{y,z}\, x_{y,i}(x_{z,i+1}+x_{z,i-1}) \tag{5.35}$$

其中 $d_{y,z}$ 代表城市 y 與城市 z 的距離。若 $x_{y,i}$ 與 $x_{z,i+1}$ 都爲 1，或者 $x_{y,i}$ 與 $x_{z,i-1}$ 都爲 1，代表城市 y 與城市 z 是路途上兩個連續經過的城市，故距離 $d_{y,z}$ 必須被考慮進去。

現在我們想要同時將 E_1、E_2、E_3 以及 E_4 最小化，因此可以將上述四個函數乘上不同的權値，以便合併考慮：

$$E=w_1E_1+w_2E_2+w_3E_3+w_4E_4 \tag{5.36}$$

其中權値越大表示該項條件必須被嚴格符合。根據式(5.17)，現在我們將含有 $N\times N$ 個類神經元的 Hopfield 網路的能量函數寫於下式：

$$E=-\frac{1}{2}\sum_{y=1}^{N}\sum_{i=1}^{N}\sum_{z=1}^{N}\sum_{j=1}^{N} w_{(y,i),(z,j)}\, x_{y,i}\, x_{z,j}+\sum_{y=1}^{N}\sum_{i=1}^{N}\theta_{y,i}\, x_{y,i} \tag{5.37}$$

比較式(5.36) 與式(5.37)，我們便可知道鍵結値 $w_{(y,i),(z,j)}$ (第 (y,i) 個類神經元與第 (z,j) 個類神經元的聯結鍵結値) 以及閥值 $\theta_{y,i}$ 應照下列式子設定：

$$\begin{aligned}w_{(y,i),(z,j)}=&-2w_1\delta_{y,z}(1-\delta_{i,j})-2w_2\delta_{i,j}(1-\delta_{y,z})\\&-2w_3-2w_4\, d_{y,z}(\delta_{j,i+1}+\delta_{j,i-1})\end{aligned} \tag{5.38}$$

以及

$$\theta_{y,i}=-2w_3N \tag{5.39}$$

其中

$$\delta_{y,z}\triangleq\begin{cases}1 & \text{如果 } y=z\\0 & \text{如果 } y\neq z\end{cases} \tag{5.40}$$

最後，我們設定網路於某個初始狀態，經過時間演變之後，網路便會收斂至穩定狀態，此時網路的狀態便提供我們一個局部最小值。

假設城市數目 $N = 4$，所以鏈結值矩陣是個 16×16 的矩陣 (因為共有 16 個類神經元在這 4×4 的 Hopfield 網路)，$d_{A,B} = d_{B,C} = d_{C,D} = d_{D,A} = 1\ km$，$d_{A,C} = d_{B,D} = \sqrt{2}\ km$，並且讓 $w_1 = w_2 = w_3 = w_4 = 0.6$，根據式(5.38)-(5.40)，我們得到：

$$W_{16\times16} = \left[w_{(y,i),(z,j)} \right] = \begin{bmatrix} -1.2 & \cdots & -2.4 \\ \vdots & \ddots & \vdots \\ -2.4 & \cdots & -1.2 \end{bmatrix}$$

以及

$$\underline{\theta} = \left(\theta_1, \theta_2, \cdots, \theta_{16}\right)^T = \left(-4.8, -4.8, \cdots, -4.8\right)^T$$

其中

$$\begin{aligned} w_{16,16} &= w_{(4,4),(4,4)} \\ &= -2\cdot 0.6\delta_{4,4}(1-\delta_{4,4}) - 2\cdot 0.6\delta_{4,4}(1-\delta_{4,4}) - 2\cdot 0.6 - 2\cdot 0.6\cdot(\delta_{4,5}+\delta_{4,3}) \\ &= -1.2 \text{，其他依此類推。} \end{aligned}$$

假設網路初始狀態為

0	1	0	0
0	0	1	0
1	0	0	0
0	0	0	1

亦即 $\underline{x}(0) = \left(x_1(0), x_2(0), \cdots, x_{16}(0)\right)^T = \left(0,1,0,0,0,0,1,0,1,0,0,0,0,0,0,1\right)^T$。如果我們採用同步疊代方式來更新網路狀態，那麼根據式(5.15)，網路的新狀態變成

$$\underline{x}(1) = \text{sgn}\left(W \cdot \underline{x}(0) - \underline{\theta} \right) = \left(0,1,0,0,0,0,1,0,1,0,0,0,0,0,0,1\right)^T$$

亦即

0	1	0	0
0	0	1	0
1	0	0	0
0	0	0	1

接下來，再以 $\underline{x}(1)$ 輸入網路，再次更新網路狀態，直到收斂爲止，以這個特例來說，$\underline{x}(0)=\underline{x}(1)$，所以網路已進入收斂狀態，得到路線是 C → A → B → D → (C)，但可惜的是 $\underline{x}(1)$ 並非是個最佳解。

5.4 雙向聯想記憶

雙向聯想記憶 (bidirectional associative memory, 簡稱 BAM) 是一種執行異聯想(heteroassociation) 的雙層類神經網路 [19]-[20]，它可被用來儲存 N 個輸入/輸出向量對，$(\underline{x}_i,\underline{y}_i), i=1,\cdots,N$ ，$\underline{x}_i$ 與 $\underline{y}_i$ 分別爲 p 維與 r 維的向量，其基本架構如圖 5.7 所示。它利用順反兩個方向的資訊傳輸方式，使得網路的兩層類神經元的輸出，以一種反覆出現的模式達到穩定狀態，藉此完成異聯想的工作。與 Hopfield 網路相同，BAM 也分成離散 BAM 與連續 BAM 兩種。

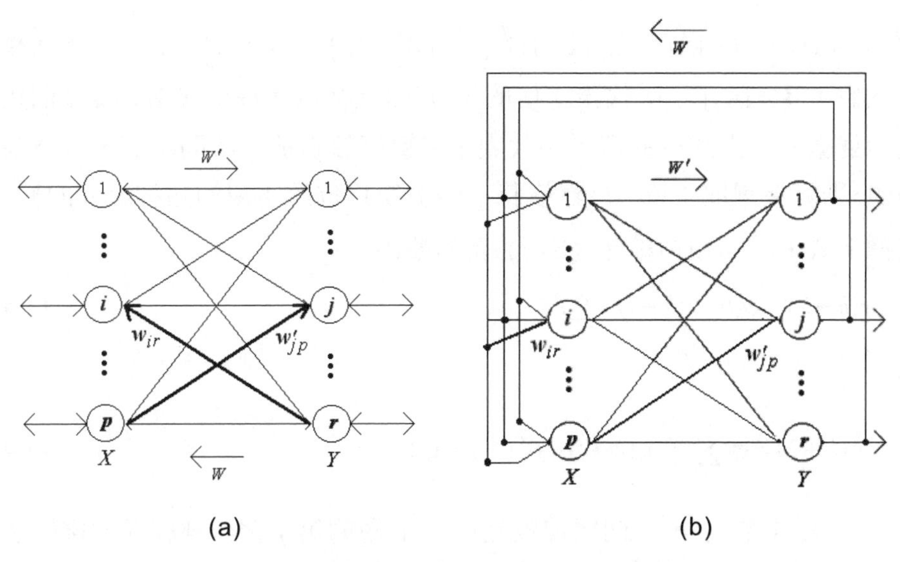

(a) (b)

圖 5.7 雙向聯想記憶類神經網路的基本架構。

5.4.1 網路的記憶及回想

假設 Y 層的類神經元在時間 k 時的輸出爲 $\underline{y}(k)$，這時 $\underline{y}(k)$ 便被視爲位於 X 層的類神經元的輸入，然後這些類神經元 (X 層) 便根據下式來更新類神經元的輸出：

$$\underline{x}(k+1) = \varphi(W\ \underline{y}(k) - \underline{\theta}) \tag{5.41}$$

或者

$$x_i(k+1) = \varphi\left(\sum_{j=1}^{r} w_{ij}\, y_j(k) - \theta_i\right), \qquad i = 1, \cdots, p \tag{5.42}$$

$$= \begin{cases} +1 & \text{如果} \quad \sum_{j=1}^{r} w_{ij}\, y_j(k) > 0 \\ x_i(k-1) & \text{如果} \quad \sum_{j=1}^{r} w_{ij}\, y_j(k) = 0 \\ -1 & \text{如果} \quad \sum_{j=1}^{r} w_{ij}\, y_j(k) < 0 \end{cases}$$

其中 $\underline{x}(k+1)=\left[x_1(k+1),\ldots,x_p(k+1)\right]^T$, $\underline{y}(k)=\left[y_1(k),\ldots,y_r(k)\right]^T$, x_i 及 y_i 皆爲雙極性二元值，$W=[w_{ij}]$，w_{ij} 代表 Y 層的第 j 個類神經元接至 X 層的第 i 個類神經元的鍵結值，上式中的第二項代表示 x_i 會等於它前一時間的值，若無前一刻的值,則隨機選取 1 或 -1。然後將 $\underline{x}(k+1)$ 視爲位於 Y 層的類神經元的輸入，並根據下式來計算類神經元 (Y 層) 新的輸出：

$$\underline{y}(k+2)=\varphi(W'\,\underline{x}(k+1)-\underline{\theta}') \tag{5.43}$$

或者

$$y_j(k+2)=\varphi(\sum_{i=1}^{p} w'_{ji}\,x_i(k+1)-\theta'_j) \quad j=1,2,\cdots,r \tag{5.44}$$

其中 w'_{ji} 代表 X 層的第 i 個類神經元接至 Y 層的第 j 個類神經元的鍵結值，以及 $W'=[w'_{ji}]$ 然後，再將 $\underline{y}(k+2)$ 當作輸入來計算 $\underline{x}(k+3)$，這個過程會一直反覆持續下去，直到收斂爲止，整個回想過程可以用以下的步驟來總結。

第 1 次反饋傳輸：	$\underline{x}(1)=\varphi(W\,\underline{y}(0)-\underline{\theta})$
第 1 次前饋傳輸：	$\underline{y}(2)=\varphi(W'\,\underline{x}(1)-\underline{\theta}')$
第 2 次反饋傳輸：	$\underline{x}(3)=\varphi(W\,\underline{y}(2)-\underline{\theta})$
第 2 次前饋傳輸：	$\underline{y}(4)=\varphi(W'\,\underline{x}(3)-\underline{\theta}')$
⋮	⋮
第 $k/2$ 次反饋傳輸：	$\underline{x}(k-1)=\varphi(W\,\underline{y}(k-2)-\underline{\theta})$
第 $k/2$ 次前饋傳輸：	$\underline{y}(k)=\varphi(W'\,\underline{x}(k-1)-\underline{\theta}')$
⋮	⋮

現在的問題是，那些鍵結值該如何設定，才能執行上述的雙向聯想呢？我們採用的學習規則與線性聯想記憶相同，都是採用 Hebbian 學習規則：

$$W=\sum_{k=1}^{N}\underline{x}_k\,\underline{y}_k^T \quad (\text{或者是 } w_{ij}=\sum_{k=1}^{N}x_i(k)y_j(k) \quad i=1,\ldots,p\ j=1,\ldots r) \tag{5.45}$$

以及

$$W' = \sum_{k=1}^{N} \underline{y}_k \underline{x}_k^T \quad (\text{或者是 } w'_{ji} = \sum_{k=1}^{N} y_j(k) x_i(k) \quad i = 1,\ldots p \; j = 1,\ldots,r) \tag{5.46}$$

比較式(5.45) 與式(5.46)，我們可以看出 $W^T = W'$，亦即 $w'_{ji} = w_{ij}$。而閥值的設定，與離散 Hopfield 網路一樣有兩種不同的方式：

$$\theta_i = \frac{1}{2}\sum_{j=1}^{r} w_{ij} \quad (\text{或者是 } \theta_i = 0) \quad i = 1,\ldots,p \tag{5.47}$$

$$\theta'_j = \frac{1}{2}\sum_{i=1}^{p} w'_{ji} \quad (\text{或者是 } \theta'_j = 0) \quad j = 1,\ldots,r \tag{5.48}$$

那麼接下來就是分析這樣的鍵結值設定是否能保證網路會達到 "雙向穩定 (bidirectionally stable)"？所謂的雙向穩定就是網路經過多次雙向疊代之後，會有以下的情況發生：$\underline{x}(k) \rightarrow \underline{y}(k+1) \rightarrow \underline{x}(k+2) \rightarrow \underline{y}(k+3) \rightarrow \cdots \rightarrow$，其中 $\underline{x}(k) = \underline{x}(k+2)$ 以及 $\underline{y}(k+1) = \underline{y}(k+3)$。我們仍然沿用 Hopfield 網路的分析方式，找出網路的 Lyapunov 函數爲 (爲了簡化問題，我們令閥值項 $\underline{\theta} = \underline{\theta}' = \underline{0}$)：

$$\begin{aligned} E(\underline{x},\underline{y}) &= -\frac{1}{2}\underline{x}^T W^T \underline{y} - \frac{1}{2}\underline{y}^T W \underline{x} \\ &= -\underline{y}^T W \underline{x} \end{aligned} \tag{5.49}$$

經過計算，我們發現更動 $\underline{x}$ 或 $\underline{y}$ 中的任一個位元資訊 (例如從 +1 → - 1 或從 -1 → +1)，會導致網路能量變化如下：

$$\Delta E_{x_i} = -\left(\sum_{j=1}^{r} w_{ij}\, y_j\right)\Delta x_i, \qquad i = 1,\cdots,p \tag{5.50}$$

$$\Delta E_{y_j} = -\left(\sum_{i=1}^{n} w'_{ji}\, x_i\right)\Delta y_j, \qquad j = 1,\cdots,r \tag{5.51}$$

而 Δx_i 與 Δy_j 的變化量不外乎以下三種：

$$\Delta x_i = \begin{cases} 2 & \text{如果} \sum_{j=1}^{r} w_{ij}\, y_j > 0 \\ 0 & \text{如果} \sum_{j=1}^{r} w_{ij}\, y_j = 0, \qquad i = 1, \cdots, p \\ -2 & \text{如果} \sum_{j=1}^{r} w_{ij}\, y_j < 0 \end{cases} \tag{5.52}$$

以及

$$\Delta y_j = \begin{cases} 2 & \text{如果} \sum_{i=1}^{p} w'_{ji}\, x_i > 0 \\ 0 & \text{如果} \sum_{i=1}^{p} w'_{ji}\, x_i = 0, \qquad j = 1, \cdots, r \\ -2 & \text{如果} \sum_{i=1}^{p} w'_{ji}\, x_i < 0 \end{cases} \tag{5.53}$$

從式(5.50) 至式(5.53)，我們很輕易地發現，Δx_i 和 $\sum_{j=1}^{r} w_{ij} y_j$ 同號以及 Δy_j 和 $\sum_{i=1}^{p} w'_{ji} x_i$ 同號，再加上有一個負號，所以 $\Delta E_{x_i} \le 0$ 和 $\Delta E_{y_j} \le 0$，除此之外，$E(\underline{x}, \underline{y})$ 有下限（$E(\underline{x}, \underline{y}) \ge -\sum_{i=1}^{p} \sum_{j=1}^{r} \left| w_{ij} \right|$），所以可以得到這個結論 — BAM 會隨著時間的演進而往網路能量低的方向移動，最後收斂至雙向穩定狀態，而此狀態便是能量函數的局部極小點。值得一提的是，BAM 也會有所謂的“僞造狀態”的出現。

如果將離散 BAM 的差分狀態改變規則，如式(5.42) 及式(5.44) 改成下列的微分方程式，則會變成所謂的連續 BAM (continuous bidirectional associative memory)：

$$\begin{cases} \dfrac{d x_i}{d t} = -x_i + \sum_{j=1}^{r} w_{ij}\, \varphi(y_j) + I_i \\ \dfrac{d y_j}{d t} = -y_j + \sum_{i=1}^{p} w'_{ji}\, \varphi(x_i) + I_j' \end{cases} \tag{5.54}$$

其中，I_i 以及 I_j' 爲正值常數。

範例 5.5：雙向聯想記憶網路

給定三個輸入/輸出對 $(\underline{x}_1,\underline{y}_1)$ 、 $(\underline{x}_2,\underline{y}_2)$ 和 $(\underline{x}_3,\underline{y}_3)$

$$\underline{x}_1=(1,-1,1,-1)^T,\quad \underline{y}_1=(-1,1,1)^T$$
$$\underline{x}_2=(-1,1,1,1)^T,\quad \underline{y}_2=(-1,-1,1)^T$$
$$\underline{x}_3=(1,1,-1,-1)^T,\quad \underline{y}_3=(1,1,-1)^T$$

根據式(5.45)，可以得到

$$W=\sum_{k=1}^{3}\underline{x}_k\,\underline{y}_k^T=\underline{x}_1\underline{y}_1^T+\underline{x}_2\underline{y}_2^T+\underline{x}_3\underline{y}_3^T$$

所以

$$W=\begin{pmatrix}1&3&-1\\1&-1&-1\\-3&-1&3\\-1&-3&1\end{pmatrix},\qquad W'=W^T=\begin{pmatrix}1&1&-3&-1\\3&-1&-1&-3\\-1&-1&3&1\end{pmatrix}$$

(1)假設目前的輸入向量 $\underline{x}=(1,-1,1,-1)=\underline{x}_1$ ，根據式(5.41) 及式(5.43)，我們可以得到下列之疊代情形：

$$\underline{x}=\begin{pmatrix}1\\-1\\1\\-1\end{pmatrix}\rightarrow\underline{y}=\varphi\begin{pmatrix}-2\\6\\2\end{pmatrix}=\begin{pmatrix}-1\\1\\1\end{pmatrix}\rightarrow\underline{x}=\varphi\begin{pmatrix}1\\-3\\5\\-1\end{pmatrix}=\begin{pmatrix}1\\-1\\1\\-1\end{pmatrix}\rightarrow\underline{y}=\varphi\begin{pmatrix}-2\\6\\2\end{pmatrix}=\begin{pmatrix}-1\\1\\1\end{pmatrix}\rightarrow\cdots$$

網路收斂至 $\underline{y}_1=(-1,1,1)^T$ ，百分之百回憶成功。

(2)假設目前的輸入向量 $\underline{x}=(-1,1,-1,-1)^T$，我們可以得到下列之兩種疊代情形：

1. 令 y_2 的前一刻值是 1 (即 $\varphi(0)=1$)

$$\underline{x}=\begin{pmatrix}-1\\1\\-1\\-1\end{pmatrix}\rightarrow\underline{y}=\varphi\begin{pmatrix}4\\0\\-4\end{pmatrix}=\begin{pmatrix}1\\1\\-1\end{pmatrix}\rightarrow\underline{x}=\varphi\begin{pmatrix}5\\1\\-1\\3\end{pmatrix}=\begin{pmatrix}1\\1\\-1\\-1\end{pmatrix}\rightarrow\underline{y}=\varphi\begin{pmatrix}6\\6\\-6\end{pmatrix}=\begin{pmatrix}1\\1\\-1\end{pmatrix}$$

此時網路收斂至 $\underline{y}_3$，這個結論不令人意外，因為輸入向量 $\underline{x}$ 最像 $\underline{x}_3$，因為 $\underline{x}$ 與 $\underline{x}_1$、$\underline{x}_2$ 和 $\underline{x}_3$ 的漢明差距（Hamming distance）各為 3、2、1，(所謂的漢明距離就是兩個向量間有多少個元素不同的個數)。或是

2. 令 y_2 的前一刻是-1 (即 $\varphi(0)=-1$)

$$\underline{x}=\begin{pmatrix}-1\\1\\-1\\-1\end{pmatrix}\rightarrow\underline{y}=\varphi\begin{pmatrix}4\\0\\-4\end{pmatrix}=\begin{pmatrix}1\\-1\\-1\end{pmatrix}\rightarrow\underline{x}=\varphi\begin{pmatrix}-1\\3\\-5\\1\end{pmatrix}=\begin{pmatrix}-1\\1\\-1\\1\end{pmatrix}\rightarrow\underline{y}=\varphi\begin{pmatrix}2\\-6\\-2\end{pmatrix}=\begin{pmatrix}1\\-1\\-1\end{pmatrix}$$

此時網路收斂至非我們所期待的穩定狀態，也就是收斂至"偽造狀態"。此乃因為在能量函數中，存在著很多的穩定狀態點，而 BAM 網路會隨著時間的演進，將鍵結值向量調整往能量低的方向移動，但是可能在到達使用者所預期的穩定狀態之前，就已經收斂至其他的穩定狀態了。

5.4.2 雙向聯想記憶網路的特性

1. 根據 Kosko [20] 本身的粗略估計，BAM 的記憶容量最大為 $\min(p,r)$，但是經過進一步的分析 [21]，更保守一點的估計應該不會超過 $\sqrt{\min(p,r)}$。
2. BAM 的狀態疊代方式，不管是用同步(synchronization)或非同步(asynchronization)的模式，都會收斂至雙向穩定狀態。
3. BAM 除了可被用來記憶靜態(static)的向量對之外，亦可用來儲存動態的狀態變化(dynamic state transitions)，譬如說，想要儲存以下的一連串狀態向量：

$$\underline{s}_1 \to \underline{s}_2 \to \cdots \to \underline{s}_N \to \underline{s}_1 \to \underline{s}_2 \to \cdots \to \underline{s}_N \to \underline{s}_1 \to \cdots$$

我們可以將此問題視為異聯想的記憶問題，亦即要 BAM 記得以下之向量對：

$$(\underline{s}_1, \underline{s}_2), (\underline{s}_2, \underline{s}_3), \cdots, (\underline{s}_{N-1}, \underline{s}_N), (\underline{s}_N, \underline{s}_1)$$

那麼鍵結值矩陣的設定變成：

$$W = \sum_{k=1}^{N-1} \underline{s}_{k+1} \underline{s}_k^T + \underline{s}_1 \underline{s}_N^T \tag{5.55}$$

而疊代的規則變成：

$$\begin{cases} \underline{x} = \varphi(W \underline{y}) \\ \underline{y} = \varphi(W \underline{x}) \end{cases} \tag{5.56}$$

若要反向記憶，亦即

$$\underline{s}_N \to \underline{s}_{N-1} \to \cdots \to \underline{s}_2 \to \underline{s}_1 \to \underline{s}_N \to \cdots$$

則疊代的規則變成

$$\begin{cases} \underline{x} = \varphi(W^T \underline{y}) \\ \underline{y} = \varphi(W^T \underline{x}) \end{cases} \tag{5.57}$$

範例 5.6：時間性的狀態聯想記憶

假設有以下三個狀態要儲存：

$$\underline{s}_1 = [1,-1,1,-1]^T, \quad \underline{s}_2 = [-1,1,1,1]^T, \quad \underline{s}_3 = [1,1,-1,-1]^T$$

根據式(5.55)，可得

$$W = \underline{s}_2\underline{s}_1^T + \underline{s}_3\underline{s}_2^T + \underline{s}_1\underline{s}_3^T = \begin{bmatrix} -1 & 3 & -1 & 1 \\ -1 & -1 & 3 & 1 \\ 3 & -1 & -1 & -3 \\ 1 & -3 & 1 & -1 \end{bmatrix}$$

所以

$$W^T = \begin{bmatrix} -1 & -1 & 3 & 1 \\ 3 & -1 & -1 & -3 \\ -1 & 3 & -1 & 1 \\ 1 & 1 & -3 & -1 \end{bmatrix}$$

為了簡化計算過程，我們可令 $\underline{\theta} = \underline{\theta}' = \underline{0}$，則可以得到：

一、順向聯想：$\underline{s}_1 \to \underline{s}_2 \to \underline{s}_3 \to \underline{s}_1 \to \cdots$

$$\underline{s}_1 = [1,-1,1,-1]^T \to \underline{y} = \varphi(W\underline{s}_1) = \varphi([-6,2,6,6]^T) = [-1,1,1,1]^T = \underline{s}_2$$
$$\underline{s}_2 = [-1,1,1,1]^T \to \underline{y} = \varphi(W\underline{s}_2) = \varphi([4,4,-8,-4]^T) = [1,1,-1,-1]^T = \underline{s}_3$$
$$\underline{s}_3 = [1,1,-1,-1]^T \to \underline{y} = \varphi(W\underline{s}_3) = \varphi([2,-6,6,-2]^T) = [1,-1,1,-1]^T = \underline{s}_1$$

二、逆向聯想：$\underline{s}_1 \to \underline{s}_3 \to \underline{s}_2 \to \underline{s}_1 \to \underline{s}_3 \to \cdots$

$$\underline{s}_1 = [1,-1,1,-1]^T \to \underline{y} = \varphi(W^T\underline{s}_1) = \varphi([2,6,-6,-2]^T) = [1,1,-1,-1]^T = \underline{s}_3$$
$$\underline{s}_3 = [1,1,-1,-1]^T \to \underline{y} = \varphi(W^T\underline{s}_3) = \varphi([-6,6,2,6]^T) = [-1,1,1,1]^T = \underline{s}_2$$
$$\underline{s}_2 = [-1,1,1,1]^T \to \underline{y} = \varphi(W^T\underline{s}_2) = \varphi([4,-8,4,-4]^T) = [1,-1,1,-1]^T = \underline{s}_1$$

5.5 結語

本章介紹了各種常見的聯想記憶網路，此種網路可分為兩大類型；第一種是線性的聯想記憶網路，其優點是簡單但是記憶容量小；另一種是非線性的聯想記憶網路，雖然其計算量較大(通常是以疊代方式來完成回想過程)，但可提高其記憶容量。這些聯想記憶網路，通常被用來過濾雜訊或資料擷取。

參考文獻

[1] J. Minninger, *Total Recall*, Rodale Press Inc., 1984。吳幸宜，譯，讓記憶活起來,遠流出版公司, 1993.

[2] R. Carter, Mapping the Mind。洪蘭，譯，大腦的秘密檔案，遠流出版公司，2002.

[3] J. A. Anderson, "A memory model using spatial correlation functions," Kybernetik, Vol. 5, pp. 113-119, 1968.

[4] T. Kohonen, "Correlation matrix memories," IEEE Trans. Computers, Vol. 21, pp. 353-358, 1972.

[5] W. A. Little and G. L. Shaw, "A statistical theory of short and long term memory," Behavioral Biology, Vol. 14, pp. 115-133, 1975.

[6] D. J. Willshaw, O. P. Buneman, and H. C. Longuet-Higgins, "Non-holographic associative memory," Nature, Vol. 222, pp. 960-962, 1969.

[7] J. J. Hopfield, "Neural networks and physical systems with emergent collective computational abilities," Proc. of the National Academy of Sciences, Vol. 79, pp. 2554-2558, 1982.

[8] B. Mueller and J. Reinhardt, *Neural Networks*, Springer-Verlag, Berlin / Heidelberg, pp. 103, 1990.

[9] W. G. Little and G. L. Shaw, "Analytical study of the memory storage capacity of a neural network," Mathematical Biosciences, Vol. 39, pp. 281 -290, 1978.

[10] R. P. Lippmann, "An introduction to computing with neural nets," IEEE Mag. Acoust. Signal Speech Process, April, pp. 4-22, 1987.

[11] D. J. Amit, *Modeling Brain Function: The World of Attractor Neural Networks*, New York : Cambridge University Press, 1989.

[12] J. J. Hopfield, "Neurons with graded responses have collective computational properties like lose of two-state neurons," Proc. of the National Academy of Sciences, Vol. 81, pp. 3088-3092, 1984.

[13] C. Mead, *Analog VLSI and Neural Systems*, Addison-Wesley, Reading, MA, 1989.

[14] J. J. Hopfield and D. W. Tank, "Computing with neural circuits: a model," Science, Vol. 233, pp. 625-633, 1986.

[15] F. M. A. Salam and Y. Wang, "A real-time experiment using a 50-neuron CMOS analog silicon chip with on-chip digital learning," IEEE Trans. Neural Networks, Vol. 2, pp. 461-464, 1991.

[16] Y. S. Abu-Mostafa and D. Psaltis, "Optical neural networks," Scientific American, Vol. 256, pp. 88-95, 1987.

[17] D. W. Tank and J. J. Hopfield, "Simple 'neural' optimization networks: an A/D converter, signal decision circuit, and, a linear programming circuit," IEEE Trans. on Circuits and Systems, Vol. 33, pp. 533-543, 1986.

[18] J. J. Hopfield and D. W. Tank, "Neural computation of decisions in optimization problems," Biological Cybernetics, Vol. 52, pp. 141-152, 1985.

[19] B. Kosko, "Adaptive bidirectional associative memories," Applied Optics, Vol. 26, No. 23, pp. 4947-4960, 1987.

[20] B. Kosko, "Bidirectional associative memories," IEEE Trans. on Systems, Man, and Cybernetics, Vol. 18, pp. 49-60, 1988.

[21] Y. F. Wang, J. B. Cruz, and J. H. Mulligan, "Two Coding strategies for bidirectional associative memory," IEEE Trans. on Neural Networks, Vol. 1, No. 1, pp. 81-92, 1990.

[22] S. Haykin, *Neural Networks: A Comprehensive Foundation*, Macmillan College Publishing Company, Inc., 1994.

機器學習

CHAPTER 6

增強式學習

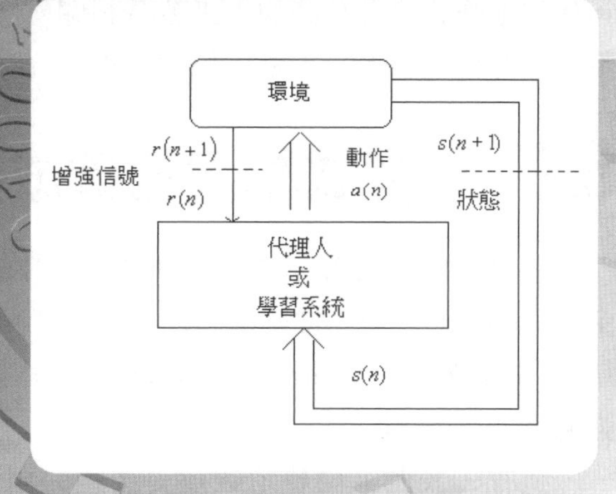

6.1 前言

所謂的「增強式學習法」，就是透過與環境的互動時，在不藉助監督者提供完整的指令之下，可以自行去發掘在何種情況下該採行何種行動？才能讓學習效果獲得最大報酬[1]。有關增強式學習的研究可追溯自兩種完全不同的研究領域。一個領域想解決的是最佳化控制的問題，這個領域的研究其實與學習並無太大直接的關聯性；而另一個領域則來自於心理學的研究，這方面的研究是想發掘出哪一種機制可使動物學到複雜的行為，它開啓了早期 1980 年代與增強式學習有關的人工智慧相關研究。接下來，我們會將增強式學習法的關鍵性問題作一重點式探討，然後，介紹一些與增強式學習相關之研究。

6.2 增強式學習的構成要件

要經由何種機制才可以讓動物學習到複雜的行為呢？有名的心理學家史金納(Skinner，1959)從馴獸師那裡得到了解答上述問題的靈感，而發展出所謂的「操作制約」(operant conditioning)，這個概念主要的核心就是所謂的「**增強物**(reinforcement)」[2]。

這裡，我們很簡要地敘述史金納的相關實驗來闡述操作制約這個概念[2]。首先，將一隻鴿子放進史金納箱(即籠子)，箱中有各種按鍵及信號。每隔一段時間，信號燈會亮起，假設此時鴿子有用它的喙去啄按鍵，則食物蓋會打開讓鴿子飽餐一頓；如果鴿子沒在燈亮時啄按鍵，則食物蓋不會打開，鴿子只好餓一陣子的肚子。實驗過程中會發現，鴿子剛開始時，幾乎是東啄西啄地亂啄一通(啄東西是牠的天性)，但一旦他碰巧在燈亮時啄到按鍵，而發現食物蓋會打開讓它有食物可以吃時，逐漸地，鴿子在訓練的尾聲時，會發展出信號燈一亮就啄按鍵這個行為。在這個實驗中，食物是所謂的增強物，而開始的東啄西啄這個行動就是試誤法(trail-and-error)的探索環境。

接著，這個實驗變得更複雜一點，設計成只有在燈亮時，啄綠鍵才能打開食物蓋；但若啄紅鍵則沒反應。利用這種訓練方式，可以訓練鴿子學會非常複雜的行爲。這個實驗除了說明如何利用增強物的概念來讓動物學會複雜的行爲之外，還得到了一些有趣的觀察。在學習的過程中，鴿子有時候會發展出「迷信的行爲」。曾經有些鴿子在燈亮時啄綠鍵的那一刻，剛巧它是在拍翅膀或單腳跳，結果它會誤以爲燈亮時，除了需要啄綠鍵之外，還需一邊拍翅膀或單腳跳，才能得到食物。因此，這些鴿子就會系統化地重複這些沒用的動作。其實，只要燈亮時啄綠鍵就可得到食物，而無須一邊拍翅膀或單腳跳，這些額外的動作就是所謂的迷信行爲。

從以上的說明，我們可以知道增強式學習至少需要 (1) 環境、(2) 學習者、(3) 增強物、及 (4) 試誤法。這些增強式學習法發展到今天，對它的了解也隨之越來越深入，隨著想用它來解決複雜問題的企圖心的增強，增強式學習的整個理論架構也隨之越來越豐富及完整。在[1] 中，Sutton 和 Barto 將增強式學習系統的基本要件列出如下：

(1) 環境(environment)、
(2) 代理人(agent)或智慧型學習系統、
(3) 策略(policy)、
(4) 報酬函數(reward function)、以及
(5) 價值函數(value function)。

所謂的策略，指的就是當學習系統在何種狀態(state)下該採用何種回應動作(action)的規劃。報酬函數則是將環境每一種狀態對應成一個純量－報酬或增強信號，而學習系統的學習目標就是要能夠在一段長時間的學習後，能夠使得整體報酬達到最高。至於價值函數則指的是學習系統從某個特定的狀態開始，它預期可以得到的累積報酬是多少。報酬函數與價值函數的不同點在於價值函數指的是長期報酬，而報酬函數給的是立即性的報酬。但不幸的是，我們通常較容易獲得立即性報酬資訊而難於得到價值資訊。特別的是，某個狀態可以是低報酬但高價值的狀態，這是因爲從這個狀態以後所接連產生的狀態都是高報酬的狀態。好的策略就是要能夠在任何情況下都採取高價值的回應動作。在整個增強式學習法中，如何估測出價值是個極爲重要且困難的問題。倘若我們能夠估測出價值來，但如何將各個回應動作的功勞度分

配(credit assignment)得恰當又是另一難解的課題。也就是說，必須要決定所得到的價值究竟是因爲那些動作做得好而得到的？而又該歸功多少給這些通力合作的動作呢？

至於增強式學習的另一大挑戰，就是如何在採掘(exploitation)和探索(exploration)中做好的取捨(trade-off)。想要獲得高報酬或是高價值，學習系統就得在每個狀態下都採取高報酬或是高價值的動作。在採用已被證明是高報酬或是高價值的動作之前，學習系統必須能夠試過很多種因應動作，才能知道哪些是高報酬或是高價值的動作。也就是說，學習系統要能有效地探索整個動作空間以發掘出好的回應動作；找到好的回應動作後，又要能夠讓這些好的因應動作好上加好，即進一步採掘出〔即細調出〕更好的回應措施。

最後，我們將增強式學習的問題，概略地粗分爲兩類問題：

1. **立即性報酬問題**：環境可以在學習系統採取因應動作後，立即回應相對應之報酬。通常這類問題的報酬函數的輸出值可以是二元值(即 1 與 0 或 1 和-1，它們分別代表成功或失敗)；要不就是位於某個連續區間(如[0,1])，值的大小就反應出報酬的大小。
2. **非立即性報酬問題**：個別的動作無法讓環境立即提供報酬資訊，而必須等到一連串的動作完成後，環境才能回報該連串動作的最後報酬是多少？譬如說：下棋就是屬於此類的問題，必須到最後才知道是成功或失敗。此類的問題通常就需要預測器(predictor)來預測價值，以便在每一動作之後，提供預測之報酬信號來訓練學習系統。

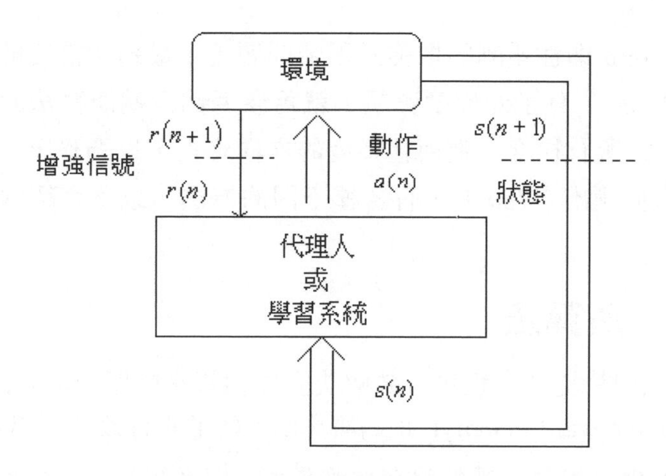

圖 6.1　立即性報酬之學習環境

6-3 立即性報酬

當學習系統採取動作後，環境可以立即提供報酬資訊(即增強信號)時，此種學習問題就屬於立即性報酬的問題，如圖 6.1 所示。以倒單擺的控制問題為例，如果系統可以在每次動作 $a(n)$ 執行後，提供報酬資訊(如 $r(n+1)=e^{-\theta(n+1)}$ 其中 $\theta(n+1)$ 代表角度)，則此控制問題屬於立即性報酬問題；倘若，系統只能在失敗或單擺維持了一段時間後才提供失敗($r(n+1)=-1$ 或 0) 或成功信號($r(n+1)=1$)，則此控制問題屬於非立即性報酬問題。

針對此類問題，增強式學習的目標是要調整學習系統的參數，$\underline{w}$，使得增強訊號，r，可以被極大化，亦即：

$$\Delta\underline{w}=\eta\frac{\partial r}{\partial \underline{w}} \tag{6.1}$$

要求出 $\partial r/\partial\underline{w}$ 之前，我們需先求出 $\partial r/\partial a$ (因為 $\Delta\underline{w}=\eta\frac{\partial r}{\partial a}\frac{\partial a}{\partial \underline{w}}$，其中 $\frac{\partial a}{\partial \underline{w}}$ 很容易求得)的資訊，其中 a 代表學習系統的輸出。但接下來的關鍵問題是 $\partial r/\partial a$ 是無法立即被計算出來的，因為我們沒有增強信號 r 與系統輸出 a 的明顯關

係式。因此，在立即性報酬的增強式學習問題上，最迫切需要解決的就是如何有效估測 $\partial r/\partial a$？有了此梯度資訊，就可參考倒傳遞演算法的精神，導出整個系統參數的所有梯度，進而往梯度的方向修正，以調整出一組更好的參數出來。如何估測出 $\partial r/\partial a$ 來，有各種不同的方法，以下介紹兩種常見的做法：

6.3.1 A_{R-P} 演算法

Barto 等人[3]-[5]提出一種可有效解決立即性報酬問題的演算法，此演算法稱為 associative reward-penalty(A_{R-P})演算法。為了能有效估測出 $\partial r/\partial a$，A_{R-P} 演算法的基本想法如下：既然沒有增強信號 r 與系統輸出 a 的明顯關係式，我們可以將 $\partial r/\partial a$ 的計算問題轉換成監督式的學習問題，亦即想辦法找出在任何狀態下該採取何種動作的期望輸出來，那麼學習系統的參數調整就是往降低誤差函數的梯度修正。但我們又無法得到真正的期望輸出值，因此，系統必須自行創造出合理的期望輸出值來。A_{R-P} 演算法希望系統能在得到鼓勵性的增強信號(reward)時，能夠儘可能地在下次處在相同狀態時，能重複剛才的動作；若是收到懲罰性的增強信號時(penalty)，則採用與剛才相反的動作。

基於此種想法，期望輸出便可設定為：

$$d_j(n) = \begin{cases} a_j(n) & \text{if} \quad r(n+1) = reward \\ -a_j(n) & \text{if} \quad r(n+1) = penalty \end{cases} \tag{6.2}$$

其 $a_j(n)$ 代表學習系統的第 j 輸出單元在時間 n 時的輸出值，$d_j(n)$ 代表該輸出單元在時間 n 時的期望輸出值，$r(n+1)$ 是學習系統在狀態 $s(n)$ 時採用動作 $a(n)$ 後，環境所回應之增強信號。

A_{R-P} 演算法在算出真正系統輸出之前，有使用一個機率單元(stochastic unit)來增加系統的輸出隨機性(randomness)以增加探索到好動作的機會：

$$\text{Prob}\left(a_j(n) = \pm 1\right) = f(\pm h_j(n)) = \frac{1}{1 + e^{\mp 2\beta h_j(n)}} \tag{6.3}$$

其中 β 是個常數，$h_j(n)=\sum w_{ji}(n)x_i(n)$，$x_i(n)$ 可以直接是系統狀態 $s(n)$ 或是隱藏層的輸出。由於有了機率單元，所以系統的實際輸出是用它的平均輸出(或輸出的期望值)來代表，系統的平均輸出可以由下式求得：

$$\begin{aligned}\bar{a}_j(n)&=(+1)f(h_j(n))+(-1)f(-h_j(n))\\&=(+1)f(h_j(n))+(-1)(1-f(h_j(n)))\\&=\tanh\left(\beta h_j(n)\right)\end{aligned}\tag{6.4}$$

有了以上的資訊之後，學習系統的參數調整公式如下：

1. **如果** $r(n)=\pm1$：

$$\begin{aligned}\Delta w_{ji}(n)&=\eta\frac{\partial r}{\partial a_j}\frac{\partial a_j}{\partial w_{ji}}\\&\approx-\eta\frac{\partial E(n)}{\partial a_j}\frac{\partial a_j}{\partial w_{ji}}\\&=\begin{cases}\eta^+\left(a_j(n)-\bar{a}_j(n)\right)x_i(n) & \text{if } r(\mathrm{n}+1)=+1\\ \eta^-\left(-a_j(n)-\bar{a}_j(n)\right)x_i(n) & \text{if } r(\mathrm{n}+1)=-1\end{cases}\end{aligned}\tag{6.5}$$

其中 $E(n)=\frac{1}{2}\left(d_j(n)-\bar{a}_j(n)\right)^2$。

2. **如果** $0\le r(t)\le1$：

在此情況下 $r(n)=1$ 代表成功和 $r(n)=0$ 代表失敗，則式(6.5)可調整成：

$$\begin{aligned}\Delta w_{ji}(n)=\eta(r(n+1))[&r(n+1)(a_j(n)-\bar{a}_j(n))\\&+(1-r(n+1))(-a_j(n)-\bar{a}_j(n))]x_i(n)\end{aligned}\tag{6.6}$$

其 $\eta\left(r(n+1)\right)$ 代表學習率 η 是 $r(n+1)$ 的函數。如果我們在收到懲罰性增強信號時，是用 $\left(\bar{a}_j(n)-a_j(n)\right)\left(=-\left(a_j(n)-\bar{a}_j(n)\right)\right)$ 來取代 $\left(-a_j(n)-\bar{a}_j(n)\right)$，則式(6.6)可簡化爲

$$\Delta w_{ji}(n)=\eta r(n+1)[a_j(n)-\bar{a}_j(n)]x_i(n)\tag{6.7}$$

6.3.2 GARIC 架構

Berenji 和 Khedkar 提出一種稱爲 GARIC 的系統架構，此系統可被用來解決增強式的學習問題[6]。要強調一點的就是，此種 GARIC 系統架構不只是可用來解決立即性報酬的問題而已。

他們用以下的方式來估測 $\partial r/\partial a_j$ ：

$$\frac{\partial r}{\partial a_j} \approx \frac{dr}{da_j} \approx \frac{r(n+1)-r(n)}{a_j(n)-a_j(n-1)} \tag{6.8}$$

由於式(6.8)是個極爲概略性的估測，因此，基本上我們只採用式(6.8)所算出的正負號而已，而不是連它的大小量也採用。所以，系統參數的修正可採用下式：

$$\Delta w_{ji}(t) = \eta \frac{\partial r}{\partial a_j}\frac{\partial a_j}{\partial w_{ji}} \approx \eta \,\mathrm{sgn}\left(\frac{r(n+1)-r(n)}{a_j(n)-a_j(n-1)}\right)\frac{\partial a_j}{\partial w_{ji}} \tag{6.9}$$

其中 $\mathrm{sgn}(\cdot)$ 代表符號函數(sign function)，若參數大於 0，則 $\mathrm{sgn}(\cdot)=1$；否則，$\mathrm{sgn}(\cdot)=-1$。

6-4 時間差方法

有些問題是無法有立即性報酬信號的，而是必須等到一段時間後，環境才能回報是否已成功或已失敗。這時我們必須要解決的是「功勞度分配(credit assignment)」的問題；也就是說，在經過一連串的動作後，到底該如何決定此一連串動作中的每一個動作，該分得多少功勞或分擔多少責任？

一種被廣爲採用的解決方法就是採用預測器(predictor)，如圖 6.2 所示。在時間差(temporal difference TD)方法[7]的配合下，來預估增強信號，有了此預估的增強信號後，再採用 6.3 小節的立即性報酬的方法來調整系統參數即可。

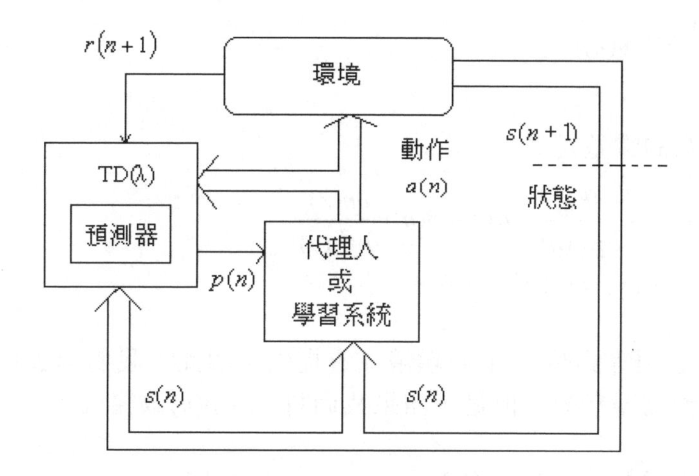

圖 6.2　結合時間差方法及預測器的增強式學習架構

時間差方法應用於預測器的方式可分爲以下兩種[7]-[8]：

1. **預測最後時刻的增強信號**

假設我們有以下之資訊：$\underline{x}(1), \underline{x}(2), \cdots, \underline{x}(m), z$，其中$\underline{x}(n)$代表在時間 n 時預測器的輸入及 z 代表在時間 m+1 時從環境得到的增強信號，$p(n)$代表預測器在輸入$\underline{x}(n)$(可以是$s(n)$和$a(n)$的合成向量)時的預測輸出值，它代表$r(n+1)$的估測值。另外，$p(n)$是輸入$\underline{x}(n)$及預測器參數$\underline{w}^p$的函數。

根據 TD(λ)的方法，預測器參數的調整方法如下：

$$\begin{aligned}\Delta \underline{w}^p(n) &= \eta(p(n+1)-p(n))\sum_{k=1}^{n} \lambda^{n-k-1} \frac{\partial p(k)}{\partial \underline{w}^p(k)} \\ &= \eta(p(n+1)-p(n))\sum\nolimits_{k=1}^{n} \lambda^{n-k} \nabla_{w^p} p(k)\end{aligned} \tag{6.10}$$

其中 λ($0 \le \lambda \le 1$)是個權重常數。

事實上，上式是我們將問題視爲監督式學習問題得到的結果。爲了能將推導過程簡單化，我們將每一時刻預測器對於參數調整量的貢獻度都視爲相同(即 λ=1)，因此，預測器的學習問題變成我們要從一組輸入/輸出：$\underline{x}(1), \underline{x}(2), \cdots, \underline{x}(m), z$ 中，找到一組參數向量 $\underline{w}^p$，使得下述之誤差函數極小化

$$E_{TD} = \frac{1}{2}(z - p(n))^2 \tag{6.11}$$

所以參數的調整量是

$$\begin{aligned}\Delta \underline{w}^p(n) &= -\alpha \frac{\partial E_{TD}}{\partial \underline{w}^p(n)} = \alpha(z - p(n))\frac{\partial p(n)}{\partial \underline{w}^p(n)} \\ &= \alpha(z - p(n))\nabla_{\underline{w}^p} p(n)\end{aligned} \tag{6.12}$$

由於 z 必須等到時 n+1 時環境才會提供，因此，我們無法利用式(6.12)來直接調整預測器參數。但是，如果我們將 $z - p(n)$改寫成：

$$z - p(n) = \sum_{k=n}^{m}(p(k+1) - p(k)) \tag{6.13}$$

其中 $p(m+1) = z$ 。則參數總改變量就變成：

$$\begin{aligned}\sum_{n=1}^{m}\alpha(z - p(n))\nabla_{\underline{w}^p} p(n) &= \sum_{n=1}^{m}\alpha\sum_{k=n}^{m}(p(k+1) - p(k))\nabla_{\underline{w}^p} p(n) \\ &= \sum_{k=1}^{m}\alpha\sum_{n=1}^{k}(p(k+1) - p(k))\nabla_{\underline{w}^p} p(n) \\ &= \sum_{n=1}^{m}\alpha(p(n+1) - p(n))\sum_{k=1}^{n}\nabla_{\underline{w}^p} p(k)\end{aligned} \tag{6.14}$$

由式(6.12)和式(6.14)可知

$$\begin{aligned}\Delta \underline{w}^p(n) &= \alpha(z - p(n))\nabla_{\underline{w}^p} p(n) \\ &= \alpha(p(n+1) - p(n))\sum_{k=1}^{n}\nabla_{\underline{w}^p} p(k)\end{aligned} \tag{6.15}$$

以上的推導過程就是所謂的 TD(1)，至於 TD(λ) 的推導則較為複雜，詳細的資料可參考[7]。

2. 預測最後全部的報酬

預測器在時間 n 時要預測從時間 n+1 開始到工作結束或一直持續下去的總累積報酬率有多少？亦即 $p(n) = \sum_{k=0}^{\infty}\gamma^k r(n+k+1) = r(n+1) + \gamma p(n+1)$ ，其中

$\gamma\,(0\le\gamma\le 1)$是所謂的折扣率(discount rate)。

預測器參數調整公式如下：

$$\Delta\underline{w}^{p}(n)=\eta(r(n+1)+\gamma p(n+1)-p(n))\sum_{k=1}^{n}\lambda^{n-k-1}\nabla_{\underline{w}^{p}}p(k) \tag{6.16}$$

與式(6.15)相比較之下，可得知此刻預測器參數調整的目標是要極小化$(r(n+1)+\gamma p(n+1))$與 $p(n)$間的誤差。另外式(6.16)所出現的$r(n+1)$，在環境能回應真正的增強信號之前，可設為零。

有了預測器所估測的增強信號$p(n)$後，學習系統便可根據此估測值來進行 6.3 小節的學習系統參數調整的工作。基於此種想法所發展而成的系統，有時又稱為 adaptive heuristic critic(AHC)或 actor-critic model[6]，[8]-[13]。

我們將上述之學習步驟整理如下：

1. 任意地初始化學習系統參數$\underline{w}(0)$及預測器參數$\underline{w}^{p}(0)$。
2. 觀察目前之狀態$s\leftarrow s(n)$。
3. 在狀態s下，計算出預測器輸出$p(n)$。
4. 在狀態s下，計算出學習系統輸出$a(n)$。
5. 執行動作$a(n)$。然後，觀察所獲得的增強信號$r(n+1)$及新的狀態s'。
6. 在狀態s'下，計算出預測器輸出$p(n+1)$。
7. 使用下式更新預測器參數：
$$\Delta\underline{w}^{p}(n)=\eta(r(n+1)+\gamma p(n+1)-p(n))\sum_{k=1}^{n}\lambda^{n-k-1}\nabla_{\underline{w}^{p}}p(k)$$
8. 使用下式更新學習系統參數：
$$\Delta\underline{w}=\eta\frac{\partial p}{\partial\underline{w}}$$
9. 更新狀態$s\leftarrow s'$。
10. 若已到達終止狀態則停止；否則，重回步驟 3。

6-5 Q-learning

幾乎所有的增強式學習演算法都強調如何估測價值函數，此價值函數可評估學習系統在某一特定狀態下，它未來可獲得的總報酬有多少？當然，價值函數是狀態及動作的函數。通常我們可將價值函數定義為：

$$
\begin{aligned}
V^{\pi}(s) &= E_{\pi}\{R(n)|s(n)=s\} \\
&= E_{\pi}\left\{\sum_{k=0}^{\infty}\gamma^{k}r(n+k+1)\middle|s(n)=s\right\}
\end{aligned} \tag{6.16}
$$

其中π代表策略(policy)、$R(n)$代表在時間n以後學習系統可獲得的總報酬、及γ代表折扣率。我們稱此函數$V^{\pi}(s)$為針對策略 π 的「狀態—價值函數(state-value function)」。

本來$R(n)$應等於$r(n+1)+r(n+2)+\cdots+r(T)$，其中 T 代表工作結束的時刻；但有些增強式學習的工作沒有終止時間(即$T=\infty$)，因此，為了避免$R(n)$變成無限，便將$R(n)$修正為：

$$
R(n)=r(n+1)+\gamma r(n+2)+\gamma^{2}r(n+3)+\cdots=\sum_{k=0}^{\infty}\gamma^{k}r(n+k+1) \tag{6.17}
$$

同樣地，我們可以定義在採用策略 π 的條件下，在狀態$s(n)$時採取動作$a(n)$後可獲得的價值是$Q^{\pi}(s,a)$：

$$
\begin{aligned}
Q^{\pi}(s,a) &= E_{\pi}\{R(n)|s(n)=s,a(n)=a\} \\
&= E_{\pi}\left\{\sum_{\pi=0}^{\infty}\gamma^{k}r(n+k+1)\middle|s(n)=s,a(n)=a\right\}
\end{aligned} \tag{6.18}
$$

我們稱Q^{π}為針對策略 π 的「動作—價值函數(active-value function)」。

增強式學習的學習目標就是要找到所謂的最佳策略π^{*}，此最佳策略π^{*}可以使得下列式子成立：

$$
V^{*}(s)=V^{\pi^{*}}(s)=\max_{\pi}V^{\pi}(s) \tag{6.19}
$$

以及

$$Q^*(s,a)=Q^{\pi^*}(s,a)=\max_{\pi}Q^{\pi}(s,a) \tag{6.20}$$

事實上，我們可以用 $V^*(s)$ 來表示 $Q^*(s,a)$：

$$Q^*(s,a)=E\left\{r(n+1)+\gamma V^*(s(n+1))\middle| s(n)=s,a(n)=a\right\} \tag{6.21}$$

所以，增強式學習的學習目標就變成如何找到 $Q^*(s,a)$？在增強式學習的研究中，Q-learning 算是有重大突破的研究之一[14]。最簡單的 Q-learning 就是下述的 one-step Q-learning：

$$\begin{aligned} Q(s(n),a(n)) &\leftarrow Q(s(n),a(n)) \\ &+\alpha[r(n+1)+\gamma\max_{a}Q(s(n+1),a)-Q(s(n),a(n))) \end{aligned} \tag{6.22}$$

以上述方式學習的動作—價值函數 Q 將會是最佳之 Q^*。

我們將 one-step Q-learning 之學習步驟整理如下：

1. 任意地初始化 $Q(s,a)$。
2. 觀察目前之狀態 $s \leftarrow s(n)$。
3. 在狀態 s 下，採用從 Q 推導出之策略 π 中的動作 a(使用 ε-greedy 方式選擇動作 a：有 $(1-\varepsilon)$ 的機率會採用動作 $a=\arg\max_{a(n)}Q_t(s,a)$；另有 ε 的機率會隨機選取動作 a)。
4. 執行動作 a。然後，觀察所獲得的增強信號 $r(n+1)$ 及新的狀態 s'。
5. 採用下式來更新 $Q(s,a)$ 值：

$$Q(s,a)\leftarrow Q(s,a)+\alpha\left[r(n+1)+\gamma\max_{a'}Q(s',a')-Q(s,a)\right]$$

6. 更新狀態成 $s \leftarrow s'$。
7. 若已到達終止狀態則停止；否則，重回步驟 3。

此種 one-step Q-learning 的方法與 6.4 節所敘述的時間差方法比較起來會比較簡單，因為時間差方法需要同時學習好預測器和學習系統(即調整兩者的參數)；而 one-step Q-learning 的方法則只需學習一個「動作—價值函數」Q

就可以。

如果所要解決的問題有大量的狀態存在時，則上述個別更新 Q 值的做法(即用表列式的方式儲存 $Q(s,a)$ 值)，便實際上顯得不可行。因此，我們可以一個函數逼近器(function approximator)來代表參數化後的「動作—價值函數」Q，任一種類神經網絡或模糊系統都可被用來實現此逼近器。假設 $\underline{w}^q$ 是逼近器的相關可調整的參數向量，我們用 $Q_n\left(s(n),a(n)\right)$ 來代表此逼近器之輸出，那麼 $\underline{w}^q$ 的調整方式如下：

$$\begin{aligned}\underline{w}^q(n+1) &= \underline{w}^q(n) - \frac{1}{2}\alpha\nabla_{\underline{w}^q(n)}\left[Q^\pi\left(s(n),a(n)\right) - Q_n\left(s(n),a(n)\right)\right]^2 \\ &= \underline{w}^q(n) - \alpha\left[Q^\pi\left(s(n),a(n)\right) - Q_n\left(s(n),a(n)\right)\right]\nabla_{\underline{w}^q(n)}Q_n\left(s(n),a(n)\right)\end{aligned} \tag{6.23}$$

其中 $Q^\pi\left(s(n),a(n)\right)$ 代表「動作—價值函數」Q 在狀態 $s(n)$ 下的正確值。但實際上，這個正確值我們並不知道，因此，式(6.23)並不可行。所以，我們可參考 $TD(\lambda)$ 的方法，利用 $r(n+1)+\gamma Q_n\left(s(n+1),a(n+1)\right)$ 來代替 $Q^\pi\left(s(n),a(n)\right)$，因此，式(6.23)便可改寫成

$$\begin{aligned}\underline{w}^q(n+1) = \underline{w}^q(n) + \alpha[r(n+1) + \gamma Q_n\left(s(n+1),a(n+1)\right) \\ -Q_n\left(s(n),a(n)\right)]\nabla_{\underline{w}^q(n)}Q_n\left(s(n),a(n)\right)\end{aligned} \tag{6.24}$$

我們將上述以逼近器方式來實現 Q-learning 的學習法整理如下：

1. 隨機初始化 $\underline{w}^q(0)$。
2. 觀察目前之狀態 $s \leftarrow s(n)$。
3. 在狀態 s 下，採用從 Q 推導出之策略 π 中的動作 a(使用 ε-greedy 方式選擇動作 a。有 $(1-\varepsilon)$ 的機率會採用動作 $a=\arg\max_a Q_t(s,a)$；另有 ε 的機率會隨機選取動作 a)。
4. 執行動作 a。然後，觀察所獲得的增強信號 $r(n+1)$ 及新的狀態 s'。
5. 求出 $a'=\arg\max_a Q_a(s',a)$。然後，接著執行 a' 以求得 $Q^\pi(s',a')$。最後，採用下式來更新 $\underline{w}^\theta$：

$$\underline{w}^q(n+1)=\underline{w}^q(n)+\alpha[r(n+1)+\gamma Q_n(s',a') \\ -Q_n(s,a)]\nabla_{\underline{w}^q(n)}Q_n(s,a)$$

6. 更新狀態成 $s \leftarrow s'$。
7. 若已到終止狀態則停止；否則重回步驟 3。

由於式(6.24)是非因果性 (non-casual)，因此，另一種做法是採用合法性軌跡(eligibility traces)的做法來實現式(6.24)，以便成爲因果性(casual) [2]：

$$\underline{w}^q(n+1)=\underline{w}^q(n)+\alpha\delta(n)\underline{e}(n) \tag{6.25}$$

$$\delta(n)=r(n+1)+\gamma Q_n(s(n+1),a(n+1))-Q_n((s(n),a(n)) \tag{6.26}$$

$$\underline{e}(n)=\gamma\lambda\underline{e}(n-1)+\nabla_{\underline{w}^q(n)}Q_n(s(n),a(n)) \tag{6.27}$$

其中 $\underline{e}(n)$ 代表合法性軌跡(eligibility traces)，它的初始值是 $\underline{e}(0)=\underline{0}$。

我們將上述以合法性軌跡的做法來來實現 Q-learning 的學習法整理如下：

1. 隨機初始化 $\underline{w}^q(0)$ 及將 $\underline{e}(0)$ 設爲 $\underline{0}$。
2. 觀察目前之狀態 s。
3. 在狀態 s 下，採用從 Q 推導出之策略 π 中，使用 ε-greedy 方式選擇動作 a。有 $(1-\varepsilon)$ 的機率會採用動作 $a=\arg\max_a Q_t(s,a)$)，此時將 $\underline{e}(n)$ 更新爲 $\gamma\lambda\underline{e}(n-1)$；另有 ε 的機率會隨機選取動作 a，此時 $\underline{e}(n)$ 仍設爲 $\underline{0}$。
4. 執行動作 a。然後，觀察所獲得的增強信號 $r(n+1)$ 及新的狀態 s'。
5. 將 $\delta(n)$ 設爲 $r(n+1)-Q_n(s,a)$。然後求出 $a'=\arg\max_a Q_a(s',a)$。接著讓 $\delta(n)$ 再設爲 $\delta(n)+\gamma Q_n(s',a')$。最後，採用下式來更新 $\underline{w}^q$
   $\underline{w}^q(n+1)=\underline{w}^q(n)+\alpha\delta(n)\underline{e}(n)$
6. 更新狀態成 $s \leftarrow s'$。
7. 若已到終止狀態則停止；否則重回步驟 3。

最後，要強調一點的是，若動作空間不是少量成員的有限集合，也就是說，動作空間是一連續區間或是含有大量成員的集合，則目前仍未爲有一令人滿意之解決方案。

6-6 結語

本章介紹了增強式學習法，此學習法的研究源頭可追朔於早期心理學家探索可利用何種機制來達到增強式學習目的的研究；另一源頭則來自最佳化控制。增強式學習法的關鍵問題在於解決(1)在可獲得即時增強信號時，如何預測出$\partial r/\partial \underline{w}$？以及(2)在無法獲得即時增強信號時，如何解決功勞度的分配問題？想深入了解增強式學習法的理論及架構，可參考文獻[1]；至於想多了解心理學者如何設計各種實驗來了解增強式學習的機制，可參考文獻[2]。

參考文獻

[1] R. S. Sutton and A. G. Barto, Reinforcement Learning: An Introduction, The MIT Press, 1998.

[2] R.Carter, Mapping the Mind。洪蘭，譯，大腦的秘密檔案，遠流出版公司，2002.

[3] A. G. Barto and P. Anandon, "Pattern –recognizing stochastic learning automata," IEEE Trans. on Systems, Man, and Cybernetics, vol. 43, pp. 834-846, 1985.

[4] A. G. Barto and M. I. Jordan, "Gradient following without back-propagation in layered networks," IEEE International Conference on Neural Networks,vol.II,pp.629-636,1987.

[5] J. Herze, A. Krogh, and R. G. Palmer, Introduction to the Theory of Neural Computation, New-York: Addison-Welsley, 1991.

[6] H. R. Berenji and P. Khedkar, "Learning and tuning fuzzy logic controllers through reinforcements," IEEE Trans. on Neural Networks, Vol.3, No.5, PP. 724-740, 1992.

[7] R. S. Sutton, "Learning to predict by the methods of temporal differences," Machine Learning, vol. 3, pp. 9-44.

[8] B. Widrow, N. K. Gupta, and S. Maitra, "Punish/reward: learning with a critic in adaptive threshold systems," IEEE Transactions on Systems, Man, and Cybernetics, vol. 3, pp. 455-465, 1973.

[9] A. G. Barto, R. S. Sutton, and C. W. Anderson, "Neuronlike adaptive elements that can solve difficult learning control problems," IEEE Transactions on Systems, Man, and Cybernetics, vol. 13, no. 5, pp. 834-846, 1983.

[10] L. -J. Lin, "Self-improving reactive agents: case studies of reinforcement learning frameworks," in Proceedings of the First International Conference on Simulation of Adaptive Behavior: From Animal to Animats, pp. 297-305, 1990.

[11] L. -J. Lin, "Programming robots using reinforcement learning and teaching," in Proceedings of the Ninth National Conference on Artificial Intelligence (AAAI-91), pp. 781-786, July 1991.

[12] L. -J. Lin, "Self-improvement based on reinforcement learning, planning and teaching," in L. A. Birnbaum and G. C. Collins, editors, Machine Learning: *Proceedings of the Eighth International Workshop*, pp. 323-327, San Mateo, CA., 1991.

[13] C. T. Lin and C. S. G. Lee, "Reinforcement structure/parameter learning for neural-network-based fuzzy logic control systems," IEEE Trans. on Fuzzy Systems, vol.2, no. 1, pp. 46-63, 1994.

[14] C. J. C. H. Watkins. *Learning from Delayed Rewards.* PhD thesis, Psychology Department, Cambridge University, 1989.

機器學習

CHAPTER 7

模糊集合

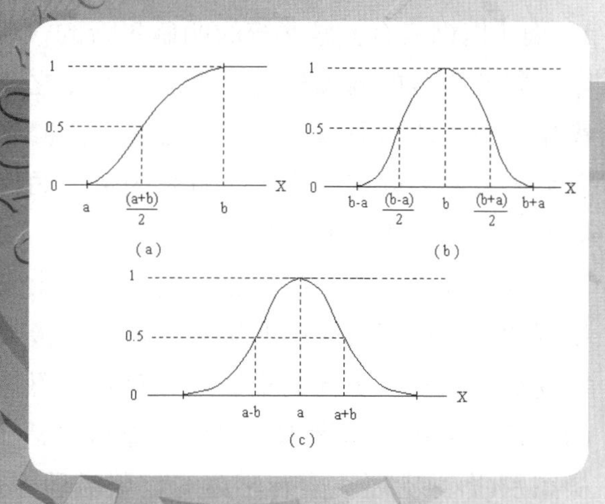

7.1 引言

在近年中，模糊邏輯已經成功地應用在各種不同的領域之中，尤其是在控制系統以及圖樣辨識(pattern recognition)等領域。模糊邏輯是由 Zadeh 教授於 1965 年所提出一種以數學模型來描述語意式的模糊資訊的方法,我們可以將其視爲是傳統的集合理論的一種推廣型式。在傳統的集合論中，論域裡的一個元素與一個集合之間的關係，若不是“屬於”就是“不屬於”，亦即，一個元素對一個集合的歸屬程度是 「明確(二元)」的，也就是說：不是 0 就是 1；而「模糊集合」是傳統的明確集合的一種推廣，因其允許模糊集合中的元素，對此集合的歸屬程度是界於 0 到 1 之間的任意値。傳統的明確集合與模糊集合最大的差異就在於，明確集合的歸屬函數是唯一的，而模糊集合可以有無限多種的歸屬函數，也就是因爲這個特性，使得模糊系統可以調整其歸屬函數以適應不同的變異環境。

就如同 Zadeh 教授所指出的，大致上來說，所有的知識領域都可以加以模糊化，只要將傳統的明確集合模糊化後，推廣至模糊集合即可。模糊化的好處是可以提供更佳的推廣性、錯誤容忍性、以及更適合應用在眞實世界中的非線性系統。模糊邏輯的應用領域包括了：控制工程(如智慧型控制)、圖樣識別(影像處理、語音辨識、信號處理等)、量化分析、專家診斷系統、預測、排程、自然語言處裡、軟體工程等。

7.2 模糊集合

傳統的明確集合是屬於二元的，論域中的元素對某一集合的關係只有兩種，也就是“屬於”與“不屬於”。我們可以定義一個「特徵函數」來描述此種關係，令 U 爲整個論域，A 爲論域中的一個明確集合，x 爲論域中的元素，則特徵函數 $\lambda_A(x)$，定義如下：

$$\lambda_A(x) = \begin{cases} 1, & x \in A \\ 0, & x \notin A \end{cases} \tag{7.1}$$

其中，論域 U 本身就是一個明確集合。集合 A 的邊界是明確的，並且將整個論域一分爲二，也就是“屬於 A 集合”或“不屬於 A 集合”兩部份。但是日常生活中，我們對事物的描述方式，通常並非是如此地非白即黑，大都具有模糊性。譬如說，若我們定義高溫爲溫度大於或等於 $36°C$，那麼，根據明確集合的定義，溫度 $35.9°C$ 便不屬於高溫，可是這種明確的判定卻不合常理，因爲 $35.9°C$ 已經很接近 $36°C$ 了，應該可說是頗爲高溫，這種有程度性的描述，是傳統明確集合論所無法處理的。

相反地，模糊集合沒有明確的邊界，元素對集合的關係不再是二元的，而是依照其類似的程度而給予其歸屬程度值。因此，我們可以將模糊集合視爲是明確集合的一種推廣。我們可以定義在論域 U 中的一個模糊集合 A 爲：

$$A=\left\{(x,\mu_A(x))\middle(x\in U\right\}, \tag{7.2}$$

其中，$\mu_A(\cdot)$ 是模糊集合 A 的歸屬函數，$\mu_A(x)$ 代表元素 x 對模糊集合 A 的歸屬程度。由式(7.2)的定義可知，歸屬函數 $\mu_A(\cdot)$ 將論域 U 映射至歸屬空間 M 中。當 $M=\{0,1\}$ 時，集合 A 不再是模糊集合，也就是說：模糊集合 A 退化爲明確集合 A，而歸屬函數 $\mu_A(\cdot)$ 退化爲特徵函數 $\lambda_A(x)$。一般說來，我們將模糊集合的歸屬空間 M 設定爲 $^{[0,1]}$。值得一提的是，任何函數值是位於 0 與 1 之間的函數都可以成爲歸屬函數，但是，要能夠符合常理才行。

範例 7.1：擁有連續性論域之模糊集合

我們定義模糊集合 A 爲“接近於 0 的實數”，則我們可以定義模糊集合 A 爲(如圖 7.1 所示)：

$$A=\left\{(x,\mu_A(x))\middle(x\in U\right\},$$

其中歸屬函數的定義爲：

$$\mu_A(x)=\frac{1}{1+10x^2},$$

模糊集合 A 也可以表示為：

$$A=\left\{(x,\mu_A(x))\left(\mu_A(x)=[1+10x^2]^{-1}\right\}.\right.$$

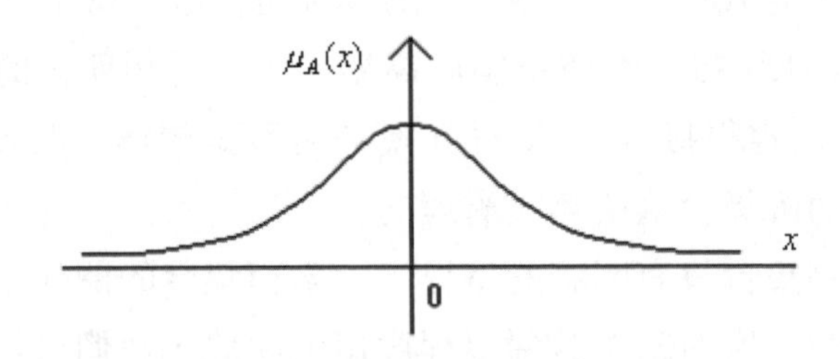

圖 7.1 "接近於 0 的實數"之模糊集合

範例 7.2 擁有離散性論域之模糊集合

假設 $U=\{0,1,2,...,9\}$ 為代表一個家庭中，所可能擁有子女個數的集合，令三個模糊集合之定義為 A：子女數眾多，B：子女數適中，C：子女數很少，其歸屬函數的定義如表 7.1 所示。

表 7.1 範例 7.2 中模糊集合之歸屬函數

子女數	子女衆多 (*A*)	子女適中 (*B*)	子女很少 (*C*)
0	0	0	1
1	0	0	1
2	0	0.2	0.8
3	0	0.7	0.2
4	0	1	0.1
5	0.1	0.7	0
6	0.3	0.2	0
7	0.8	0	0
8	1	0	0
9	1	0	0

以下介紹模糊集合的另一種表示方法：

一、對於離散的論域來說 $U=\{x_1,x_2,\cdots,x_n\}$，此模糊集合可以表示如下：

$$A=\{(x_1,\mu_A(x_1)),(x_2,\mu_A(x_2)),\cdots,(x_n,\mu_A(x_n))\}.$$

舉例來說，範例 7.2 中代表"子女數眾多"的模糊集合可以表示爲：

A="子女數眾多"={(0,0),(1,0),(2,0),(3,0),(4,0),
(5,0.1),(6,0.3),(7,0.8),(8,1),(9,1)}

另一種表示法爲：

$$A=\mu_1/x_1+\mu_2/x_2+\cdots+\mu_i/x_i+\cdots+\mu_n/x_n=\sum_{i=1}^{n}\mu_i/x_i$$

其中"+"代表"聯集"，μ_i 爲元素 x_i 對此模糊集合的歸屬程度。範例 7.2 中代表"子女數眾多"的模糊集合也可以表示爲：

$$A=0.1/5+0.3/6+0.8/7+1/8+1/9$$

注意在此種表示法中，我們只考慮具有非零歸屬函數值的元素。

二、若論域爲連續的，則我們可以用以下的表示法來表示模糊集合：

$$A=\int_U \mu_A(x)/x$$

其中"∫"代表模糊集合中元素的聯集。範例 7.1 中的模糊集合也可以表示爲：

$$A=\int_R \frac{1}{1+10x^2}\Big/x$$

接下來，我們介紹與模糊集合相關的一些名詞定義及觀念：

1. 另一種代表模糊集合的方法是使用模糊集合的「支集(support)」來描述，模糊集合的支集是一個明確集合，其定義爲"論域 U 中，所有對模糊集合 A 的歸屬度大於零的元素"，也就是：

$$Supp(A)=\{x\in U\big(\mu_A(x)>0\}. \tag{7.3}$$

2. 當模糊集合的支集爲單一個點，而且此點的歸屬函數值爲 1 時，我們稱爲「模糊單點(fuzzy singleton)」。

3. 模糊集合的「核(kernel)」的定義爲所有具有歸屬函數值爲 1 的元素集合，亦即 $\ker(A)=\{x\big(\mu_A(x)=1\}$；“核”的概念可以用圖 7.2(a)及圖 7.2 (b) 來闡述。

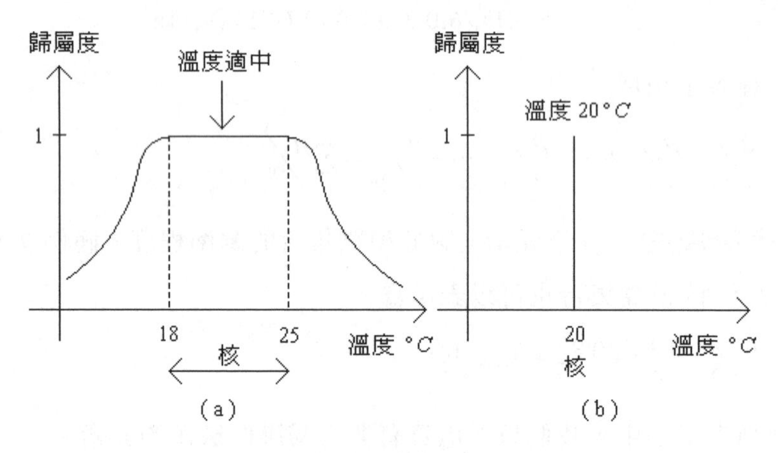

圖 7.2 模糊集合的“核”之範例

4. 模糊集合的「高度(height)」的定義爲此集合在論域中的最大歸屬函數值，亦即 $height(A)=\sup_x \mu_A(x)$；正規化(normal)的模糊集合代表此模糊集合的高度爲 1，也就是 $height(A)=1$；範例 7.2 中的三個模糊集合都是屬於正規化的模糊集合。

5. 模糊集合的α-截集(α-cut)的定義爲論域中，歸屬函數值大於或等於α的所有元素的集合，我們以符號 A_α 代表，也就是：

$$A_\alpha=\{x|\mu_A(x)\geq\alpha, x\in U\}, \qquad \alpha\in(0,1] \tag{7.4}$$

由上述定義可知，A_α 是一個明確集合而不是模糊集合。舉範例 7.2 來說：$A_{0.5}=\{7,8,9\}$ 以及 $A_{0.2}=\{6,7,8,9\}$。

6. 在模糊集合理論中，模糊集合是否爲“凸的(convexity)”，是一個很重要的性質，而模糊集合是否爲“凸的”可以由其α-截集或其歸屬函數來定義。模糊集合爲“凸的”的充要條件是其α-截集皆爲凸集合(convex set)，也就是說：

$$\mu_A(\lambda x_1 + (1-\lambda)x_2) \geq \min(\mu_A(x_1), \mu_A(x_2)) \tag{7.5}$$

其中 $x_1, x_2 \in U, \lambda \in [0,1]$。式(7.5)可以解釋爲，在模糊集合 A 上任取兩個點，x_1 與 x_2，並且劃一直線連接兩點，則線上所有的點的歸屬函數值都會大於或等於 x_1 與 x_2 兩點的歸屬函數值的最小值，例如圖 7.3(a) 是凸的，而圖 7.3(b) 不是凸的。

7. 如果一個定義於實數線上的模糊集合滿足以下兩個條件，則可被視爲“模糊數(fuzzy number)”：條件一：正規化的；條件二：凸的。

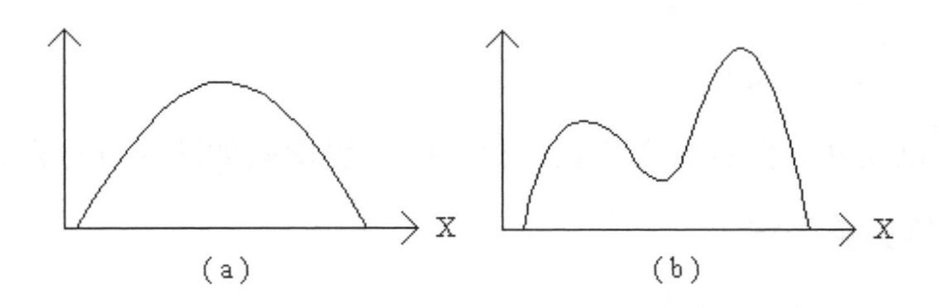

圖 7.3 (a)凸集合；(b)非凸集合

7.3 歸屬函數

如前所述，只要是函數值都是位於[0,1]的區間內的函數，都可成爲歸屬函數，以下介紹一些常見的歸屬函數：

(1) 三角形歸屬函數：

$$\mu_A(x)=\begin{cases}0 & x\le a\\ \dfrac{x-a}{b-a} & a\le x\le b\\ \dfrac{c-x}{c-b} & b\le x\le c\\ 0 & c\le x\end{cases} \tag{7.6}$$

其中 a、b 以及 c 爲實數值之參數；三角形的歸屬函數如圖 7.4(a) 所示。

(2) 梯形歸屬函數：

$$\mu_A(x)=\begin{cases}0 & x\le a\\ \dfrac{x-a}{b-a} & a\le x\le b\\ 1 & b\le x\le c\\ \dfrac{d-x}{d-c} & c\le x\le d\\ 0 & d\le x\end{cases} \tag{7.7}$$

其中 a、b、c 以及 d 爲實數值之參數；梯形的歸屬函數如圖 7.4(b)所示。

(3) 高斯函數歸屬函數：

$$\mu_A(x)=\exp\left(\frac{-(x-m)^2}{2\sigma^2}\right) \tag{7.8}$$

其中 m 代表倒鐘形的中間點，σ 代表倒鐘形的寬度；倒鐘形的歸屬函數如圖 7.4(c) 所示。

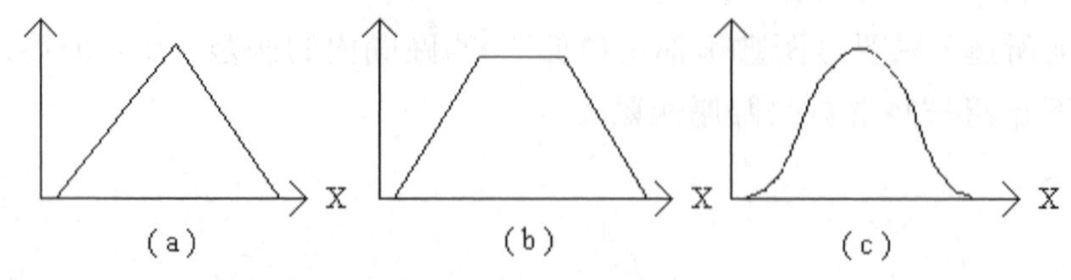

圖 7.4 (a) 三角形歸屬函數; (b) 梯形歸屬函數; (c) 高斯函數歸屬函數

(4) s **函數歸屬函數**：

$$S(x;a,b)=\begin{cases}0 & x<a\\ 2\left(\dfrac{x-a}{b-a}\right)^2 & a\le x<\dfrac{a+b}{2}\\ 1-2\left(\dfrac{x-b}{b-a}\right)^2 & \dfrac{a+b}{2}\le x<b\\ 1 & x\ge b\end{cases} \tag{7.9}$$

其中 a、b 爲實數型之參數；s 型的歸屬函數如圖 7.5(a) 所示。

(5) π **函數歸屬函數**：

$$\pi(x;a,b)=\begin{cases}S(x;b-a,b) & x<b\\ 1-S(x;b,b+a) & x>b\end{cases} \tag{7.10}$$

其中 a、b 爲實數型之參數；π型的歸屬函數函數如圖 7.5(b)所示。有時爲了簡化起見，可以將π函數簡化如下：

$$\pi'(x;a,b)=\frac{1}{1+[x-a/b]^2} \tag{7.11}$$

簡化的π函數如圖 7.5(c) 所示。有了「s 函數」與「π函數」的定義之後，我們可以藉由調整參數 a 與 b 來定義各種不同的歸屬函數。

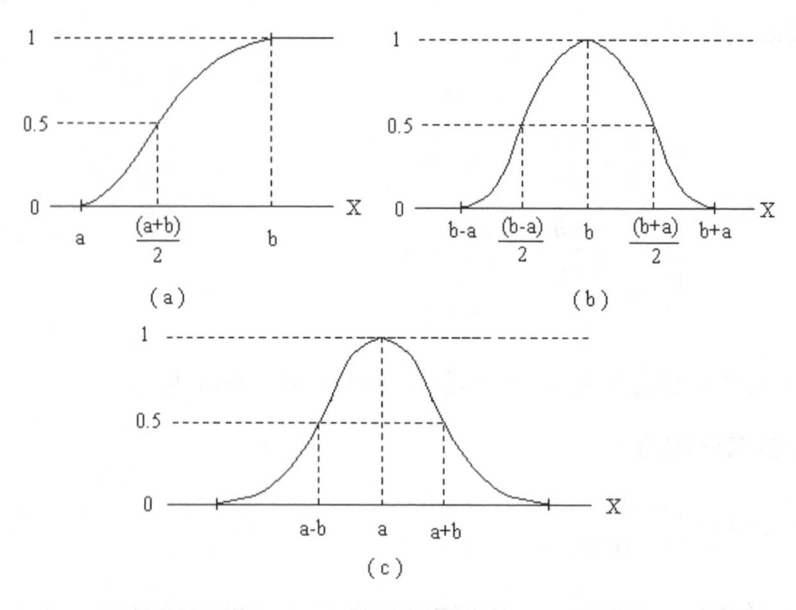

圖 7.5 (a) s 函數歸屬函數; (b) π 函數歸屬函數; (c) 簡化的 π 函數歸屬函數

7.4 模糊集合之運算子

接下來我們介紹一些常用的模糊集合之運算子，令 A 與 B 爲定義於論域 U 之模糊集合，則：

1. **補集**：當歸屬函數值介於 0 與 1 之間時，模糊集合 A 的補集 $\bar{A}$ 定義爲：

$$\mu_{\bar{A}}(x) \triangleq 1 - \mu_A(x), \quad \forall x \in U \tag{7.12}$$

2. **交集**：模糊集合 A 與 B 的交集之符號爲 $A \cap B$，定義爲：

$$\begin{aligned}\mu_{A \cap B}(x) &\triangleq \min[\mu_A(x), \mu_B(x)] \\ &\equiv \mu_A(x) \wedge \mu_B(x), \quad \forall x \in U\end{aligned} \tag{7.13}$$

其中 $\wedge$ 代表“取小運算子(min)”，因此可知：

$A \cap B \subseteq A$ 以及 $A \cap B \subseteq B$

3. **聯集**：模糊集合 A 與 B 的聯集之符號為 $A \cup B$，定義為：

$$\begin{aligned}\mu_{A\cup B}(x) &\triangleq \max[\mu_A(x), \mu_B(x)] \\ &\equiv \mu_A(x) \vee \mu_B(x), \quad \forall x \in U\end{aligned} \tag{7.14}$$

其中$\vee$代表“取大運算子(max)”，因此可知：

$A \cup B \supseteq A$ 以及 $A \cup B \supseteq B$

以上三種運算子可以用圖 7.6 來說明。

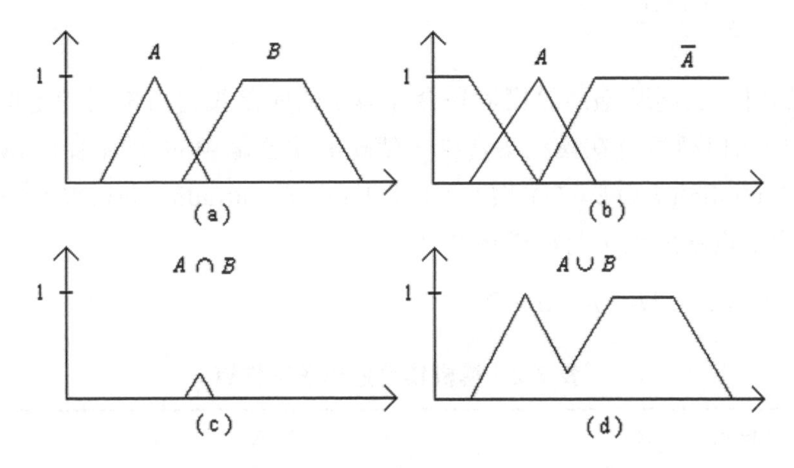

圖 7.6 (a) 模糊集合 A 與 B ; (b) 模糊集合 A 的補集
(c) 模糊集合 A 與 B 的交集; (d) 模糊集合 A 與 B 的聯集。

4. **相等**：模糊集合 A 與 B 為相等的充要條件為：

$$\mu_A(x) = \mu_B(x), \quad \forall x \in U$$

而兩個模糊集合的“相似程度”的量測可用：

$$\begin{aligned}E(A,B) &\equiv \text{degree}(A = B) \\ &\triangleq \frac{|A \cap B|}{|A \cup B|}\end{aligned} \tag{7.15}$$

其中"∩"代表交集、"∪"代表聯集、及 $|A| = \left|\sum_{x\in U}\mu_A(x)\right|$。當 $A=B$ 時，$E(A,B)=1$，

當 $|A\cap B|=0$ 時，也就是說 A 與 B 完全不重疊時，$E(A,B)=0$。

5. **子集**：模糊集合 A 為模糊集合 B 的子集的充要條件為：

$$\mu_A(x) \le \mu_B(x), \quad \forall x \in U$$

而模糊集合 B 對模糊集合 A 的"包含程度"的量測可用：

$$S(A,B) \equiv \text{degree}(A \subseteq B) \triangleq \frac{|A \cap B|}{|A|} \tag{7.16}$$

我們將其它同時適用於模糊集合與傳統的明確集合所常用的定理整理於表 7.2 中。但須注意在模糊集合中，傳統的集合論中的"排中律(Law of the excluded middle)($E\cup\bar{E}=U$)"與"矛盾律(Law of contradiction) ($E\cap\bar{E}=\varnothing$)"是不成立的，也就是說，對模糊集合 A 而言：

$$A\cup\bar{A}\neq U \quad \text{以及} \quad A\cap\bar{A}\neq\varnothing$$

表 7.2　模糊集合運算子之性質

性質	公式
同一性(Idempotence)	$A\cup A=A, A\cap A=A$
反身律(Double-negation law)	$\bar{\bar{A}}=A$
相等律(Law of identity)	$A\cup\varnothing=A, A\cap U=A$
全域律(Law of zero)	$A\cup U=U, A\cap\varnothing=\varnothing$
分配性(Distributivity)	$A\cap(B\cup C)=(A\cap B)\cup(A\cap C)$ $A\cup(B\cap C)=(A\cup B)\cap(A\cup C)$
交換性(Communtativity)	$A\cap B=B\cap A, A\cup B=B\cup A$
結合性(Associativity)	$(A\cap B)\cap C=A\cap(B\cap C)$ $(A\cup B)\cup C=A\cup(B\cup C)$
吸收律(Absorption)	$A\cup(A\cap B)=A, A\cap(A\cup B)=A$
第摩根定律(De Morgan's laws)	$\overline{A\cup B}=\bar{A}\cap\bar{B}, \overline{A\cap B}=\bar{A}\cup\bar{B}$

前述之運算子(補集、交集、以及聯集)是模糊集合最常使用的型式，實際上從明確集合運算延伸至模糊集合運算的方法並非只有這一種方式，還有許多符合應有的集合運算特性的模糊運算子，都已陸續被發表過，接下來我們就介紹廣義的模糊補集、模糊交集、以及模糊聯集。

7.4.1 模糊補集

我們以符號 $\overline{A}$ 來表示模糊集合 A 的補集，補集函數的定義為：

$$c:[0,1]\rightarrow[0,1]$$

使得

$$\mu_{\overline{A}}(x)=c(\mu_A(x))$$

其中，補集函數 $c(\cdot)$ 必須符合以下四個條件：

1. 邊界條件(boundary condition)：
   c(0) = 1 以及 c(1) = 0。

2. 單調性(monotonic property)：
   對於論域 U 中的任兩個元素 x_1 與 x_2，
   若 $\mu_A(x_1)<\mu_A(x_2)$，
   則 $c(\mu_A(x_1))\geq c(\mu_A(x_2))$，
   也就是說，$c(\cdot)$ 是一個單調非遞增函數。

3. 連續性(continuity)：
   補集函數 $c(\cdot)$ 必須是一個連續的函數。

4. 可逆性(involution)：
   補集函數 $c(\cdot)$ 必須是一個可逆的函數，也就是說：
   $c(c(\mu_A(x)))=\mu_A(x),\quad \forall x\in U$

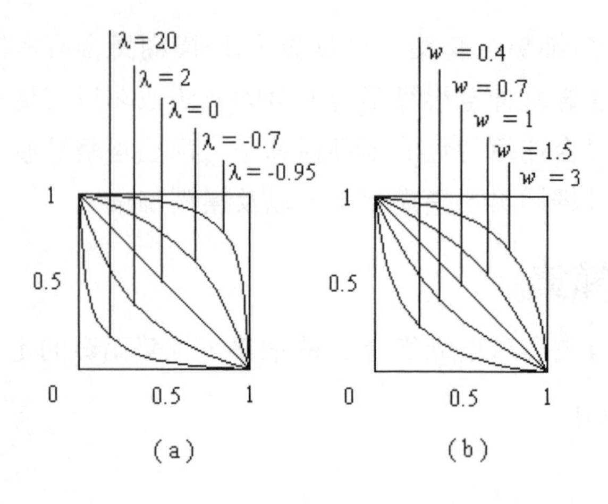

圖 7.7 (a) λ補集；(b) *w* 補集

基於上述的四個條件，典型的非參數型(nonparametric)與參數型(parametric)的模糊補集包括：

1. 負補集(negation complement)：以符號 $\overline{A}$ 來表示模糊集合 A 的負補集，負補集函數的定義為：

$$\begin{aligned} \mu_{\overline{A}}(x) &= c(\mu_A(x)) \\ &\underline{\underline{\Delta}} 1 - \mu_A(x), \quad \forall x \in U \end{aligned} \tag{7.17}$$

2. λ補集(λ complement) (Sugeno‘s complement)：以符號 $\overline{A}^{\lambda}$ 來表示模糊集合 A 的λ補集，λ補集函數的定義為：

$$\begin{aligned} \mu_{\overline{A}^{\lambda}}(x) &= c(\mu_A(x)) \\ &\underline{\underline{\Delta}} \frac{1-\mu_A(x)}{1+\lambda\mu_A(x)}, \quad -1 < \lambda < \infty \end{aligned} \tag{7.18}$$

上式中，λ是一個決定取補集的強度參數。當λ趨近於 0 時，$\overline{A}^{\lambda}$ 就趨近於標準的負補集 $\overline{A}$；當λ趨近於-1 時，$\overline{A}^{\lambda}$ 就趨近於整個論域 U；當λ趨近於無限大∞時，$\overline{A}^{\lambda}$ 就趨近於空集合φ。

3. w 補集(w complement) (Yager's complement)：以符號 $\overline{A}^{w}$ 來表示模糊集合 A 的補集，補集函數的定義爲：

$$\begin{aligned}\mu_{\overline{A}^{w}}(x) &= c(\mu_A(x)) \\ &\triangleq (1-\mu_A^{w}(x))^{1/w}, \quad 0 < w < \infty\end{aligned} \tag{7.19}$$

上式中，w 是一個決定取補集的強度參數。當 w 趨近於 1 時，$\overline{A}^{w}$ 就趨近於標準的負補集 $\overline{A}$。

上述的λ補集與 w 補集爲參數型的補集，我們用圖 7.7 來進一步說明此兩種補集的不同。其中橫軸代表 $\mu_A(x)$ 以及縱軸代表 $\mu_{\overline{A}}(x)$。

7.4.2 模糊交集

模糊交集(或稱 t-norms)是一個具有兩個參數的函數，定義爲：

$$t:[0,1]\times[0,1]\rightarrow[0,1]$$

使得

$$\mu_{A\cap B}(x) = t[\mu_a(x), \mu_B(x)]$$

其中，模糊交集函數 $t(\cdot,\cdot)$ 必須符合以下四個條件：

1. 邊界條件(boundary condition)：
   $t(0,0)=0$ 以及 $t(\mu_A(x),1) = t(1,\mu_A(x)) = \mu_A(x)$。
2. 單調性 (monotonicity)：
   若 $\mu_A(x) < \mu_C(x)$ 以及 $\mu_B(x) < \mu_D(x)$，
   則 $t(\mu_A(x),\mu_B(x)) \le t(\mu_C(x),\mu_D(x))$。
3. 交換性 (commutativity)：
   $t(\mu_A(x),\mu_B(x)) = t(\mu_B(x),\mu_A(x))$
4. 結合性 (associativity)：
   $t(\mu_A(x), t(\mu_B(x),\mu_c(x))) = t(t(\mu_A(x),\mu_B(x)),\mu_C(x))$

基於上述的條件，四種最常被使用的非參數型(nonparametric)的模糊交集包括(爲了簡化表示式，我們令 $a \equiv \mu_A(x)$ 以及 $b \equiv \mu_B(x)$)：

1. 最小值(minimum)：$t_{\min}(a,b) = a \wedge b = \min(a,b)$。
2. 代數積(algebraic product)：$t_{ap}(a,b) = a \cdot b = ab$。
3. 邊界積(bounded product)：$t_{bp}(a,b) = a \odot b = \max(0, a+b-1)$。
4. 激烈積(drastic product)：$t_{dp}(a,b) = a \hat{\cdot} b = \begin{cases} a, & b=1 \\ b, & a=1 \\ 0, & a,b<1 \end{cases}$。

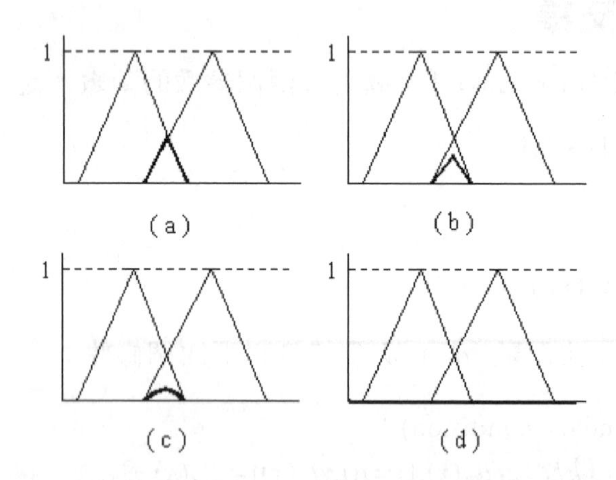

圖 7.8　四種模糊交集運算的結果。(a) 最小值；(b) 代數積；(c) 邊界積；(d) 激烈積

我們可用圖 7.8 來說明上述四種模糊交集運算的結果，從此圖或從數學的驗證，我們都可以發現上述四種非參數型的模糊交集，彼此間的關係爲：

$$a \hat{\cdot} b \le a \odot b \le a \cdot b \le a \wedge b$$

兩種常見的參數型(parametric) 的模糊交集(t-norms) 有“Yager 交集” 和“Sugeno 交集”，其定義分別如下：

(1) Yager 交集：

$$t_w(a,b) = 1 - \min[1, ((1-a)^w + (1-b)^w)^{1/w}], \quad w \in (0, \infty) \tag{7.20}$$

上式中，w 是一個決定取交集的強度參數，當 w 越大時，其歸屬程度也跟著變大。當 w 趨近於無限大∞時，$t_w(a,b)$ 就趨近於標準的交集 $\min(a,b)$；當 w 趨近於 0 時，$t_w(a,b)$ 就趨近於激烈積；當 w 等於於 1 時，$t_w(a,b)$ 就等於邊界積。

(2) Sugeno 交集：

$$t_\lambda(a,b) = \max[0, (\lambda+1)(a+b-1) - \lambda ab], \qquad \lambda \in [-1, \infty) \tag{7.21}$$

上式中，λ 是一個決定取交集的強度參數。當 λ 趨近於 0 時，$t_\lambda(a,b)$ 就趨近於邊界積；當 λ 等於-1 時，$t_\lambda(a,b)$ 就退化爲代數積。

7.4.3 模糊聯集

模糊聯集(或稱 t-conorms)是一個具有兩個參數的函數，定義爲：

$$s : [0,1] \times [0,1] \to [0,1]$$

使得

$$\mu_{A \cup B}(x) = s[\mu_a(x), \mu_B(x)]$$

其中，模糊聯集函數 $s(\cdot,\cdot)$ 必須符合以下四個條件：

1. 邊界條件 (boundary condition)：
   $s(1,1) = 1$ 以及 $s(\mu_A(x), 0) = s(0, \mu_A(x)) = \mu_A(x)$。
2. 單調性 (monotonicity)：
   若 $\mu_A(x) < \mu_C(x)$ 以及 $\mu_B(x) < \mu_D(x)$，
   則 $s(\mu_A(x), \mu_B(x)) \le s(\mu_C(x), \mu_D(x))$。
3. 交換性 (commutativity)：
   $s(\mu_A(x), \mu_B(x)) = s(\mu_B(x), \mu_A(x))$

4. 結合性 (associativity)：

$$s(\mu_A(x), s(\mu_B(x), \mu_c(x))) = s(s(\mu_A(x), \mu_B(x)), \mu_C(x))$$

基於上述的條件，四種典型的非參數型(nonparametric)的模糊聯集包括(為了簡化表示式，我們令 $a \equiv \mu_A(x)$ 以及 $b \equiv \mu_B(x)$)：

1. 最大值(maximum)：$S_{\max}(a,b) = a \vee b = \max(a,b)$。
2. 代數和(algebraic sum)：$S_{as}(a,b) = a \hat{+} b = a + b - ab$。
3. 邊界和(bounded sum)：$S_{bs}(a,b) = a \oplus b = \min(1, a+b)$。
4. 激烈和(drastic sum)：$S_{ds}(a,b) = a \dot{\vee} b = \begin{cases} a, & b = 0 \\ b, & a = 0 \\ 1, & a,b > 0 \end{cases}$。

我們可用圖 7.9 來說明上述四種模糊聯集運算的結果，從此圖或從數學的驗證，我們都可以發現上述四種非參數型的模糊聯集，彼此間的關係為：

$a \vee b \le a \hat{+} b \le a \oplus b \le a \dot{\vee} b$

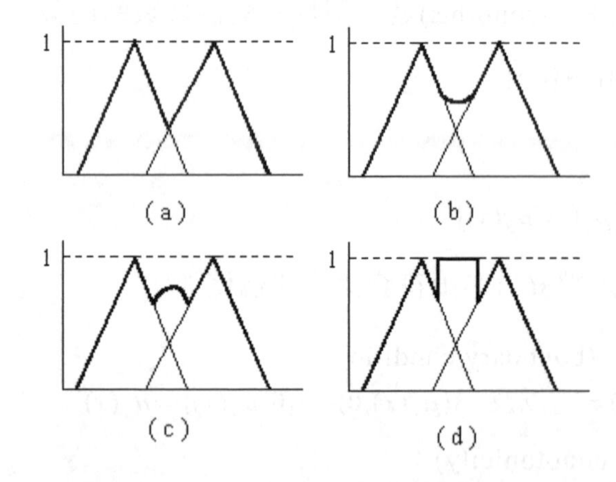

圖 7.9　四種模糊聯運算的結果。(a) 最大值；(b) 代數和；(c) 邊界和；(d) 激烈和

兩種常見的參數型(parametric)的模糊聯集(t-conorms)有“Yager 聯集”和“Sugeno 聯集”，其定義分別如下：

(1) Yager 聯集：

$$s_w(a,b)=\min[1,(a^w+b^w)^{1/w}],\quad w\in(0,\infty) \tag{7.22}$$

上式中，w 是一個決定取聯集的強度參數，當 w 越大時，其歸屬程度則變小。當 w 趨近於無限大∞時，$s_w(a,b)$ 就趨近於標準的聯集 $\max(a,b)$；當 w 趨近於 0 時，$s_w(a,b)$ 就趨近於激烈和；當 w 等於 1 時，$s_w(a,b)$ 就等於邊界和。

(2) Sugeno 聯集：

$$s_\lambda(a,b)=\min[1,a+b-\lambda ab],\qquad \lambda\in[-1,\infty) \tag{7.23}$$

上式中，λ 是一個決定取聯集的強度參數。當 λ 趨近於 0 時，$s_\lambda(a,b)$ 就趨近於邊界和；當 λ 等於 -1 時，$s_\lambda(a,b)$ 就退化爲代數和。

7.5 結論

本章介紹了模糊集合的概念以及一些相關的運算子，模糊集合可以視爲傳統明確集合的推廣，這些介紹是爲了建立一種正式的數學架構，以便解決牽涉到不準確、不完整、或模糊等特性的問題。

參考文獻

由於第七章與第八章介紹的都是一些有關模糊邏輯及關係的基本定義與概念，因此，我們並沒採取前幾章處理參考文獻的方式，以下只提供一些參考書籍，以供讀者進一步參考：

[1] B. Kosko, *Neural Networks And Fuzzy Systems*, Prentice-Hall International, Inc., 1992.

[2] L. X. Wang, Adaptive Fuzzy Systems And Control, Prentice-Hall International, Inc., 1994.

[3] C. V. Altrock, *Fuzzy Logic & NeuroFuzzy Applications Explained*, Prentice-Hall International, Inc., 1995.

[4] G. J. Klir, and B. Yuan, *Fuzzy Sets And Fuzzy Logic: Theory And Applications*, Prentice-Hall International, Inc., 1995.

[5] C. T. Lin, and C. S. George. Lee, *Neural Fuzzy Systems, A Neuro-Fuzzy Synergism to Intelligent Systems*, Prentice-Hall International, Inc., 1996.

[6] J. -S. R. Jang, C.-T. Sun, and E. Mizutani, *Neuro-Fuzzy And Soft Computing*, Prentice-Hall International, Inc., 1997.

[7] B. Kosko, *Fuzzy Engineering*, Prentice-Hall International, Inc., 1997.

[8] L. X. Wang, *A Course In Fuzzy Systems And Control*, Prentice-Hall International, Inc., 1997.

機器學習

CHAPTER 8

模糊關係及推論

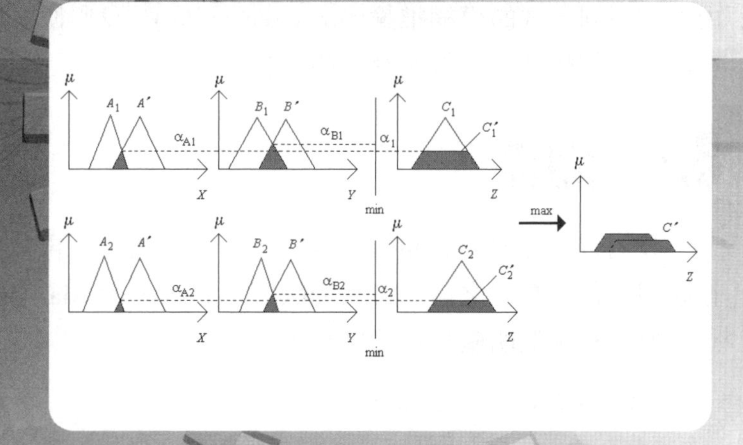

8.1 引言

在傳統的明確集合中，所謂的「關係(relations)」就是指集合彼此之間是否有某種相關聯之特性，也就是描述集合間是否有關的一種方式，而這種描述方式是二元値的，也就是“有關係”或“無關係”兩種。若我們將這種描述集合的方式推廣至多元値，則形成了“模糊關係”，也就是說，在模糊關係中，集合間是否有關都只是程度上的不同而已。模糊關係在模糊系統的分析上扮演很重要的角色，我們可以將模糊規則視爲一種模糊關係，然後，藉由各種不同方式的模糊推論(fuzzy reasoning)，我們便可從一些已知的事實和相關的模糊規則中，得到應有的結論。

8.2 關係

我們首先介紹明確關係(crisp relation)的概念，再將其推廣至模糊關係。在說明關係的概念之前，必須先瞭解卡氏積(Cartesian product)的觀念。

假設有兩個明確集合分別爲：

$$X=\{1,2,3\},\quad Y=\{a,b,c\}$$

則此兩個集合的卡氏積(Cartesian product)爲：

$$X\times Y=\{(1,a),(1,b),(1,c),(2,a),(2,b),(2,c),(3,a),(3,b),(3,c)\}$$

那麼存在於 X 與 Y 這兩個集合間的明確關係 $R(X,Y)$，實際上就是這兩個集合的卡氏積 $X\times Y$ 的子集合，對於任意兩元素 $x\in X$ 和 $y\in Y$ 之間，只允許存在下列兩種情形之一：

1. x 與 y 存在某種關係 R；
2. x 與 y 不存在某種關係 R。

至於 $R(X,Y)$的表示法則有兩種：圖形法與矩陣法，我們用以下的範例來說明：

範例 8.1：明確關係(crisp relation)

假設有兩個有限集合分別為： $X = \{3,4,5,6\}$, $Y = \{3,4,5\}$

關係 R 為定義在 $X \times Y$ 的關係：x 大於 y。則我們可以用「圖形表示法」與 「矩陣表示法」兩種表示法來表示 $R(X,Y)$，如下所示：

圖形表示法

X　　Y
3　　3
4　　4
5　　5
6

矩陣表示法

$$
\begin{array}{cc} & Y \\ & \begin{array}{ccc} 3 & 4 & 5 \end{array} \\ X \begin{array}{c} 3 \\ 4 \\ 5 \\ 6 \end{array} & \begin{pmatrix} 0 & 0 & 0 \\ 1 & 0 & 0 \\ 1 & 1 & 0 \\ 1 & 1 & 1 \end{pmatrix} \end{array}
$$

其中有連線或元素是 1 的代表這兩個元素間有 $R(X,Y)$ 的關係，反之，則代表沒有 $R(X,Y)$的關係。

若我們將矩陣中的元素值從$\{0,1\}$改成$[0,1]$，那麼我們就得到所謂的模糊關係：

$$R(X,Y) = \{((x,y), \mu_R(x,y)) \mid (x,y) \in X \times Y\} \tag{8.1}$$

或表示為

$$R(X,Y) = \int_{X \times Y} \mu_R(x,y) / (x,y), \quad (x,y) \in X \times Y \tag{8.2}$$

範例 8.2：模糊關係 (fuzzy relation)

令論域 X 與 Y 皆為實數軸，關係 R 為定義在 $X \times Y$ 的關係：x 遠大於 y，則我們可以用歸屬函數來表示此關係如下：

$$\mu_R(x,y)=\begin{cases}0 & x\le y\\ \dfrac{1}{1+(y-x)^{-2}} & x>y\end{cases}$$

如果 X={3,4,5,6}以及 Y={3,4,5}，那麼我們可以用下列方法來描述此種模糊關係：

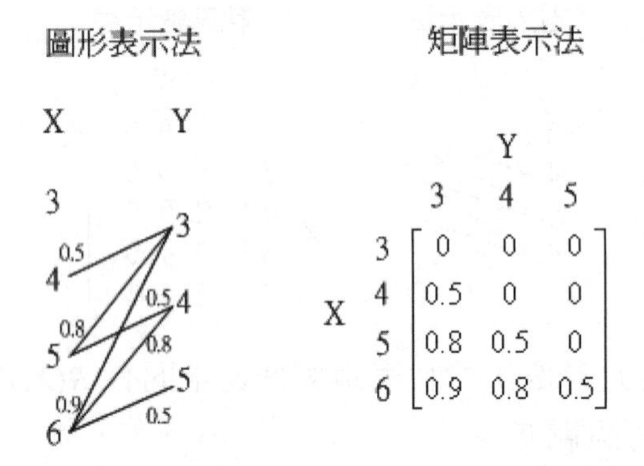

者可用下式來描述此種模糊關係：

$R(X,Y)=\{((4,3),0.5),\quad ((5,3),0.8),\quad ((5,4),0.5),\quad ((6,3),0.9),\quad ((6,4),0.8),$
$((6,5),0.5)\}$。

從式(8.1)或式(8.2)，我們得知模糊關係也是一個模糊集合，那麼前一章所介紹的模糊集合運算也可套用來處理模糊關係，基本的模糊關係的運算元包括聯集、交集、補集、以及包含。令 R、S、與 T 爲三個定義於 $X\times Y$ 上的模糊關係，這些運算元的計算分別是：

1. 聯集：

$$\mu_{R\cup S}(x,y)=\max\left(\mu_R(x,y),\mu_s(x,y)\right) \tag{8.3}$$

2. 交集：

$$\mu_{R\cap S}(x,y)=\min\left(\mu_R(x,y),\mu_s(x,y)\right) \tag{8.4}$$

3. 補集：

$$\mu_{\overline{R}}(x,y)=1-\mu_R(x,y) \tag{8.5}$$

4. 包含：

$$R\subseteq S \Leftrightarrow \mu_R(x,y)\le \mu_s(x,y),\quad \forall(x,y) \tag{8.6}$$

8.3 投影與柱狀擴充

接下來我們介紹有關於模糊關係的另外兩種運算："投影(projection)"與"柱狀擴充(cylindrical extension)"。

一、投影：

若 R 代表在 $X\times Y$ 上的一個模糊關係，那麼 R 於 X 及 Y 的投影，分別定義爲：

$$R_X=\left[R\downarrow X\right]=\int_X \max_y \mu_R(x,y)/x \tag{8.7}$$

及

$$R_Y=\left[R\downarrow Y\right]=\int_Y \max_x \mu_R(x,y)/y \tag{8.8}$$

這裏的 $R_X=\left[R\downarrow X\right]$ 及 $R_Y=\left[R\downarrow Y\right]$ 分別是定義於 X 及 Y 的模糊集合(或模糊關係)，其相關的歸屬函數分別定義如下：

$$\mu_{R_X}=\mu_{R\downarrow X}(x)=\max_y \mu_R(x,y) \tag{8.9}$$

及

$$\mu_{R_Y}=\mu_{R\downarrow Y}(y)=\max_x \mu_R(x,y) \tag{8.10}$$

我們用圖 8.1 來解釋投影的過程，在圖 8.1(b)中所示的模糊集合，爲圖 8.1(a)中的模糊關係 $R(X,Y)$於 X 的投影。

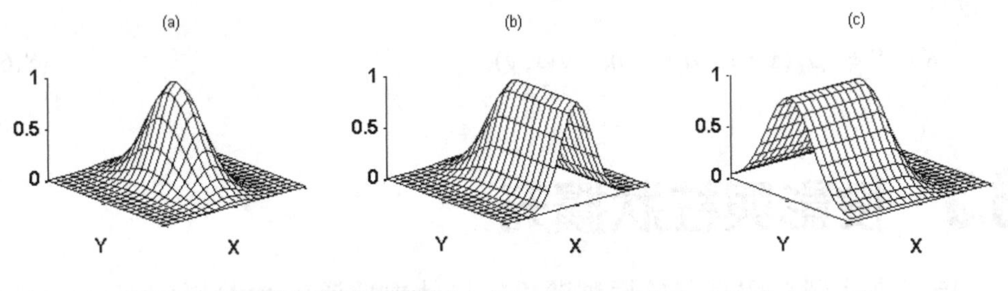

圖 8.1　投影的過程示意圖　(a) $\mu_R(x,y)$; (b) $\mu_{R\downarrow X}(x)$; (c) $\mu_{R\downarrow Y}(x)$

二、柱狀擴充

若 A 代表在 X 或 Y 上的一個模糊集合(或模糊關係)，那麼它在 $X \times Y$ 上的柱狀擴充的定義分別如下：

$$C(A)=\left[R\uparrow X\times Y\right]=\int_{X\times Y}\mu_R(x)/(x,y) \tag{8.11}$$

或

$$C(A)=\left[R\uparrow X\times Y\right]=\int_{X\times Y}\mu_R(y)/(x,y) \tag{8.12}$$

這裏的 $C(A)=\left[R\uparrow X\times Y\right]$是定義於 $X \times Y$ 上的一個模糊集合（或模糊關係），其相關的歸屬函數，可由下式求得：

$$\mu_{C(A)}=\mu_{\left[R\uparrow X\times Y\right]}(x,y)=\mu_R(x),\qquad \forall x\in X,\forall y\in Y \tag{8.13}$$

或

$$\mu_{C(A)}=\mu_{\left[R\uparrow X\times Y\right]}(x,y)=\mu_R(y),\qquad \forall x\in X,\forall y\in Y \tag{8.14}$$

柱狀擴充的概念是非常直接的，可以用圖 8.2 來加以說明，在圖 8.2(b)中所示的模糊集合（或模糊關係）爲圖 8.2(a) 中的模糊集合的柱狀擴充。

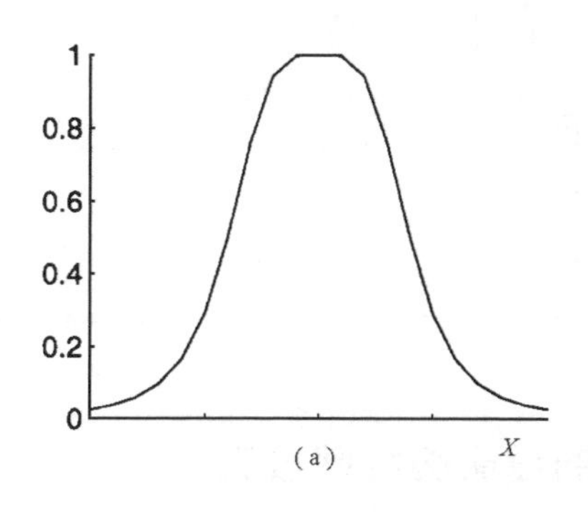

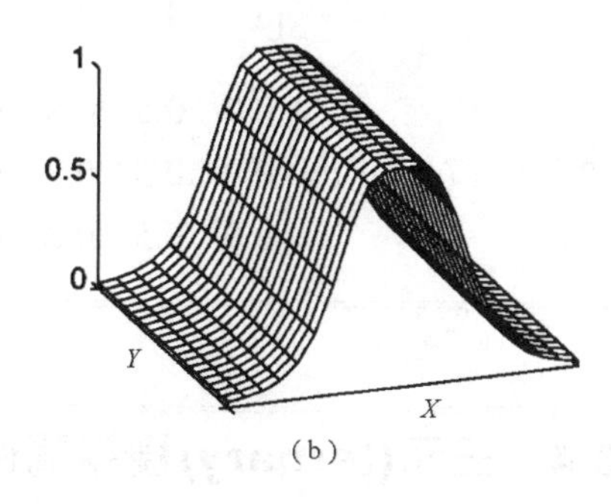

圖 8.2　柱狀擴充的過程示意圖　(a) $\mu_R(x)$; (b) $\mu_{R\uparrow X\times Y}(x,y)$

以上的兩種運算，都可以很輕易地擴展至更多參數的空間，接下來，我們以範例來說明這兩種運算。

範例 8.3：二元(binary) 模糊關係的投影與柱狀擴充

已知一模糊關係 R 的定義如下，其中行代表 y_i，列代表 x_i：

$$R(x,y)=\begin{array}{c} \\ x_1 \\ x_2 \\ x_3 \end{array}\begin{array}{c} \begin{array}{ccccc} y_1 & y_2 & y_3 & y_4 & y_5 \end{array} \\ \begin{pmatrix} 0.3 & 0.5 & 0.0 & 1.0 & 0.6 \\ 0.4 & 0.0 & 0.8 & 0.0 & 0.2 \\ 0.9 & 0.0 & 0.2 & 0.3 & 1.0 \end{pmatrix} \end{array}$$

經由前述的介紹可知：

$$R\downarrow X = {}^{1}\!/\!{}_{x_1} + {}^{0.8}\!/\!{}_{x_2} + {}^{1}\!/\!{}_{x_3}$$

$$R\downarrow Y = {}^{0.9}\!/\!{}_{y_1} + {}^{0.5}\!/\!{}_{y_2} + {}^{0.8}\!/\!{}_{y_3} + {}^{1}\!/\!{}_{y_4} + {}^{1}\!/\!{}_{y_5}$$

以及

$$(R \downarrow X) \uparrow (X \times Y) = \begin{bmatrix} 1 & 1 & 1 & 1 & 1 \\ 0.8 & 0.8 & 0.8 & 0.8 & 0.8 \\ 1 & 1 & 1 & 1 & 1 \end{bmatrix}$$

$$(R \downarrow Y) \uparrow (X \times Y) = \begin{bmatrix} 0.9 & 0.5 & 0.8 & 1 & 1 \\ 0.9 & 0.5 & 0.8 & 1 & 1 \\ 0.9 & 0.5 & 0.8 & 1 & 1 \end{bmatrix}$$

範例 8.4：三元(ternary)模糊關係的投影與柱狀擴充

已知一個三元模糊關係的定義如下：

$$X_1 = \{x, y\}, \quad X_2 = \{a, b\}, \quad X_3 = \{s, t\}$$

$$R(X_1, X_2, X_3) = {}^{0.9}\!/_{(x,a,s)} + {}^{0}\!/_{(x,a,t)} + {}^{0.4}\!/_{(x,b,s)} + {}^{0}\!/_{(x,b,t)} + {}^{1}\!/_{(y,a,s)} + {}^{0.7}\!/_{(y,a,t)} + {}^{0}\!/_{(y,b,s)} + {}^{0.8}\!/_{(y,b,t)}$$

令 R_{12} 爲將 R 投影至 $X_1 \times X_2$ 所形成的關係，也就是說，$R_{12} = R \downarrow (X_1 \times X_2)$，則：

(x_1, x_2)	$\mu_{R_{12}}(x_1, x_2)$
(x , a)	max(0.9,0) = 0.9
(x , b)	max(0.4,0) = 0.4
(y , a)	max(1,0.7) = 1
(y , b)	max(0,0.8) = 0.8

令 R_3 爲將 R 投影至 X_3 所形成的關係，$R_3 = R \downarrow (X_3)$，則：

(x_3)	$\mu_{R_3}(x_3)$
(s)	max(0.9,0.4,1,0) = 1
(t)	max(0,0,0.7,0.8) = 0.8

令 R_{12}^* 爲將 R_{12} 柱狀擴充至 $(X_1 \times X_2 \times X_3)$ 所形成的關係，R_3^* 爲將 R_3 柱狀擴充至 $(X_1 \times X_2 \times X_3)$ 所形成的關係，亦即：

$$R_{12}^* = R_{12} \uparrow (X_1 \times X_2 \times X_3)$$

$$R_3^* = R_3 \uparrow (X_1 \times X_2 \times X_3)$$

我們可以得到：

(x_1, x_2, x_3)	$\mu_{R_{12}^*}(x_1, x_2, x_3)$	$\mu_{R_3^*}(x_1, x_2, x_3)$
(x, a, s)	0.9	1
(x, a, t)	0.9	0.8
(x, b, s)	0.4	1
(x, b, t)	0.4	0.8
(y, a, s)	1	1
(y, a, t)	1	0.8
(y, b, s)	0.8	1
(y, b, t)	0.8	0.8

8.4 合成運算

另一個很重要的模糊關係的運算子爲“合成(composition)”，可以用在“關係與關係(relation-relation)”的合成或“集合與關係(set-relation)”的合成，合成的運算有許多種類，其中以“最大-最小合成(max-min operation)”最被廣泛使用。在介紹模糊關係的合成之前，我們先介紹明確關係的合成，然後推廣至模糊關係的合成。

若 P 及 Q 爲分別定義於 $X \times Y$ 及 $Y \times Z$ 上的兩個明確關係，那麼我們可以藉由合成的運算，將 P 及 Q 轉換成定義於 $X \times Z$ 上的一個關係 R，其相關定義如下：

$$
\begin{aligned}
&R(X \times Z) \\
&= P(X \times Y) \circ Q(Y \times Z) \\
&= \{(x,z) (\exists y, \ni (x,y) \in P and (y,z) \in Q\}
\end{aligned} \tag{8.15}
$$

範例 8.5：明確關係的合成

假設有以下兩個明確關係：

$$X \xrightarrow{P} Y, \quad Y \xrightarrow{Q} Z$$

而且

$$P = \begin{bmatrix} 1 & 0 & 1 & 0 \\ 0 & 0 & 0 & 0 \\ 0 & 1 & 0 & 0 \end{bmatrix}, \quad Q = \begin{bmatrix} 0 & 0 \\ 1 & 0 \\ 0 & 1 \\ 0 & 1 \end{bmatrix}$$

則 P 與 Q 的合成為：

$$
\begin{aligned}
&R = P \circ Q \\
&= \begin{bmatrix} (1\cap 0)\cup(0\cap 1)\cup(1\cap 0)\cup(0\cap 0) & (1\cap 0)\cup(0\cap 0)\cup(1\cap 1)\cup(0\cap 1) \\ (0\cap 0)\cup(0\cap 1)\cup(0\cap 0)\cup(0\cap 0) & (0\cap 0)\cup(0\cap 1)\cup(0\cap 1)\cup(0\cap 1) \\ (0\cap 0)\cup(1\cap 1)\cup(0\cap 0)\cup(0\cap 0) & (0\cap 0)\cup(1\cap 0)\cup(0\cap 1)\cup(0\cap 1) \end{bmatrix} \\
&= \begin{bmatrix} 0 & 1 \\ 0 & 0 \\ 1 & 0 \end{bmatrix}
\end{aligned}
$$

接下來，我們將明確關係的合成概念推廣至模糊關係的合成。令 $P(X,Y)$ 與 $Q(Y,Z)$ 分別代表定義於 $X \times Y$ 及 $Y \times Z$ 的兩個模糊關係，那麼 P 及 Q 的合成是由下式所定義：

$$
\begin{aligned}
&R = P \circ Q \\
&\quad = \left\{ (x,y), \max_y t\left[\mu_P(x,y), \mu_Q(y,z)\right] \middle| x \in X, y \in Y, z \in Z \right\}
\end{aligned} \tag{8.16}
$$

其中 $t(\cdot,\cdot)$ 是 t-morn 的運算子。最常見的合成運算子是所謂的「最大-最小合成(max-min operation)運算子，其相關定義如下：

$$
\begin{aligned}
R &= P \circ Q \\
&= \left\{ \left[(x,y),\ \max_{y}\ \min\left(\mu_{R_P}(x,y), \mu_{R_Q}(y,z) \right) \right] \middle| x \in X, y \in Y, z \in Z \right\}
\end{aligned} \tag{8.17}
$$

或者

$$
\begin{aligned}
\mu_R(x,z) &= \vee_{y \in Y} \left(\mu_P(x,y) \wedge \mu_Q(y,z) \right) \\
&= \max_{y \in Y} \left[\min\left(\mu_P(x,y), \mu_Q(y,z) \right) \right]
\end{aligned} \tag{8.18}
$$

範例 8.6：模糊關係的合成

假設有兩個模糊關係的合成如下：

$$X \xrightarrow{P} Y,\quad Y \xrightarrow{Q} Z$$

而且

$$P = \begin{bmatrix} 0.5 & 0.3 \\ 0.4 & 0.8 \end{bmatrix},\quad Q = \begin{bmatrix} 0.8 & 0.5 & 0.1 \\ 0.3 & 0.7 & 0.5 \end{bmatrix}$$

則模糊關係 P 與模糊關係 Q 的合成爲：

$$
\begin{aligned}
R &= P \circ Q \\
&= \begin{bmatrix} \vee\left[(0.5 \wedge 0.8),(0.3 \wedge 0.3)\right] & \vee\left[(0.5 \wedge 0.5),(0.3 \wedge 0.7)\right] & \vee\left[(0.5 \wedge 0.1),(0.3 \wedge 0.5)\right] \\ \vee\left[(0.4 \wedge 0.8),(0.8 \wedge 0.3)\right] & \vee\left[(0.4 \wedge 0.5),(0.8 \wedge 0.7)\right] & \vee\left[(0.4 \wedge 0.1),(0.8 \wedge 0.5)\right] \end{bmatrix} \\
&= \begin{bmatrix} \vee(0.5,0.3) & \vee(0.5,0.3) & \vee(0.1,0.3) \\ \vee(0.4,0.3) & \vee(0.4,0.7) & \vee(0.1,0.5) \end{bmatrix} \\
&= \begin{bmatrix} 0.5 & 0.5 & 0.3 \\ 0.4 & 0.7 & 0.5 \end{bmatrix}
\end{aligned}
$$

接下來我們將介紹模糊集合與模糊關係的合成。令 A 是定義在 X 上的一個模糊集合，R 是定義在 $X \times Y$ 上的一個模糊關係，則我們以符號 $B = A \circ R$ 代表模糊集合 A 與模糊關係 R 的合成，其中最常見的仍然是所謂的「最大-最小合成」：

$$\mu_B(y) = \max_{x \in X}\left[\min\left(\mu_A(x), \mu_R(x,y)\right), \quad \forall y \in Y\right] \tag{8.19}$$

從上述式子可知，A 與 R 的合成得到定義於 Y 上的模糊集合 B。當然，式(8.19)中所使用的「最小(min)」運算子，我們可用其他的 t-norm 運算子來取代。另外必須強調的是，這種模糊集合與模糊關係的合成，其實就是 8.6 節中所提的「推論的合成規則」，所以當讀者讀完 8.6 節時，便能瞭解式（8.19）的意義了。

8.5 模糊規則

在模糊邏輯與近似推論(approximate reasoning)或模糊推論(fuzzy reasoning)的許多應用中(特別是模糊系統)，語意式參數扮演了極為重要的角色，因此，我們將先介紹語意式變數的概念，然後，才探討如何將模糊規則視作一種模糊關係，以便利用近似推論或模糊推論來得到結論。

8.5.1 語意式變數

基本上，語意式變數(linguistic variable)代表一種可以用自然語言中的文字或句子來形容的變數，譬如說："年齡"就是一個語意式變數，而此變數的值可以是"年幼"、"年輕"、或"年老"等。這種語意式變數的概念是由 Zadeh 於 1975 年首先提出來，當問題複雜到無法用傳統的數值概念來描述時，這種語意式變數就是一種可被用來處理此類問題的另類工具。

語意式變數的構成元素有五個，$(x, T(x), U, G, M)$，其中 x 是變數的名稱，$T(x)$ 是 x 的"措詞集(term set)"，也就是形容 x 的語意子句所構成的集合，亦即變數 x 的語意值(linguistic value)，U 是 x 的論域，G 是產生 x 的語意值的句法規則(syntactic rule)，而 M 是將 x 的語意值與其相關之意義結合在一起的語意規則(semantic rule)。

範例 8.7：語意式變數

如果我們將「溫度」視作一個語意式變數，亦即 $x=$ 溫度，那麼措詞集 $T(x)$ 可以是以下之集合：

$$T(x)=\{\text{低(low), 適中(moderate), 高(high), }\cdots\}$$

論域 U 可定義於[0, 50]之區間；至於產生 $T(x)$ 的句法規則 G 就是一種很直覺的方式，例如用來形容溫度的措詞，不外乎是形容它的溫度高低，而不會用"老"或"快"來形容它；而語意規則 M 則是定義這些語意值的相關歸屬函數，譬如說：

M(低) = 溫度低於 10°C 的模糊集合，其歸屬函數為 μ_{low}。

M(中) = 溫度接近 25°C 的模糊集合，其歸屬函數為 μ_{moderate}。

M(高) = 溫度高於 35°C 的模糊集合，其歸屬函數為 μ_{high}。

圖 8.3 是一個歸屬函數設定的例子。

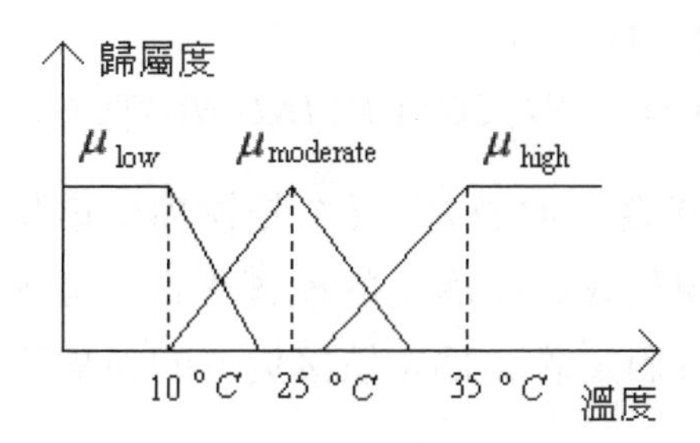

圖 8.3 將"溫度"視作一個語意式變數，其歸屬函數的設定範例

接下來，我們介紹有關如何改變語意值的運算子，所謂的「語意運算子(hedges)」就像「非常地(very)」或「頗(more or less)」等的語意形容詞。在介紹語意運算子之前，我們先定義三種運算子：「濃縮(concentration)」、「擴張(dilation)」、以及「強化(intensification)」。

一、濃縮：$CON(A)$

$$\mu_{CON(A)}(v)=[\mu_A(v)]^2 \tag{8.20}$$

二、擴張：$DIL(A)$

$$\mu_{DIL(A)}(v)=[\mu_A(v)]^{1/2} \tag{8.21}$$

三、強化：$INT(A)$

$$\mu_{INT(A)}(v)=\begin{cases}2[\mu_A(v)]^2 & \mu_A(v)\in[0,0.5]\\ 1-2[1-\mu_A(v)]^2 & \text{其它}\end{cases} \tag{8.22}$$

根據這些運算子，我們可以得到以下之語意運算子：

非常(A) = highly(A) = A^3
很(A) = very(A) = $CON(A)$ = A^2
頗(A) = more or less(A) = $DIL(A)$ = $A^{1/2}$
有點(A) = roughly(A) = $A^{1/4}$
略微(A) = rather(A) = $INT[CON(A)]AND\ NOT[CON(A)]$

其中 A 是個模糊集合，AND 和 NOT 是模糊交集及補集運算，以上的語意運算子都應該被正規化成高度爲 1 的模糊集合，圖 8.4 是一個有助於瞭解語意運算子的例子，我們定義 A 爲 x 值接近 0 的模糊集合，而且

$$\mu_A(x)=\begin{cases}0 & x\le -1\\ 1+x & -1\le x\le 0\\ 1-x & 0\le x\le 1\\ 0 & x\ge 1\end{cases} \tag{8.23}$$

那麼當 $x=0.5$，得知：$\mu_{A^3}(0.5)=0.125<\mu_{A^2}(0.5)=0.25<\mu_A(0.5)=0.5$

$<\mu_{A^{1/2}}(0.5)=0.707<\mu_{A^{1/4}}(0.5)=0.84$

這些數值代表當 $x=0.5$ 時，屬於「非常接近 0」的程度性小於屬於「很接近 0」的程度性，依此類推。

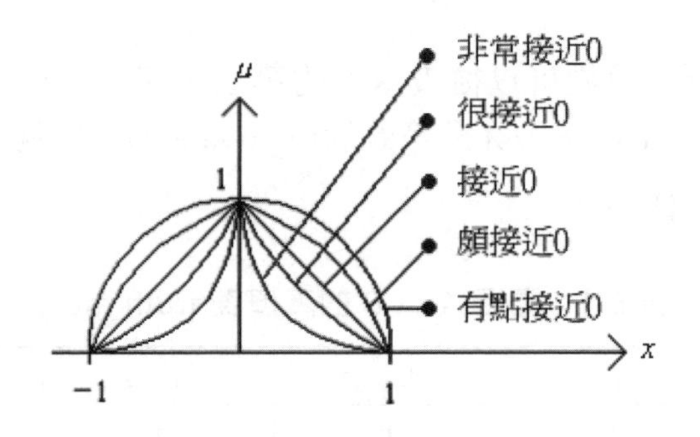

圖 8.4　一個語意運算子的例子

8.5.2 模糊蘊涵

所謂的模糊規則(fuzzy rule)通常都是以下列的型式出現：

模糊規則：　If　x is A　Then　y is B　(8.24)

式中之 A 和 B 分別是定義於論域 X 和 Y 上之模糊集合。一般來說，「x is A」稱爲此模糊規則的前鑑部(antecedent or premise)，而「y is B」則稱爲此模糊規則的後鑑部(consequence or conclusion)，以下是一些模糊規則的範例：

- If 溫度很高　Then 啓動空調設備
- If 車速太快　Then 踩一點剎車

正如之前所說的，當系統太複雜或無法定量分析時，採用模糊規則來處理問題會是一項很有效率的工具，問題是如何看待這種模糊規則呢？首先我們回顧傳統的二元羅即是如何看待明確規則的，例如：

明確規則：If　x is A　Then　y is B (8.25)

基本上，傳統的二元邏輯將明確規則視爲「明確蘊涵(crisp implication)」$A \rightarrow B$，其中 A、B 是所謂的「命題變數(propositional variable)」，其值只有兩種 — 非「眞(truth)」即「僞(false)」。通常，我們用「T」和「F」來分別代表「眞」與「僞」。那麼蘊涵 $A \rightarrow B$ 與 A、B 之間的關係可由表 8.1 得知。

若進一步分析，我們可以從表 8.1 的第三、四、五行得知，實際上，蘊涵 $A \rightarrow B$ 與 $\overline{A} \vee B$ 或 $(A \wedge B) \vee \overline{A}$ 是等效的(equivalent)，也就是說，它們的眞僞值的情況是一模一樣的。

表 8.1　蘊涵 $A \rightarrow B$ 的真值表(truth table)

A	B	$A \rightarrow B$	$\overline{A} \vee B$	$(A \wedge B) \vee \overline{A}$
T	T	T	T	T
T	F	F	F	F
F	T	T	T	T
F	F	T	T	T

有了上述對於明確蘊涵的認識之後，我們該如何將上述結果推廣來解讀模糊規則呢？同樣地，我們可以將模糊規則 If　x is A　Then　y is B 視爲模糊蘊涵(fuzzy implication) $A \rightarrow B$ 其中，A、B 是模糊命題變數(fuzzy implication variable)，其眞僞程度是介於 0 與 1 之間，因此，可用歸屬函數來表示。既然明確蘊涵 $A \rightarrow B$ 與 $\overline{A} \vee B$ 或 $(A \wedge B) \vee \overline{A}$ 是等效的，那麼我們只要將明確運算子「$\vee$」、「$\wedge$」、以及「$\bar{\ }$」分別用模糊聯集、模糊交集、以及模糊補集來取代，我們就可以解讀模糊蘊涵了。

由於模糊聯集、模糊交集、以及模糊補集的計算方式有很多種不同的方式，因此，模糊蘊涵的解讀也隨之有各種不同的方式。除此之外，另外必須提到的一點是，既然模糊規則 If　x is A　Then y is B 可以用模糊蘊涵 $A \rightarrow B$ 來表示，又因爲 A 與 B 有相對應的歸屬函數，所以 $A \rightarrow B$ 的眞僞值也可用歸屬函數來表示，因此，模糊蘊涵 $A \rightarrow B$ 可以視爲定義於 $X \times Y$ 的一種模糊關係 $R(X,Y)$，以下是一些常見的模糊蘊涵解讀法：

- 丹尼斯一理查蘊涵(Dienes-Rescher Implication)：此蘊涵採用 $\overline{A} \vee B$ 且運算子「$\vee$」採用的是 $\max(a,b)$。

$$\mu_{R_{DR}}(x,y) = \max\left[1-\mu_A(x), \mu_B(y)\right] \tag{8.26}$$

- 路卡斯威茲蘊涵(Lukasiewicz Implication)：此蘊涵採用 $\overline{A} \vee B$ 且運算子「$\vee$」採用的是 $\min(1, a+b)$。

$$\mu_{R_L}(x,y) = \min\left[1, 1-\mu_A(x)+\mu_B(y)\right] \tag{8.27}$$

- 札德蘊涵(Zadel Implication)：此蘊涵採用 $(A \wedge B) \vee \overline{A}$ 且運算子「$\vee$」和「$\wedge$」分別採用的是 $\max(a,b)$ 和 $\min(a,b)$。

$$\mu_{R_Z}(x,y) = \max\left[\min\left(\mu_A(x), \mu_B(y)\right), 1-\mu_A(x)\right] \tag{8.28}$$

- 古德蘊涵(Godel Implcation)：

$$\mu_{R_G}(x,y) = \begin{cases} 1 & if \quad \mu_A(x) \le \mu_B(y) \\ \mu_B(y) & o.w. \end{cases} \tag{8.29}$$

當我們進一步檢視模糊蘊涵 $A \rightarrow B$ 時，會發現我們之前將它視爲與 $\overline{A} \vee B$ 或 $(A \wedge B) \vee \overline{A}$ 等效的結論，有點太過大膽了，理由如下：假如說，我們有以下規則：

If　溫度是高的　Then　壓力是大的

那麼很有可能我們並沒有想到「溫度是低的」或「溫度是中等的」等等其它情況，也就是說，我們應該只要「局部性(loxally)」地看待模糊規則，而非馬上就用「全域性(globally)」的角度來解釋模糊規則，因此，

模糊規則：*If x is A　Then y is B*

應該被解讀為

模糊規則：*If x is A Then y is B Else nothing*

其中「nothing」代表這個模糊規則並不存在。用邏輯的術語來解釋，就是說模糊蘊涵 $A \rightarrow B$ 實際上只與 $A \wedge B$ 是等效的，基於此種解釋，我們得到以下的兩種模糊蘊涵規則（或模糊關係）：

- 曼德尼蘊涵(Mamdani Implication)：此蘊涵採用 $A \wedge B$ 且運算子「$\wedge$」採用的是 $\min(a,b)$。

$$\mu_{R_M}(x,y) = \min[\mu_A(x), \mu_B(y)] \tag{8.30}$$

- 乘積蘊涵(Product Implication)：此蘊涵採用 $A \wedge B$ 且運算子「$\wedge$」採用的是 $a \cdot b$。

$$\mu_{R_P}(x,y) = \mu_A(x) \cdot \mu_B(y) \tag{8.31}$$

最後，根據計算的結果，我們會發現：

$$\mu_{R_P}(x,y) \le \mu_{R_M}(x,y) \le \mu_{R_Z}(x,y) \le \mu_{R_{DR}}(x,y) \le \mu_{R_L}(x,y) \tag{8.32}$$

至於到底該用何種模糊蘊涵來解讀模糊規則呢？並沒有所謂的標準答案，就看使用者是以什麼角度來看它了；假若使用者認爲該用全域性來看待模糊規則，那麼就該使用式(8.26)－式(8.29)的模糊蘊涵，否則就用式(8.30)－式(8.31)的模糊蘊涵。

8.6 近似推論

近似推論(Approximate Reasoning)有時亦稱爲模糊推論(fuzzy reasoning)，主要探討的是，如何從一些已知的事實及相關的模糊規則中，經過推論的過程，得到應有的結論。首先，我們先介紹在傳統二元邏輯中，最常用到的推論方式

前提一 (premise 1)：x is A
前提二 (premise 2)：If x is A Then y is B

結論：y is B

接著將上述的modus ponens推廣到可以用來推論模糊規則,其方法如下:

前提一 (premise 1)：x is A'
前提二 (premise 2)：If x is A Then y is B

結論：y is B'

其中 A' 和 B' 分別是非常近似 A 和 B 的模糊集合,這種近似推論有時亦稱爲 generalized modus ponens (簡稱爲 GMP)，其實這種推論的方式常見於我們人類於日常生活中的推理，以下是個例子。

前提一 (premise 1)：壓力很大
前提二 (premise 2)：If 壓力大 Then 體積小

結論：體積很小

接下來的問題是如何具體化地求出結論部分 B' 的歸屬函數呢？也就是說，這個模糊集合 B' 到底是如何定義的呢？這個問題的答案就在於所謂的「推論的合成規則(compositional rule of inference)」。

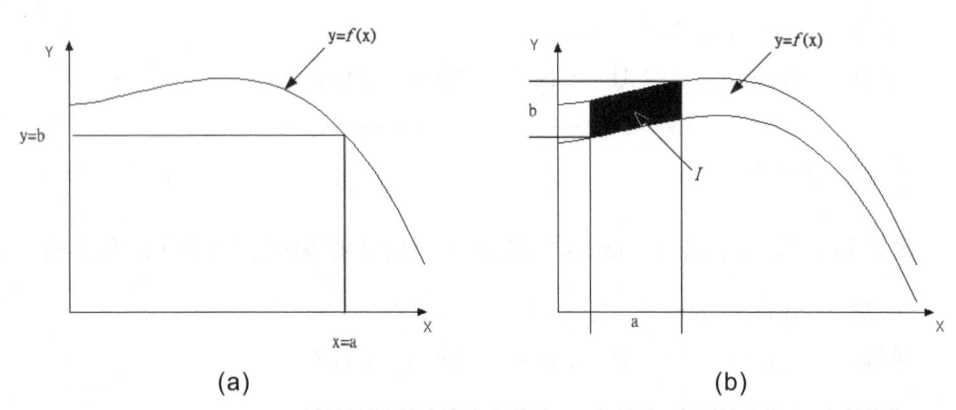

圖 8.5 當 $x=a$ 且 $y=f(a)=b$ 時，推論的合成規則之示意圖。(a) 當 a、b 皆為明確值時，$y=f(x)$ 唯一曲線；(b) 當 a、b 皆為區間時，$y=f(x)$ 為一「區間－值」

所謂的「推論的合成規則」，其實就是下述過程的推廣：假設 x 與 y 之間的關係可以用 $X—Y$ 平面上的一條曲線 $y=f(x)$ 來描述，如圖 8.5(a) 所示，那麼當 $x=a$ 時，我們可以得知 $y=f(a)=b$。接著，我們將上述情況推廣成 $f(x)$ 是個「區間一值(interval-valued)」的的函數，如圖 8.5(b)所示。要想知道當 x 位於 a 上的區間時，如何從「區間一值」的 $f(x)$ 得到 y 的值會位於哪段區間？我們的作法是先做出以 a 為底的柱狀擴充，然後求出此柱狀擴充與 $f(x)$ 間的交集 I，接著，才將 I 投影至 y-軸上，以求得 y 是位於 b 的區間上。

在進一步地推廣上述的討論，假設 R 是定義於 $X \times Y$ 上的一個模糊關係（如圖 8.6(a) 所示）以及 A 是定義於 X 上的模糊集合（如圖 8.6(b) 所示），要想知道模糊集合 A 和模糊關係 R 會推導出什麼樣的模糊集合 B？我們第一件該做的是，就是先求出模糊集合 A 的柱狀擴充 $C(A)$，然後，再求出 $C(A)$與 R 之間的交集（如圖 8.6(c) 所示），接著，再將這個交集 $C(A) \cap R$（仍然是一個模糊集合）投影至 y 軸上，最後我們便得到定義於 Y 上的模糊集合 B（如圖 8.6(d)所示）。

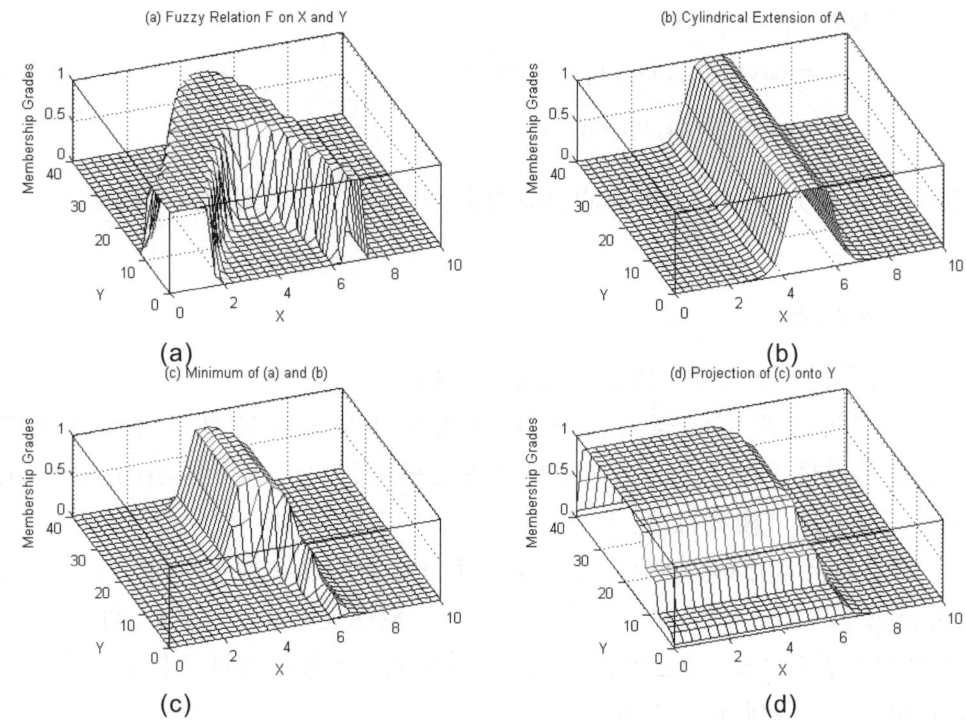

圖 8.6　推論的合成規則：(a) **模糊關係**；(b) **柱狀擴充**；(c) **模糊交集**；(d) **投影**。

上述的整個推論過程可以用下述的數學式子來描述：

首先根據式（8.13），得知模糊集合 A 的柱狀擴充 $C(A)$的歸屬函數是：

$$\mu_{C(A)}(x,y)=\mu_A(x) \tag{8.33}$$

接著，模糊集合 $C(A)\cap R$的歸屬函數是：

$$\begin{aligned}\mu_{C(A)\cap R}(x,y)&=t\left[\mu_{C(A)}(x,y),\mu_R(x,y)\right]\\&=t\left[\mu_A(x,y),\mu_R(x,y)\right]\end{aligned} \tag{8.34}$$

其中$t[\cdot,\cdot]$代表 t-norm 運算子，然後將 $C(A)\cap R$投影至 Y 上，根據式（8.10），我們可以得到：

$$\begin{aligned}\mu_B(y) &= \mu_{[C(A)\cap R]\downarrow Y}(y) \\ &= \max_x \ t\left[\mu_{C(A)}(x,y), \mu_R(x,y)\right] \\ &= \max \ t\left[\mu_A(x,y), \mu_R(x,y)\right]\end{aligned} \tag{8.35}$$

式（8.35）便是所謂的「推論的合成規則」，通常，我們用下式來概括上述的式子：

$$B = A \circ R \tag{8.36}$$

其中「o」代表一種合成(composition)運算子。

將「推論的合成規則」與 GMP 搭配起來，我便可以將模糊規則的推論過程具體化了，而這個推論過程便是所謂的「近似推論(approximate reasoning)」或「模糊推論」。

現在我們就介紹如何將近似推論具體化的計算法，首先令 A、A'、以及 B 分別爲定義於 X、X、和 Y 上的模糊集合，模糊規則“If x is A Then y is B” 則以定義於 $X \times Y$ 上之模糊蘊涵 $A \to B$ 來表示，那麼根據「推論的合成規則」和 GMP，我們可以得到

$$Y \text{is} A' \circ (A \to B) \quad (= B') \tag{8.37}$$

若我們採用的是「最大-最小合成(max-min composition)」，則上式就相當於是

$$\begin{aligned}\mu_{B'}(y) &= \max_x\left[\min\left(\mu_{A'}(x), \mu_{A\to B}(x,y)\right)\right] \\ &= \vee_x\left[\wedge\left(\mu_{A'}(x), \mu_{A\to B}(x,y)\right)\right]\end{aligned} \tag{8.38}$$

接下來，我們就一一探討如何從單一個或多個模糊規則，以及一些已知的事實中，推論出應有的結論。

8.6.1 單一規則，單一變數

輸入：x is A'

模糊規則：If x is A, Then y is B

結論： y is B'

根據式（8.37），我們可以得知：

$$B' = A' \circ R = A' \circ (A \rightarrow B) \tag{8.39}$$

或

$$\mu_{B'}(y) = \max_{x \in X} \left[\min\left(\mu_{A'}(x), \mu_{A \rightarrow B}(x, y)\right) \right] \tag{8.40}$$

其中我們使用「最大-最小合成」。若模糊關係 $A \rightarrow B$ 是以 Mandani 的 R_M 來表示(以下的模糊蘊涵都是採用 R_M)，也就是說：

$$\mu_{A \rightarrow B}(x, y) = \mu_A(x) \wedge \mu_B(y) \tag{8.41}$$

則

$$\begin{aligned} \mu_{B'}(y) &= \vee_{x \in X} \left(\mu_{A'}(x), \mu_A(x), \mu_B(y)\right) \\ &= \left[\vee_{x \in X} \left(\mu_{A'}(x) \wedge \mu_A(x)\right) \right] \wedge \mu_B(y) \\ &= \alpha \wedge \mu_B(y) \end{aligned} \tag{8.42}$$

其中 α 可被解釋爲前鑑部被符合的程度性，亦被稱爲“啓動強度(firing strength)”。而 $\alpha \wedge \mu_B(y)$ 代表後鑑部該被執行多少，我們以圖 8.7(a) 來說明上述近似推論的過程。

若模糊集合 A' 爲一模糊單點 (fuzzy singleton)，也就是：

$$\mu_{A'}(x) = \begin{cases} 1, & x = x_0 \\ 0, & x \neq x_0 \end{cases} \tag{8.43}$$

則

$$\begin{aligned}\mu_{B'}(y) &= \vee_{x\in X}\left(\mu_{A'}(x)\wedge\mu_{A\to B}(x,y)\right)\\ &= \vee_{x\neq x_0}\left[\mu_{A'}(x)\wedge\mu_{A\to B}(x,y)\right]\vee\left[\mu_{A'}(x_0)\wedge\mu_{A\to B}(x_0,y)\right]\\ &= \mu_{A\to B}(x_0,y)\\ &= \mu_A(x_0)\wedge\mu_B(y)\end{aligned} \tag{8.44}$$

我們用圖 8.7(b) 來說明上述近似推論的過程。

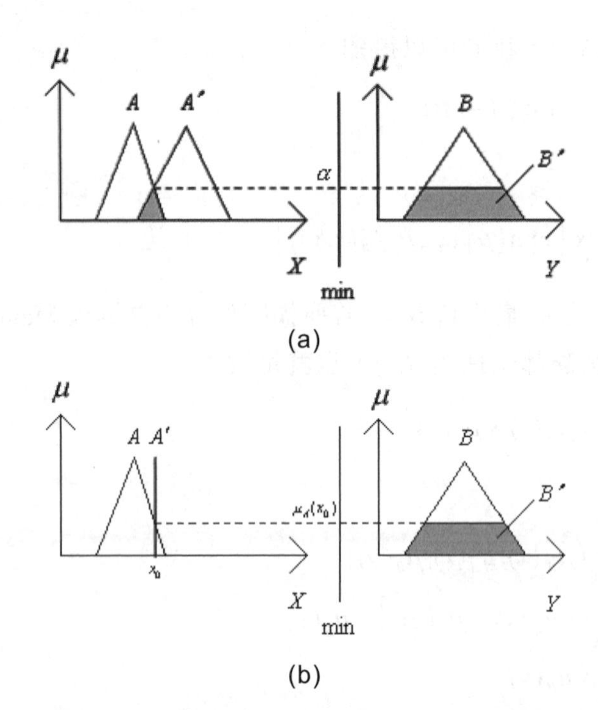

圖 8.7　單一規則、單一變數的近似推論過程：(a) 當模糊集合 A' 為一般模糊集合；(b) 模糊集合 A' 為一模糊單點

8.6.2 多規則，單一變數

若我們將模糊規則推廣至 J 個，則：

輸入：　x is A'
模糊規則 R^1 ：If　x is　A_1,　　Then　y is　B_1

⋮ ⋮

模糊規則 R^J ：If x is A_J, Then y is B_J

結論： y is B'

$$R=(A_1\to B_1)OR(A_2\to B_2)OR\cdots OR(A_J\to B_J) \tag{8.45}$$

$$\begin{aligned}B'&=A'\circ R\\&=[A'\circ(A_1\to B_1)]OR\cdots OR[A'\circ(A_J\to B_J)]\\&=B_1'\cup B_2'\cup\cdots\cup B_J'\\&=\bigcup_{1\le i\le J}B_i'\end{aligned} \tag{8.46}$$

其中 $B_i'=A_i'\circ(A_i\to B_i)$，因此，

$$\begin{aligned}\mu_{B_i'}(y)&=\vee_{x\in X}\left\{\left[\mu_{A'}(x)\wedge\mu_{A_i}(x)\right]\wedge\mu_{B_i}(y)\right\}\\&=\alpha_i\wedge\mu_{B_i}(y)\end{aligned} \tag{8.47}$$

$$\begin{aligned}\mu_{B'}(y)&=\vee_{1\le i\le J}\left\{\left[\vee_{x\in X}(\mu_{A'}(x)\wedge\mu_{A_i}(x))\right]\wedge\mu_{B'}(y)\right\}\\&=\vee_{1\le i\le J}\left[\alpha_i\wedge\mu_{B_i}(y)\right]\end{aligned} \tag{8.48}$$

式中 α_i 代表第 i 個模糊規則的啓動強度。我們用圖 8.8(a)來說明此推論過程。

若模糊集合 A' 為一模糊單點 $A'=x_0$，則：

$$\mu_{B'}(y)=\vee_{1\le i\le J}\left(\mu_{A_i}(x_0)\wedge\mu_{B_i}(y)\right) \tag{8.49}$$

我們用圖 8.8(b) 來說明此推論過程。

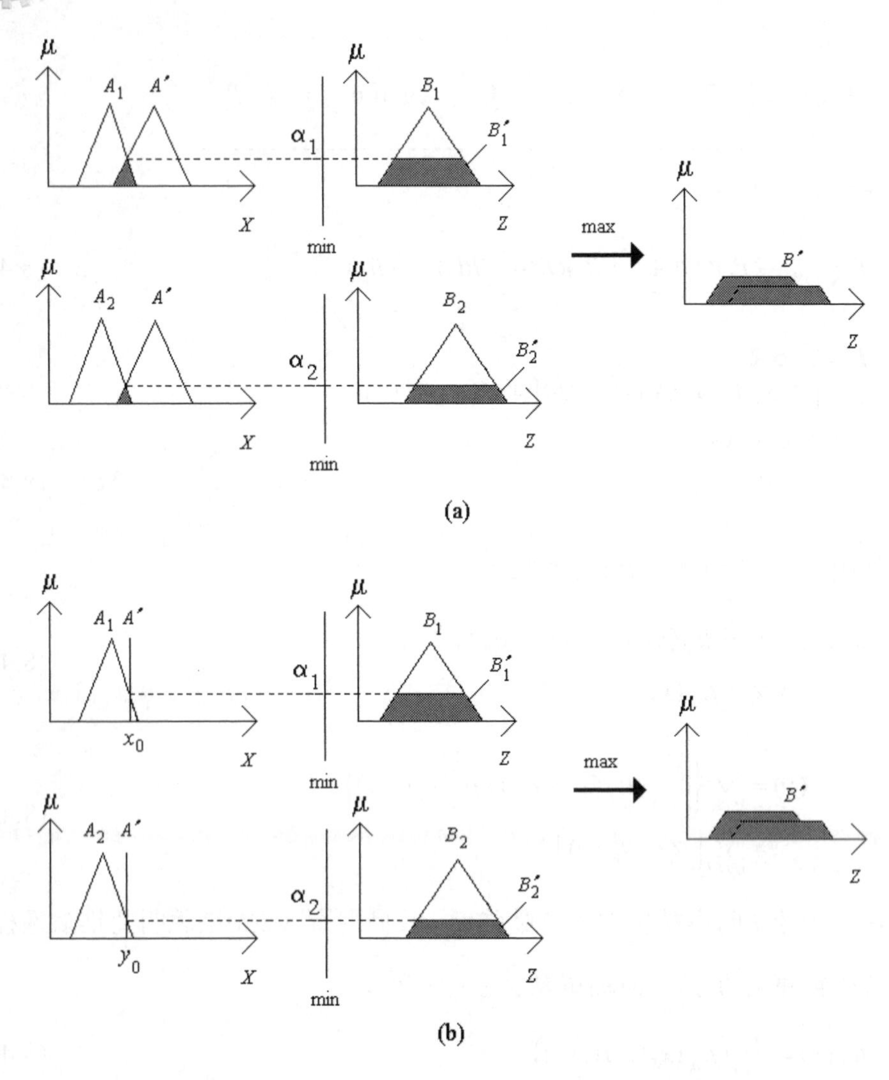

圖 8.8　多規則、單一變數的近似推論過程

8.6.3 單一規則，多變數

輸入： x is A'　and　y is B'

模糊規則：If　x is A　and　y is B　Then z is C

結論： z is C'

上述之模糊規則可表示成定義於 $X \times Y \times Z$ 上之模糊蘊涵或關係 $(A,B) \to C$：

$$\begin{aligned}\mu_R(x,y,z) &= \mu_{(A and B)\to C}(x,y,z)\\ &= \mu_{(A and B)}(x,y) \wedge \mu_C(z)\\ &= \mu_A(x) \wedge \mu_B(y) \wedge \mu_C(z)\end{aligned} \tag{8.50}$$

所以我們可以導出 C' 爲：

$$\begin{aligned}C' &= (A' and B') \circ R\\ &= (A' and B') \circ \left[(A and B) \to C\right]\end{aligned} \tag{8.51}$$

而且

$$\begin{aligned}\mu_{C'}(z) &= \underset{x\in X}{\vee}\underset{y\in Y}{\vee}\left[\mu_{A' and B'}(x,y) \wedge \mu_{(A and B)\to C}(x,y,z)\right]\\ &= \underset{x\in X}{\vee}\underset{y\in Y}{\vee}\left[\left(\mu_{A'}(x) \wedge \mu_{B'}(y)\right) \wedge \left(\mu_A(x) \wedge \mu_B(y) \wedge \mu_C(z)\right)\right]\\ &= \left[\underset{x\in X}{\vee}\underset{y\in Y}{\vee}\left(\mu_{A'}(x) \wedge \mu_A(x) \wedge \mu_{B'}(y) \wedge \mu_B(y)\right)\right] \wedge \mu_C(z)\\ &= \underset{x\in X}{\vee}\left\{\mu_{A'}(x) \wedge \mu_A(x) \wedge \left[\underset{y\in Y}{\vee}\left(\mu_{B'}(y) \wedge \mu_B(y)\right)\right]\right\} \wedge \mu_C(z)\\ &= \left[\underset{x\in X}{\vee}\left(\mu_{A'}(x) \wedge \mu_A(x)\right)\right] \wedge \left[\underset{y\in Y}{\vee}\left(\mu_{B'}(x) \wedge \mu_B(x)\right)\right] \wedge \mu_C(z)\\ &= (\alpha_A \wedge \alpha_B) \wedge \mu_C(z)\\ &= \alpha \wedge \mu_C(z)\end{aligned} \tag{8.52}$$

其中 α_A 和 α_B 分別代表 A 與 A' 和 B 與 B' 之間的“相容程度性(degree of compatibility)”；而 $\alpha = (\alpha_A \wedge \alpha_B)$ 則代表此模糊規則的啓動強度。上式又可表示成：

$$\begin{aligned}\mu_{C'}(z) &= \left[\underset{x\in X}{\vee}\left(\mu_{A'}(x) \wedge \mu_A(x) \wedge \mu_C(z)\right)\right] \wedge \left[\underset{y\in Y}{\vee}\left(\mu_{B'}(y) \wedge \mu_B(y) \wedge \mu_C(z)\right)\right]\\ &= \mu_{A'\circ(A\to C)}(z) \wedge \mu_{B'\circ(B\to C)}(z)\end{aligned} \tag{8.53}$$

式(8.53) 代表結論 C' 可以視爲 $[A'\circ(A\to C)]$ 和 $[B'\circ(B\to C)]$ 的交集，亦即可視爲兩個單變數的模糊規則的交集，我們以圖 8.9(a) 來說明此推論過程。

若模糊集合 A' 與 B' 爲模糊單點，亦即 $A'=x_0$ 以及 $B'=y_0$，則：

$$\underset{x\in X}{\vee}\left(\mu_{A'}(x)\wedge\mu_A(x)\right)=\mu_A(x_0) \tag{8.54}$$

以及

$$\underset{x\in X}{\vee}\left(\mu_{B'}(y)\wedge\mu_B(y)\right)=\mu_B(y_0) \tag{8.55}$$

因此，式(8.53) 可簡化爲：

$$\mu_{C'}(z)=\mu_A(x_0)\wedge\mu_B(y_0)\wedge\mu_C(z),\quad \forall z\in Z \tag{8.56}$$

我們以圖 8.9(b) 來說明此推論過程。

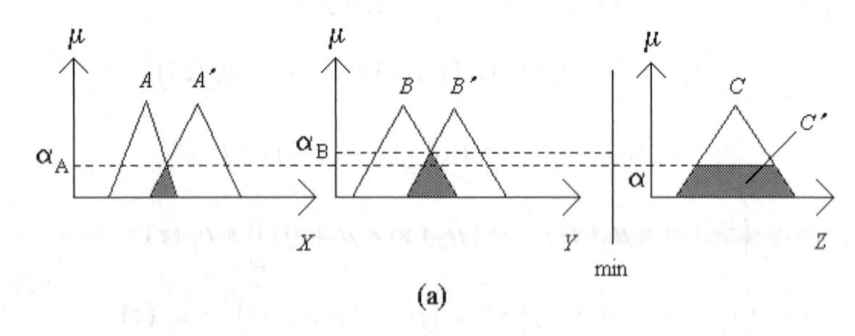

(a)

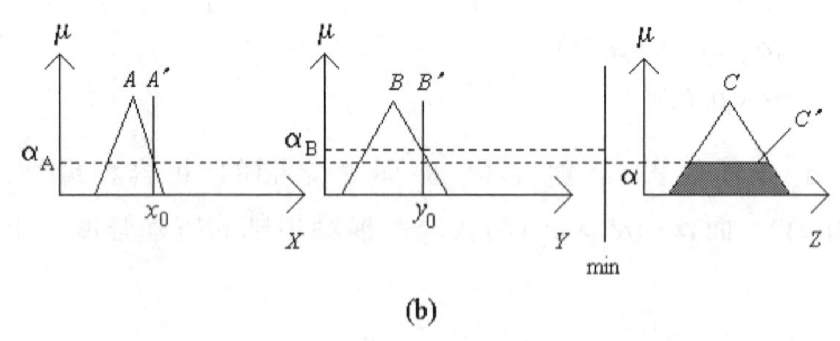

(b)

圖 8.9　單一規則、多變數的近似推論過程

8.6.4 多規則，多變數

輸入： x is A' and y is B'

模糊規則 R^1：If x is A_1 and y is B_1 Then z is C_1 Else

模糊規則 R^2：If x is A_2 and y is B_2 Then z is C_2 Else

⋮

模糊規則 R^J：If x is A_J and y is B_J Then z is C_J

結論： z is C'

其中「Else」可以解釋爲「聯集運算」，因此

$$R=\bigcup_{i=1}^{J}R_i=\bigcup_{i=1}^{J}\left[\left(A_i \ and \ B_i\right)\to C_i\right] \tag{8.57}$$

所以

$$\begin{aligned}C'&=\left(A' andB'\right)\circ R\\&=\left(A' andB'\right)\circ\left[\bigcup_i\left(A_i andB_i\right)\to C_i\right]\\&=\bigcup_i\left[\left(A' andB'\right)\circ\left(\left(A_i andB_i\right)\to C_i\right)\right]\\&=\bigcup_i\left\{\left[A'\circ(A_i\to C_i)\right]\wedge\left[B'\circ(B_i\to C_i)\right]\right\}\end{aligned} \tag{8.58}$$

或者

$$\begin{aligned}\mu_{C'}(z)&=\vee_i\left[\vee_{x\in X}\vee_{y\in Y}\left(\mu_{A' andB'}(x,y)\wedge\mu_{(A_i andB_i)\to C_i}(x,y,z)\right)\right]\\&=\vee_i\left\{\left[\vee_{x\in X}\left(\mu_{A'}(x)\wedge\mu_{A_i}(x)\right)\right]\wedge\left[\vee_{y\in Y}\left(\mu_{B'}(y)\wedge\mu_{B_i}(y)\right)\right]\wedge\mu_{C_i}(z)\right\}\\&=\vee_i\left[\left(\alpha_{Ai}\wedge\alpha_{Bi}\right)\wedge\mu_{C_i}(z)\right]\\&=\vee_i\left[\alpha_i\wedge\mu_{C_i}(z)\right]\end{aligned} \tag{8.59}$$

其中α_{Ai}和α_{Bi}分別代表A_i與A'和B_i與B'間的相容程度性，而α_i則代表第i個模糊規則的啟動強度，我們以圖 8.10(a) 來加以說明此推論過程。

若模糊集合A'與B'為模糊單點，亦即$A' = x_0$以及$B' = y_0$，則：

$$\vee_{x\in X}\left(\mu_{A'}(x)\wedge\mu_{A_i}(x)\right)=\mu_{A_i}(x_0) \tag{8.60}$$

以及

$$\vee_{y\in Y}\left(\mu_{B'}(y)\wedge\mu_{B_i}(y)\right)=\mu_{B_i}(y_0) \tag{8.61}$$

因此，式(8.59) 可以簡化為：

$$\mu_{C'}(z)=\vee_i\left[\mu_{A_i}(x_0)\wedge\mu_{B_i}(y_0)\wedge\mu_C(z)\right],\quad \forall z\in Z \tag{8.62}$$

我們以圖 8.10(b) 來加以說明此推論過程。

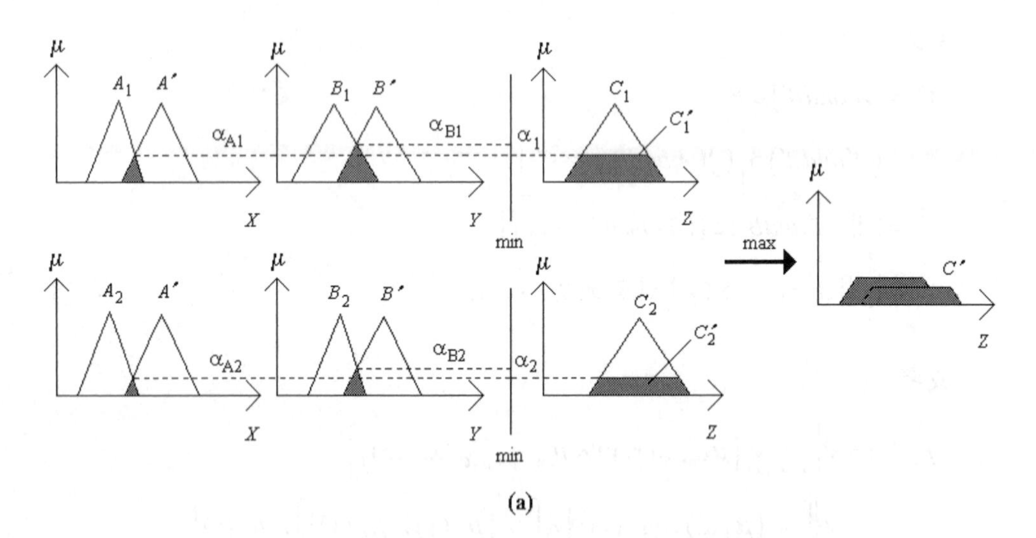

(a)

圖 8.10　多規則、多變數的近似推論過程

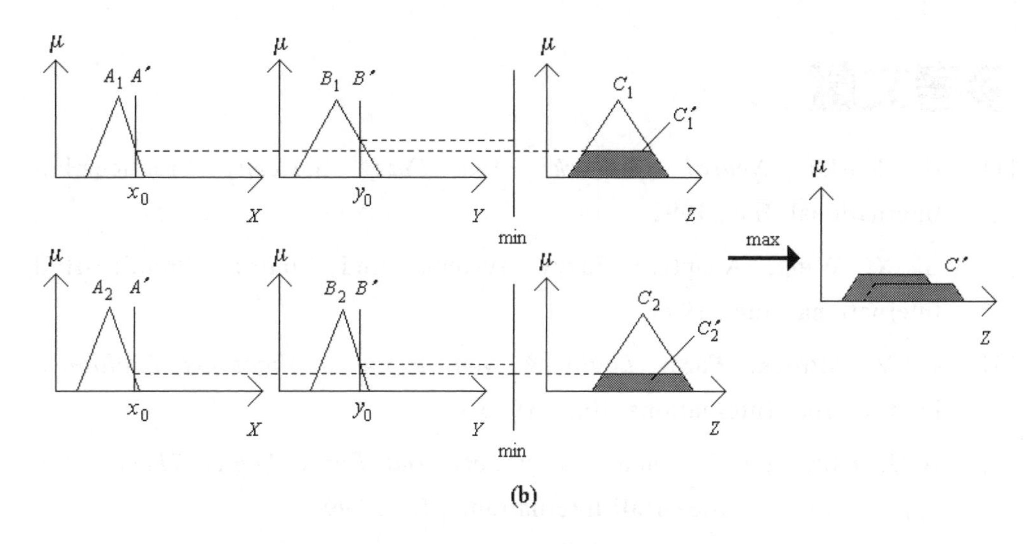

(b)

圖 8.10　多規則、多變數的近似推論過程（續）

8.6 結論

本章介紹了如何將模糊規則及其相關之運算子，然後，介紹了如何將模糊規則視爲模糊蘊涵或關係的方法，最後，介紹了藉助以「推論的合成規則」爲基本架構的近似推論，以便從已知的事實中，推論得到應有的結論。

參考文獻

[1] B. Kosko, *Neural Networks And Fuzzy Systems*, Prentice-Hall International, Inc., 1992.

[2] L. X. Wang, Adaptive Fuzzy Systems And Control, Prentice-Hall International, Inc., 1994.

[3] C. V. Altrock, *Fuzzy Logic & NeuroFuzzy Applications Explained*, Prentice-Hall International, Inc., 1995.

[4] G. J. Klir, and B. Yuan, *Fuzzy Sets And Fuzzy Logic, Theory And Applications*, Prentice-Hall International, Inc., 1995.

[5] C. T. Lin, and C. S. George Lee, *Neural Fuzzy Systems: A Neuro-Fuzzy Synergism to Intelligent Systems*, Prentice-Hall International, Inc., 1996.

[6] J.-S. R. Jang, C.-T. Sun, and E. Mizutani, *Neuro-Fuzzy And Soft Computing*, Prentice-Hall International, Inc., 1997.

[7] B. Kosko, *Fuzzy Engineering*, Prentice-Hall International, Inc., 1997.

[8] L. X. Wang, *A Course In Fuzzy Systems And Control*, Prentice-Hall International, Inc., 1997.

機器學習

CHAPTER 9

模糊系統

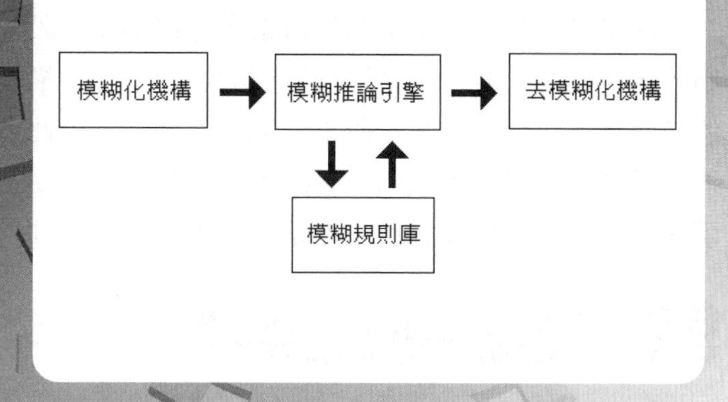

9.1 引言

模糊系統(fuzzy system)已廣泛地應用於自動控制、圖樣識別(pattern recognition)、決策分析(decision analysis)、以及時序信號處理等方面。特別是在控制器設計方面，已逐漸有成爲設計控制器的最佳工具之趨勢，並且在近年來吸引了大量的學者投入研究。傳統的控制器設計其流程爲必須先對受控系統進行瞭解，也就是以精確的微分方程式或差分方程式的數學模型來描述受控系統，然而，當受控系統越來越複雜時，往往很難以系統鑑別(system identification)的方式來對受控系統進行建模(modeling)，因此，傳統的控制方法便不適用。而使用模糊控制的優點就是，一方面不須要精確的數學模型，二方面是可以將人類專家的知識結合至控制器的設計流程上。在進行模糊控制時，受控系統的行爲是以一組模糊規則來加以描述，而這些模糊規則使用的是語意式的模糊資訊，而不是數學方程式，因此可以將人類專家的知識轉換爲模糊控制規則，減低了設計控制系統的複雜度。我們在 9.2 節中，先對模糊系統的架構作一整體的介紹，然後再陸續仔細地探討有關的細節。

9.2 模糊系統之架構

由於模糊系統被廣泛地應用於各種不同的領域，因此，模糊系統有時亦稱為“模糊專家系統(fuzzy expert system)”、“模糊邏輯控制(fuzzy logic control 簡稱為 FLC)”、“模糊聯想記憶(fuzzy associative memory)”、以及“模糊模型(fuzzy model)”等。一般來說，模糊系統的基本架構如圖 9.1 所示，其中主要的功能方塊包括：(1) 模糊化機構、(2)模糊規則庫(fuzzy rule base)、(3) 模糊推論引擎(fuzzy inference engine)、以及(4) 去模糊化機構(defuzzifier)。

模糊化機構的功能為將明確的(crisp)外界輸入資料轉換成適當的語意式模糊資訊；模糊規則庫則是存放解決相關問題所須的知識與規則；模糊推論引擎可說是模糊系統的核心，它藉由進行近似推論或模糊推論的方式，來模擬人類的思考決策模式，以解決所面對的問題；去模糊化機構的功能是將模糊推論引擎所推論出的模糊資訊，轉換回外界可接受的明確數值，以進行控制或決策。我們將這四個功能方塊更進一步地解說如後。

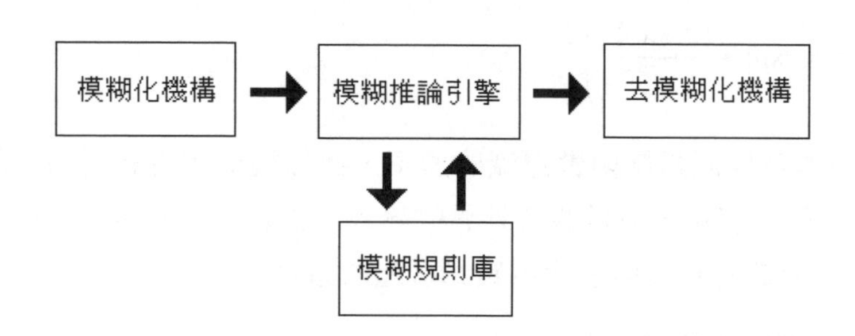

圖 9.1 模糊系統的基本架構

9.2.1 模糊化機構

模糊化機構的功能是將明確的(crisp)外界輸入資料轉換成適當的語意式模糊資訊；也就是說將明確資料模糊化成模糊資訊，我們可以將其視爲一種映射，由明確的輸入空間映射至特定之模糊集合空間。由於模糊系統的基礎是根基於模糊理論，因此我們須要一個模糊化機構來做爲資料的前處理器。以下我們介紹兩種模糊化機構：

1. 在模糊控制或圖樣識別等的應用上，一般說來，由外界所輸入的資料都是明確的數值型式資訊，一個最簡單且符合直覺的方法就是─將明確的數值型式資料 x_0 視爲一個模糊單點型式的模糊集合 A。也就是說，模糊集合 A 的歸屬函數 $\mu_A(x)$ 只在 $x=x_0$ 時爲 1，其餘都爲零，表示如下：

$$\mu_A(x)=\begin{cases}1 & x=x_0\\ 0 & x\neq x_0\end{cases} \tag{9.1}$$

這種將資料模糊化的方式已經廣泛地應用在模糊系統上(特別是模糊控制)，因爲使用模糊單點的方式可以大大地簡化模糊推論的過程。

2. 第二種模糊化方式較為複雜，當 $x = x_0$ 時，其歸屬函數值為 1；當 x 越來越遠離 x_0 時，其歸屬函數值則遞減，表示如下：

$$\mu_A(x) = \exp\left(-\frac{(x - x_0)^2}{\sigma^2}\right) \tag{9.2}$$

其中以σ作為控制歸屬函數遞減的速率，此種模糊化方式所須之計算量較大，因此較少使用，但是假若外界的輸入易被雜訊干擾時，採用第二種模糊化方式則較能有效地消除由雜訊引起的錯誤。

9.2.2 模糊規則庫

模糊規則庫是由一組以 If-Then 型式的模糊規則所組成，這組模糊規則是用以描述系統的輸入/輸出關係。我們可以將多輸入/多輸出的系統分解成數個多輸入/單輸出的系統，因此，對於多輸入/單輸出的系統而言，以下是三種最常見的模糊規則型式：

一、語意式模糊規則(linguistic fuzzy rule)[1]：

語意式模糊規則又稱為 Mamdani 模糊規則，典型的語意式模糊規則表示如下：

模糊規則 R^j : If x_1 is A_1^j and ⋯ and x_p is A_p^j (9.3)

Then y is B^j

其中 A_i^j 與 B^j 是語意式模糊變數，$\underline{x} = (x_1, \cdots, x_n)^T \in U \subset \Re^p$ 與 $y \in V \subset \Re$ 分別是第 j 條模糊規則的輸入以及輸出變數，其相關之歸屬函數分別以 $\mu_{A_i^j}$ 與 μ_{B^j} 來定義。

二、函數式模糊規則[2-3]：

模糊規則 R^j : If x_1 is A_1^j and ⋯ and x_p is A_p^j (9.4)

Then y is $f_j(x_1, \cdots, x_p)$

其中 $f_j(x_1,\cdots,x_n)$ 是後鑑部中系統變數的函數。至於 $f_j(x_1,\cdots,x_n)$ 的常見型式，又可細分爲以下兩種：

(1) 線性式模糊規則：

$$\text{模糊規則 } R^j: \text{If } x_1 \text{ is } A_1^j \text{ and} \cdots \text{and } x_p \text{ is } A_p^j \quad \textit{Then } y \text{ is } \left(c_0^j + c_1^j x_1 + \cdots + c_p^j x_p\right) \tag{9.5}$$

其中 $c_0^j, c_1^j, \cdots, c_p^j$ 爲實數參數。

(2) 單點式模糊規則(singleton fuzzy rule)：

$$\text{模糊規則 } R^j: \text{If } x_1 \text{ is } A_1^j \text{ and} \cdots \text{and } x_p \text{ is } A_p^j \quad \textit{Then } y \text{ is } c_0^j \tag{9.6}$$

其中 c_0^j 爲實數參數。

三、Tsukamoto 模糊規則[4]：

此種模糊規則與第一種模糊規則的差異性不多，主要差別在於此模糊規則的後鑑部 B^j 採用的是，擁有單調性(monotonical)歸屬函數的模糊集合，因此，每一個模糊規則經過推論後，得到的是一個明確值。

推論引擎將藉由這些模糊規則來進行推論，以決定下一步驟所要採取的決定。值得一提的是，輸入至模糊規則的是語意式的資訊，而模糊規則的輸出則可能是如式(9-3)的語意式資訊，也可能是如式(9-4)-式(9-6)的明確數值輸出。

從以上的簡短介紹，很容易看出這三種規則的主要差別只是在於模糊規則的後鑑部有所不同而已。至於模糊規則從何而來呢？一般說來，有兩種取得模糊規則的方式：第一種方式也是最直接的方式，就是經由人類專家而得，也就是直接去詢問人類專家，由專家來提供所須的模糊規則；第二種方式是先收集一些量測資料後，再經由特定的訓練演算法則來從量測資料中萃取出模糊規則。第一種方式雖然較爲直接，但是在實際應用上，人類專家往往無法提供足夠的、完整的模糊規則，甚至對於一些高度非線性的系統，可能根本無法由人類專家提供足以描述系統行爲的模糊規則。

至於模糊規則中前鑑部與後鑑部的模糊集合，其歸屬函數的設定從何而來呢？這就要依據規則庫中的模糊規則是從何取得了。假若模糊規則是由人類專家所給定的，則歸屬函數就必須由人類專家一起給定，因爲歸屬函數也是模糊規則庫中的一部份。舉例來說，若人類專家給了如下的規則："假若錯誤信號很大，則以很大的力去推動引擎"，人類專家除了指定了這個規則以外，還要說明其中的 "很大"是大到怎樣的程度才算是很大，也就是必須一起指定此規則所須的歸屬函數。若模糊規則是由特定的訓練演算法則從量測資料中萃取出來的，一般說來，其歸屬函數的設定有三種：高斯型式歸屬函數、三角形歸屬函數、以及梯形歸屬函數。其中，高斯型式的歸屬函數其曲線較爲平滑，因此具有較佳的非線性特性，三角形歸屬函數以及梯形歸屬函數對電腦而言，所須的計算量較少；選定合適的歸屬函數型式之後，則以收集之量測資料來細調歸屬函數的參數（如 7.3 節中所提到的 a、b、m 以及 σ 等），以便提高系統的有效性。

9.2.3 模糊推論引擎

模糊推論引擎是模糊系統的核心，它可以藉由近似推論或模糊推論的進行，來模擬人類的思考決策模式，以達到解決問題的目地。我們已在第七章探討過這個問題，在這裏，我們將很簡要地重述一遍，推論引擎的運算可以表示如下：

前提一(premise) 1：x is A'
前提二(premise) 2：If x is A, Then y is B

結論：y is B'

根據第七章的內容，我們可以得到：

$$B' = A' \circ R = A' \circ (A \rightarrow B) \tag{9.7}$$

我們曾提過有各種不同計算方式的合成運算子，除了下述的"最大-最小合成"(max-min operation)[5]

$$\mu_{B'}(y) = \max_x \left[\min\left(\mu_{A'}(x), \mu_{A \to B}(x, y) \right) \right] \tag{9.8}$$

以下是另外三種常見的合成運算：

(1) 最大乘積合成(max product operation) [6]

$$\mu_{B'}(y) = \max_x \left[\mu_{A'}(x) \cdot \mu_{A \to B}(x, y) \right] \tag{9.9}$$

(2) 最大邊界積合成(max bounded product operation) [7]

$$\mu_{B'}(y) = \max_x [\mu_{A'}(x) \odot \mu_{A \to B}(x, y)] \tag{9.10}$$

(3) 最大激烈積合成(max drastic product operation) [7]

$$\mu_{B'}(y) = \max_x \left[\mu_{A'}(x) \hat{\cdot} \mu_{A \to B}(x, y) \right] \tag{9.11}$$

其中最常用於模糊控制系統中的是最大-最小合成與最大乘積合成，因其所須之計算較爲簡單並且較有效率。至於模糊蘊涵的運算則如前一章所介紹的有 Mandani 所提出的 R_p、R_M、Dienes-Rescher 所提出的 R_D、Lukasiewicz 的 R_L、Zadeh 的 R_z、以及 Godel 所提出的 R_G 等六種模糊蘊涵。

9.2.4 去模糊化機構

將經過模糊推論之後產生的結論，轉換爲一明確數値的過程，我們稱之爲「去模糊化」。由於不同的模糊規則所採用的後鑑部會有所不同，因此，經過模糊推論後所得到的結論，有的是以模糊集合來表示(如語意式模糊規則)，而有的是以明確數値來表示(如函數式模糊規則)，所以我們將去模糊化機構分成兩部份來探討：

一、推論後得到的是模糊集合：

令模糊集合 C 爲模糊規則經過模糊推論後所得到的結論，亦即前面所提到的 $B' = A' \circ (A \to B)$ 中的 B'，以及 y 代表模糊規則的後鑑部（即推論結

果)。共有四種較常見的去模糊化方法如下(以下我們用 y^* 代表去模糊化後的明確輸出值):

1. **重心法或中心面積法**
(center of gravity defuzzifier or center of area defuzzifier)

(1) 當論域爲連續時:

$$y^* = \frac{\int_Y \mu_A(y) \cdot y \, dy}{\int_Y \mu_A(y) \, dy} \tag{9.12}$$

(2) 當論域爲離散時:

$$y^* = \frac{\sum_{i=1}^{L} \mu_C(y_i) \cdot y_i}{\sum_{i=1}^{L} \mu_C(y_i)} \tag{9.13}$$

式中 L 代表輸出的量化數(quantization levels),y_i 代表第 i 個量化值,以及 $\mu_C(y_i)$ 代表 y_i 屬於模糊集合 C 的歸屬值,通常我們會選擇將連續論域予以量化成離散論域的方式,然後採用離散型重心法以達到降低計算量的目標。如果量化階數夠高的話,則這兩種型式求出來的明確輸出將會十分接近,甚至相同。

2. **最大平均法** (mean of maximal defuzzifier)

將可以使得 $\mu_C(y)$ 達到極大值的那些點加以平均後,就是最後的明確輸出值。這裏我們是假設共有 N 個點使得 $\mu_C(y)$ 達到最大值,那麼

$$y^* = \frac{1}{N}\sum_{j=1}^{N} y_j \tag{9.14}$$

其中 $\mu_C(y_j) = \max_{y \in Y} \mu_C(y) = height(C), \quad j = 1, \cdots, N$。

3. **修正型最大平均法** (modified mean of maxima defuzzifier)

將上述 N 個點排序後，把最大值與最小值相加除以 2，就是最後的明確輸出值，亦即

$$y^* = \frac{\max_j\{y_j\} + \min_j\{y_j\}}{2} \tag{9.15}$$

其中 $\mu_C(y_j) = height(C)$ 。

4. **中心平均法** (center average defuzzifier)

$$y^* = \frac{\sum_{j=1}^{J} \bar{y}^j \mu_{B^j}(\bar{y}^j)}{\sum_{j=1}^{J} \mu_{B^j}(\bar{y}^j)} \tag{9.16}$$

其中以 J 代表模糊規則的數目，$\bar{y}^j$ 代表所有讓式（9.3）中的模糊集合 B^j 的歸屬含數值 μ_{B^j} 達到最高點的中心位置。

5. **修正型中心平均法** (modified center average defuzzifier)

$$y^* = \frac{\sum_{j=1}^{J} \bar{y}^j \mu_{B^j}(\bar{y}_j) / \delta_j}{\sum_{j=1}^{J} \mu_{B^j}(\bar{y}_j) / \delta_j} \tag{9.17}$$

其中以 δ^j 作爲控制歸屬函數遞減的速率，當 δ^j 越小，則歸屬函數遞減的速率越快，譬如說 $\mu_{B^j}(y) = \exp\left[-(\frac{y-\bar{y}^j}{\delta^j})^2\right]$，那麼函數中的 δ^j 就是個能控制歸屬函數遞減速率的參數。

二、推論後得到明確的輸出值：

令 α^j 代表第 j 個模糊規則的前鑑部被符合的程度性，亦即"啓動強度

(firing strength)"，y_j 爲第 j 個模糊規則所推論出的結果，J 代表模糊規則的數目，以下的「權重式平均法(weighted average method)」最被廣泛使用：

$$y^* = \frac{\sum_{j=1}^{J} \alpha_j \, y_j}{\sum_{j=1}^{J} \alpha_j} \tag{9.18}$$

9.3 語意式模糊規則

此種模糊規則首先是由 Mamdani 所提出，用來解決蒸氣引擎的控制問題[1]，所以有時又稱作「Mamdani 模糊規則」。以此種規則所構成的模糊系統，其成效與模糊規則所使用的規則之前鑑部與後鑑部是否恰當很有關係，除此之外，與歸屬函數之型態，合成運算子種類，模糊蘊涵採用何種計算方式，以及去模糊化方法等，都有關係。

我們假設模糊規則庫中只有兩個模糊規則，用來解決兩個輸入及一個輸出的問題：

前提：x is x_0 and y is y_0
模糊規則一 R_1：If x is A_1 and y is B_1 Then z is C_1
模糊規則二 R_2：If x is A_2 and y is B_2 Then z is C_2

若我們採用單點式模糊化方式將 x_0 及 y_0 分別模糊化成模糊集合 A' 和 B'，然後根據模糊推論，我們可以得到以下的結論：

$$\begin{aligned}
C' &= (A' \times B') \circ \left[(A_1 \times B_1 \to C_1) \vee (A_2 \times B_2 \to C_2) \right] \\
&= \left[(A' \times B') \circ (A_1 \times B_1 \to C_1) \right] \vee \left[(A' \times B') \circ (A_2 \times B_2 \to C_2) \right] \\
&= \left\{ \left[A' \circ (A_1 \to C_1) \right] \wedge \left[B' \circ (B_1 \to C_1) \right] \right\} \vee \\
&\quad \left\{ \left[A' \circ (A_2 \to C_2) \right] \wedge \left[B' \circ (B_2 \to C_2) \right] \right\}
\end{aligned} \tag{9.19}$$

一、採用“最大-最小合成”及模糊蘊涵 R_M ：

根據式(9.19) 的第二個等式

$$C' = \left[(A' \times B') \circ (A_1 \times B_1 \to C_1)\right] \vee \left[(A' \times B') \circ (A_2 \times B_2 \to C_2)\right] \tag{9.20}$$

所以我們可以得到下列之推論結果：

$$\begin{aligned}
\mu_{C'}(z) &= \left\{ \bigvee_{x,y} \left\{ [\mu_{A'}(x_0) \wedge \mu_{B'}(y_0)] \wedge \left[\mu_{A_1}(x_0) \wedge \mu_{B_1}(y_0) \wedge \mu_{C_1}(z)\right]\right\}\right\} \\
&\quad \vee \left\{ \bigvee_{x,y} \left\{ [\mu_{A'}(x_0) \wedge \mu_{B'}(y_0)] \wedge \left[\mu_{A_2}(x_0) \wedge \mu_{B_2}(y_0) \wedge \mu_{C_2}(z)\right]\right\}\right\} \\
&= \left\{ \left\{ \bigvee_{x} \left[\mu_{A'}(x_0) \wedge \mu_{A_1}(y_0)\right]\right\} \wedge \left\{ \bigvee_{x} \left[\mu_{B'}(y_0) \wedge \mu_{B_1}(y_0)\right]\right\} \wedge \mu_{C_1}(z) \right\} \\
&\quad \vee \left\{ \left\{ \bigvee_{x} \left[\mu_{A'}(x_0) \wedge \mu_{A_2}(y_0)\right]\right\} \wedge \left\{ \bigvee_{x} \left[\mu_{B'}(y_0) \wedge \mu_{B_2}(y_0)\right]\right\} \wedge \mu_{C_2}(z) \right\} \\
&= \left[\mu_{A_1}(x_0) \wedge \mu_{B_1}(y_0) \wedge \mu_{C_1}(z)\right] \vee \left[\mu_{A_2}(x_0) \wedge \mu_{B_2}(y_0) \wedge \mu_{C_2}(z)\right]
\end{aligned} \tag{9.21}$$

以上的過程可用圖 9.2 來說明，圖中的 z_1 代表是用重心法去模糊化而得的明確輸出，而 z_2 代表是用最大平均法而得的明確輸出。

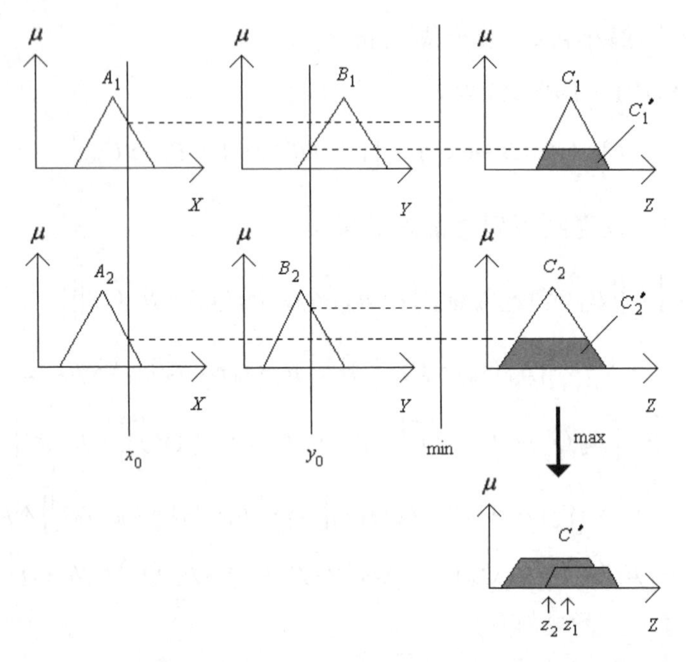

圖 9.2 以"最大-最小合成"及模糊蘊涵 R_M 來進行模糊推論

二、採用"最大乘積合成"及模糊蘊涵 R_p：

根據式(9.19) 的第三個等式

$$C' = \{[A' \circ (A_1 \to C_1)] \wedge [B' \circ (B_1 \to C_1)]\} \vee \{[A' \circ (A_2 \to C_2)] \wedge [B' \circ (B_2 \to C_2)]\} \tag{9.22}$$

所以

$$\begin{aligned} \mu_{C'}(z) &= \left\{ \bigvee_{x,y} \left[\mu_{A'}(x_0) \cdot \left(\mu_{A_1}(x) \cdot \mu_{C_1}(z) \right) \right] \wedge \left[\mu_{B'}(y_0) \cdot \left(\mu_{B_1}(y) \cdot \mu_{C_1}(z) \right) \right] \right\} \\ &\quad \vee \left\{ \bigvee_{x,y} \left[\mu_{A'}(x_0) \cdot \left(\mu_{A_2}(x) \cdot \mu_{C_2}(z) \right) \right] \wedge \left[\mu_{B'}(y_0) \cdot \left(\mu_{B_2}(y) \cdot \mu_{C_2}(z) \right) \right] \right\} \\ &= \left\{ \left[\mu_{A_1}(x_0)\mu_{C_1}(z) \wedge \mu_{B_1}(y_0)\mu_{C_1}(z) \right] \vee \left[\mu_{A_2}(x_0)\mu_{C_2}(z) \wedge \mu_{B_2}(y_0)\mu_{C_2}(z) \right] \right\} \\ &= \left\{ \left[\mu_{A_1}(x_0) \wedge \mu_{B_1}(y_0) \right] \mu_{C_1}(z) \right\} \vee \left\{ \left[\mu_{A_2}(x_0) \wedge \mu_{B_2}(y_0) \right] \mu_{C_2}(z) \right\} \end{aligned} \tag{9.23}$$

以上的過程可用圖 9.3 來說明，z_1 與 z_2 分別代表使用重心法與最大平均法而得的明確輸出。

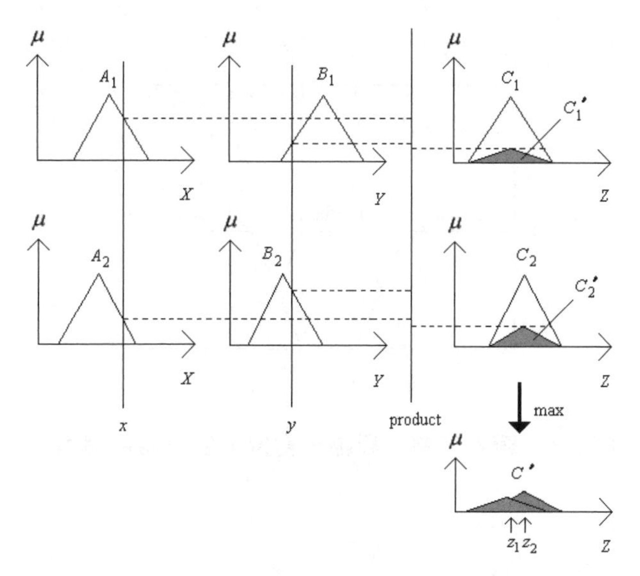

圖 9.3 以"最大乘積合成"及模糊蘊涵 R_p 來進行模糊推論

範例 9.1：語意式模糊規則

假設模糊規則庫中，只有以下三個模糊規則：

模糊規則 R^1：If x is small Then y is large
模糊規則 R^2：If x is medium Then y is medium
模糊規則 R^3：If x is large Then y is small

圖 9.4 顯示了輸入變數 x 與輸出變數 y 的三個模糊集合，若我們採用「max-min 合成」以及「重心法」來去模糊化，則整體的輸入與輸出的函數關係就如圖 9.5 所示。

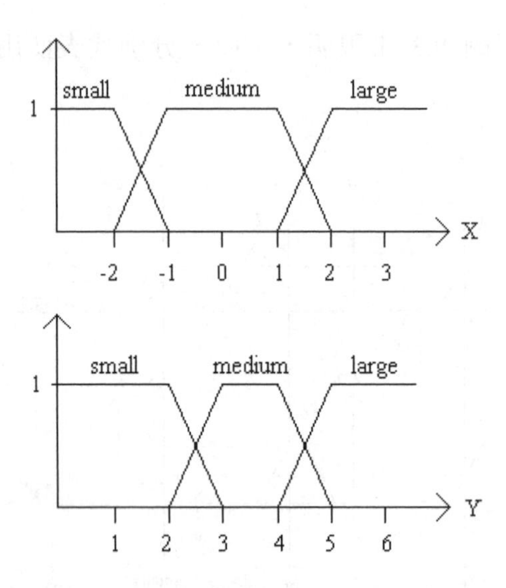

圖 9.4　輸入變數 *x* 與輸出變數 *y* 的三個模糊集合

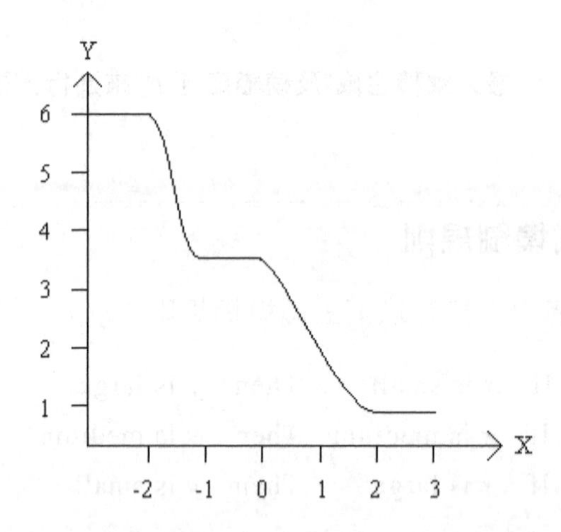

圖 9.5　整體的輸入與輸出的函數關係

9.4 函數式模糊規則

此種模糊規則有時又稱做“Sugeno 模糊規則”或“TSK 模糊規則”。在[2-3]中，Takagi、Sugeno、和 Kang 嘗試利用系統化的方法，從一組輸入/輸出資料中，建立出此種型態的模糊規則。當時，他們採用的是線性的後鑑部，此種線性式模糊規則的優點是其參數 c_i^j 可以很容易地從數值型資料中鑑別出來；其缺點是相較於語意式模糊規則，此種模糊規則較不具有邏輯上的意義，因此較不容易將 (1) 由人類專家所提供的語意式資訊以及 (2) 從實驗中得到的數值型資料，整合起來用以建立線性式模糊規則。

假設模糊規則庫中，只有兩個模糊規則：

前提：x is x_0 and y is y_0
模糊規則一 R^1：If x is A_1 and y is B_1 Then z is $f_1(x,y)$
模糊規則二 R^2：If x is A_2 and y is B_2 Then z is $f_2(x,y)$

令 $\alpha_i = \left[\mu_{A'}(x_0) \wedge \mu_{A_i}(x)\right] \wedge \left[\mu_{B'}(y_0) \wedge \mu_{B_i}(y)\right]$ 代表第 i 個模糊規則的啓動強度，並且 $f_i(x_0,y_0)$ 爲第 i 個模糊規則經過推論後所得到的結果，最後利用“權重平均法”來去模糊化，整體最後的輸出 z^* 爲：

$$z^* = \frac{\alpha_1 f_1(x_0,y_0) + \alpha_2 f_2(x_0,y_0)}{\alpha_1 + \alpha_2} \tag{9.24}$$

範例 9.2：函數式模糊規則

假設模糊規則庫中，只有三個模糊規則：

模糊規則 R^1：If x is small Then $y = 2x$
模糊規則 R^2：If x is medium Then $y = -x + 3$
模糊規則 R^3：If x is large Then $y = x - 1$

現在我們以圖 9.6 來說明若用不同的方式來定義這三個模糊集合 —

small、medium、和 large 會導至整體的輸入/輸出的函數關係會有所不同，在這個範例中，我們採用的是“權重平均法”來去模糊化。

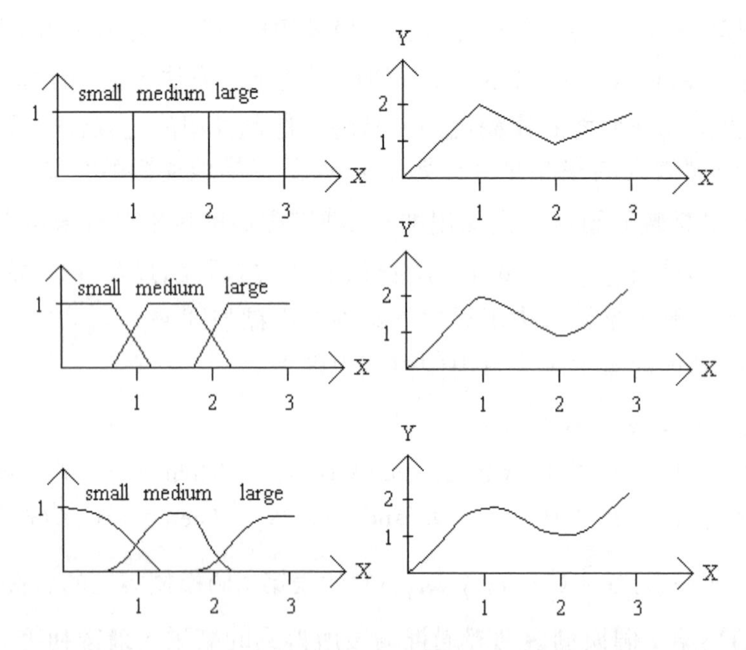

圖 9.6 若用不同的方式來定義模糊集合，則會導至整體的輸入/輸出的函數關係會有所不同

經過進一步的分析，我們可以發現，如果我們在線性式的模糊規則中，使用(1)高斯函數作為歸屬函數、(2)最大乘積合成於模糊推論、以及(3)加權式平均法來去模糊化，則 Takagi 及 Sugeno 的線性式模糊規則的輸出就是：

$$y(\underline{x})=\frac{\sum_{j=1}^{J}\alpha^{j}y^{j}}{\sum_{j=1}^{J}\alpha^{j}} \tag{9.25}$$

其中 J 代表模糊規則數，以及 y_j 代表第 j 條模糊規則經過推論後所得到的結果，亦即

$$y_j = c_0^j + c_1^j x_{01} + \cdots + c_p^j x_{0p} \tag{9.26}$$

其中 p 代表輸入變數的維度，以及明確輸入 $\underline{x}_0 = [x_{01}, \cdots, x_{0n}]^T$，而權重 α^j 代表輸入變數 $\underline{x}_0$ 對第 j 條模糊規則的前鑑部的啓動強度，α_j 可用下式求得：

$$\begin{aligned}
\alpha^j &= \prod_{i=1}^{p} \mu_{A_i^j}(x_{0i}) \\
&= \prod_{i=1}^{p} \exp\left[-\frac{1}{2}\left(\frac{x_{0i}-\mu_i^j}{\sigma_i^j}\right)^2\right] \\
&= \exp\left[-\frac{1}{2}\sum_{i=1}^{p}\left(\frac{x_{0i}-\mu_i^j}{\sigma_i^j}\right)^2\right]
\end{aligned} \tag{9.27}$$

其中 $\mu_{A_i^j}(x_{0i})$ 代表 x_{0i} 對模糊集合 A_i^j 的歸屬度，結合式(9.25) 以及式(9.27)，我們可以導出一個多變數的非線性近似器(nonlinear approximator)。事實上，若是要以一組線性式模糊規則作爲通用近似器(universal approximator)，在線性式模糊規則的後鑑部中只需要一個常數項 c_0^j 即可，只要保留此常數項，所導出的系統輸出爲：

$$y(\underline{x}) = \frac{\sum_{j=1}^{J} \alpha_j \cdot c_0^j}{\sum_{j=1}^{J} \alpha_j} = \sum_{j=1}^{J} c^j \exp\left[-\frac{1}{2}\sum_{i=1}^{p}\left(\frac{x_{0i}-\mu_i^j}{\sigma_i^j}\right)^2\right] \tag{9.28}$$

其中

$$c^j = \frac{c_0^j}{\sum_{j=1}^{J} \alpha_j} \tag{9.29}$$

經過比較，我們發現式(9.28)將會等效於使用高斯函數爲基底的 Radial Basis Function Network (RBFN)，而 RBFN 已經證明爲一通用之近似器 [8]-[9]。

9.5 Tsukamoto 模糊規則

基本上，Tsukamoto 模糊規則可以視作語意式模糊規則的一種簡化，Tsukamoto 把後鑑部之模糊規則限定成只能擁有單調性(遞增或遞減)的歸屬函數，如此一來，歸屬函數的反函數便一定存在。我們假設模糊規則庫中只有兩個模糊規則：

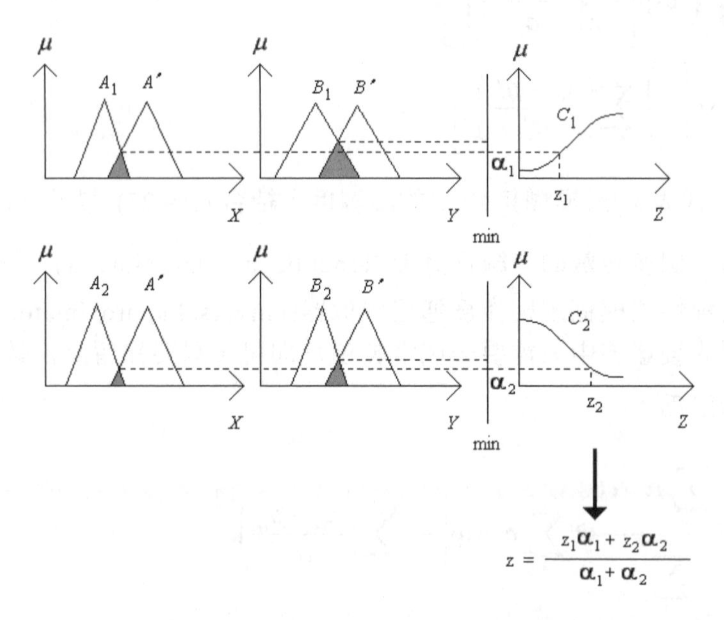

圖 9.7 Tsukamoto 模糊規則的推論過程

前提：x is x_0 and y is y_0

模糊規則 R^1：If x is A_1 and y is B_1 Then z is C_1

模糊規則 R^2：If x is A_2 and y is B_2 Then z is C_2

令 $\alpha_i = \left[\mu_{A'}(x_0) \wedge \mu_{A_i}(x)\right] \wedge \left[\mu_{B'}(y_0) \wedge \mu_{B_i}(y)\right]$ 代表第 i 個模糊規則的啓動強度，並且 z_i 代表是當第 i 個模糊規則的啓動強度爲 α_i 時所推論而得到的結果，然後利用“權重平均法”來去模糊化，整體最後的輸出 z^* 爲：

$$z^{*}=\frac{\alpha_1 z_1+\alpha_2 z_2}{\alpha_1+\alpha_2} \tag{9.30}$$

我們以圖 9.7 來說明此推論過程。

9.6 模糊控制範例

假設我們有下列兩條模糊規則 [10]：

模糊規則 R^1：If x is A_1, and y is B_1, Then z is C_1
模糊規則 R^2：If x is A_2, and y is B_2, Then z is C_2

令 x_0 與 y_0 爲感應器 x 與 y 之輸入，模糊集合 A_1、A_2、B_1、B_2、C_1、以及 C_2 使用下列之歸屬函數：

$$\mu_{A_1}(x)=\begin{cases}\frac{x-2}{3} & 2\le x\le 5\\ \frac{8-x}{3} & 5<x\le 8\end{cases},\quad \mu_{A_2}(x)=\begin{cases}\frac{x-3}{3} & 3\le x\le 6\\ \frac{9-x}{3} & 6<x\le 9\end{cases}, \tag{9.31}$$

$$\mu_{B_1}(y)=\begin{cases}\frac{y-5}{3} & 5\le y\le 8\\ \frac{11-y}{3} & 8<y\le 11\end{cases},\quad \mu_{B_2}(y)=\begin{cases}\frac{y-4}{3} & 4\le y\le 7\\ \frac{10-y}{3} & 7<y\le 10\end{cases}, \tag{9.32}$$

$$\mu_{C_1}(z)=\begin{cases}\frac{z-1}{3} & 1\le z\le 4\\ \frac{7-z}{3} & 4<z\le 7\end{cases},\quad \mu_{C_2}(z)=\begin{cases}\frac{z-3}{3} & 3\le z\le 6\\ \frac{9-z}{3} & 6<z\le 9\end{cases}, \tag{9.33}$$

我們進一步假設於時間 t_1 時，讀入感應器輸入 $x_0(t_1)=4$ 以及 $y_0(t_1)=8$，接下來我們將說明如何計算最後的控制輸出。

首先計算感應器輸入 $x_0(t_1)$ 以及 $y_0(t_1)$ 與第一條模糊規則的符合程度爲：

$$\mu_{A_1}(x_0=4)=\frac{2}{3} \tag{9.34}$$

以及

$$\mu_{B_1}(y_0 = 8) = 1 \tag{9.35}$$

相同地，計算感應器輸入與第二條模糊規則的符合程度爲：

$$\mu_{A_2}(x_0 = 4) = \frac{1}{3} \tag{9.36}$$

以及

$$\mu_{B_2}(y_0 = 8) = \frac{2}{3} \tag{9.37}$$

接下來，第一條模糊規則的啓動強度爲：

$$\alpha_1 = \min\left(\mu_{A_1}(x_0), \mu_{B_1}(y_0)\right) = \min\left(\frac{2}{3}, 1\right) = \frac{2}{3} \tag{9.38}$$

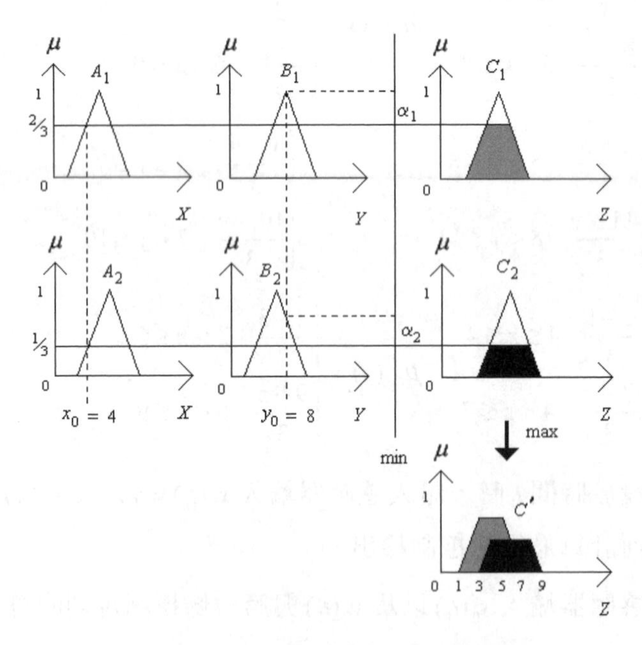

圖 9.8　模糊推論過程示意圖

相同地，計算第二條模糊規則的啟動強度為：

$$\alpha_2 = \min\left(\mu_{A_2}(x_0), \mu_{B_2}(y_0)\right) = \min\left(\frac{1}{3}, \frac{2}{3}\right) = \frac{1}{3} \tag{9.39}$$

將 α_1 對映至第一條模糊規則的後鑑部（模糊蘊涵採用 R_M），可得到如圖 9.8 中的灰色梯形區域 C_1；相同地，將 α_2 對映至第二條模糊規則的後鑑部（模糊蘊涵採用 R_M），可得到如圖 9.8 中的黑色梯形區域 C_2；將此兩個梯形區域以“最大運算子(max)”取其最大值，可得整體輸出 C' 的歸屬函數（以灰色和黑色的聯集表示）。最後解模糊化可得：

1. 以連續型重心法作爲解模糊化機構：首先找出 C' 的歸屬函數爲 $\mu_{C'}(z)$：

$$\mu_{C'}(z) = \begin{cases} \dfrac{z-1}{3} & 1 \le z < 3 \\ \dfrac{2}{3} & 3 \le z < 5 \\ \dfrac{7-z}{3} & 5 \le z \le 6 \\ \dfrac{1}{3} & 6 \le z \le 8 \\ \dfrac{9-z}{3} & 8 \le z < 9 \end{cases} \tag{9.40}$$

因此

$$\begin{aligned} z^* &= \frac{\int_1^3 \frac{z-1}{3} z dz + \int_3^5 \frac{2}{3} z dz + \int_5^6 \frac{7-z}{3} z dz + \int_6^8 \frac{1}{3} z dz + \int_8^9 \frac{9-z}{3} z dz}{\int_1^3 \frac{z-1}{3} dz + \int_3^5 \frac{2}{3} dz + \int_5^6 \frac{7-z}{3} dz + \int_6^8 \frac{1}{3} dz + \int_8^9 \frac{9-z}{3} dz} \\ &= \frac{\frac{28}{18} + \frac{16}{3} + \frac{49}{18} + \frac{28}{6} + \frac{25}{18}}{\frac{2}{3} + \frac{4}{3} + \frac{1}{2} + \frac{2}{3} + \frac{1}{6}} \\ &= 4.7 \end{aligned} \tag{9.41}$$

2. 以離散型重心法來解模糊化：我們將輸出量化成 1, 2, ..., 9 等 9 個離散輸出，可得

$$z^* = \frac{1(0)+2\left(\frac{1}{3}\right)+3\left(\frac{2}{3}\right)+4\left(\frac{2}{3}\right)+5\left(\frac{2}{3}\right)+6\left(\frac{1}{3}\right)+7\left(\frac{1}{3}\right)+8\left(\frac{1}{3}\right)+9(0)}{\frac{1}{3}+\frac{2}{3}+\frac{2}{3}+\frac{2}{3}+\frac{1}{3}+\frac{1}{3}+\frac{1}{3}} = 4.7 \tag{9.42}$$

3. 以“最大平均法”作爲解模糊化機構：在最後的歸屬函數中，其量化值達到最大歸屬函數值的有 3、4、以及 5，因此我們可以得到：

$$z^* = \sum_{j=1}^{m} \frac{z_j}{3} = \frac{3+4+5}{3} = 4.0 \tag{9.43}$$

4. 以修正型最大平均法作爲解模糊化機構：

$$z^* = \frac{5+3}{2} = 4.0 \tag{9.44}$$

5. 以中心平均法作爲解模糊化機構：

$$z^* = \frac{4\times\frac{2}{3}+6\times\frac{1}{3}}{\frac{2}{3}+\frac{1}{3}} = \frac{14}{3} = 4.7 \tag{9.45}$$

其中模糊集合 C_1 的中心位置是 4，以及其啓動強度是 2/3，而模糊集合 C_2 的中心位置則是 6，以及其啓動強度是 1/3。

9.7 模糊系統的建立

模糊系統的建立，其關鍵過程就是如何獲得相關的模糊規則，而模糊規則的取得有兩種方式，第一種也是最直接的方式就是經由詢問人類專家而得。由人類專家依其專業知識，將所使用的規則表示成所需的語意式模糊規

則，同時也必需指定語意式模糊規則所使用的歸屬函數的型式。然而由人類專家所指定的語意式模糊規則所建立的模糊系統，若直接應用於工程上，則略顯粗糙且不能達到所需的精確度；其理由如下：

一、當人類專家試著將其專業知識轉成語意式模糊規則時，一些重要的資訊可能會遺漏；換句話說，人類專家往往無法完整地提供所有必需的語意式模糊規則，以致於規則庫的不完全，所以無法處理所有可能面對的情況。

二、一般說來，人類專家很難將其所使用的模糊規則給予適當的歸屬函數來配套處理。雖然語意式的模糊規則提供了一個快速建立模糊系統的方法，然而其效果則深受 (1) 規則庫的完全與否，以及 (2) 所使用的歸屬函數是否能正確地反應出輸入/輸出變數間的模糊關係所影響。

第二種取得語意式模糊規則的方式，則是經由訓練法則，從數值型資料(numerical data)中取得模糊規則。此種作法往往牽涉到如何分割輸入及輸出變數空間，以及如何建立模糊規則中前鑑部以及後鑑部之相對應關係。這些方法所建立起來的模糊規則，可以依照輸入空間的切割方式分成兩類：

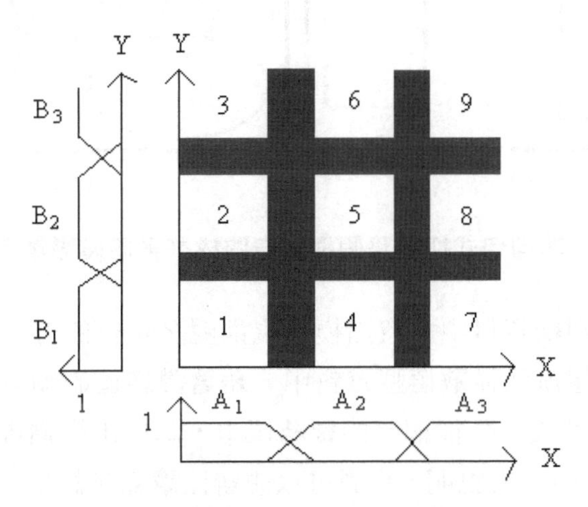

圖 9.9　均勻式切割模糊空間的方法

一、均勻式切割法：圖 9.9 說明了此種均勻式切割模糊空間的方法；此種方法有兩個主要的缺點：(1) 若輸入向量的維度很高時，會導致模糊規則的數目增長得很快，產生計算耗時及記憶空間龐大的問題；(2) 如果輸入變數間的相關程度性(correlation)很高，將導致輸入空間被分割得相當細微，以反映出輸入變數間的相關程度。

二、非均勻式切割法：為了克服均勻式切割法的缺點，我們其實可以直接切割整個模糊空間成許多個模糊集合，而不是在每一輸入維度上切割，這個概念可以用圖 9.10 來加以說明。這種方法雖然可以有效地降低所需的規則數目、以及反映出變數間的關連性，但付出的代價有二：(1) 增加後續建模(modeling)工作的困難度（即規則數目的選定及歸屬函數的參數之調整等工作）；(2) 此種模糊規則較不易解讀。

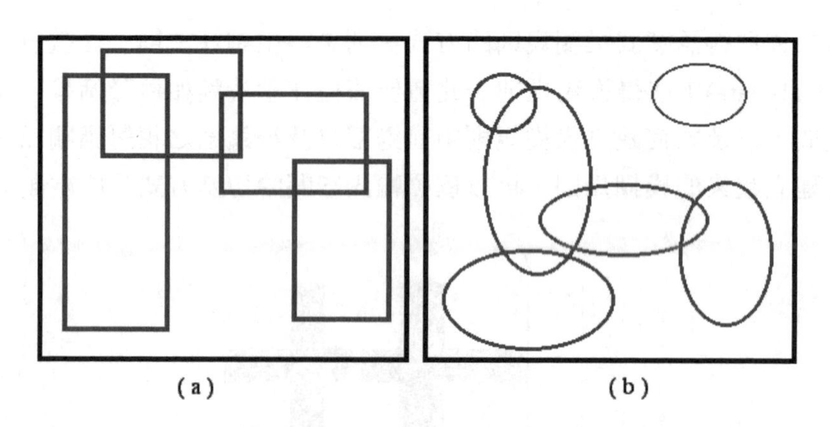

圖 9.10　非均勻式切割整個模糊空間成許多個模糊集合的概念

至於如何從訓練資料中萃取出模糊規則呢？可行的方法是利用類神經網路的學習特質，想辦法從數值型資料中，藉著鍵結值的調整，歸納出相關的輸入/輸出關係，然後，再從網路的鍵結值中，萃取出模糊規則來。這些方法基本上可以用圖 9.11 來說明，我們可以想辦法讓類神經網路中，隱藏層類神經元的輸入/輸出關係，表現為：

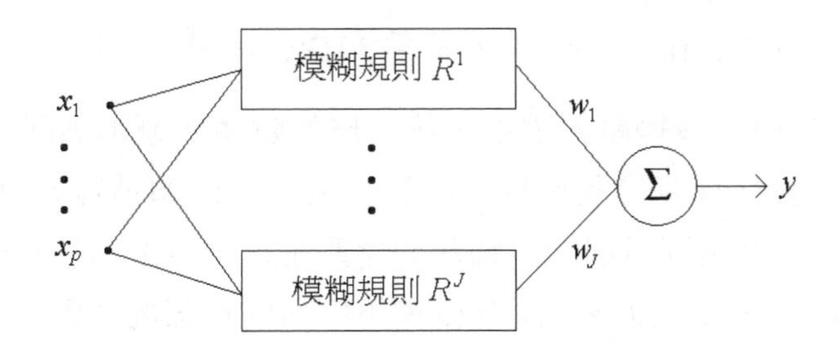

圖 9.11　模糊化之類神經網路

If　$(x_1 \text{ is } A_1^j)\text{AND}(x_2 \text{ is } A_2^j)\text{AND}\ldots\text{AND}(x_p \text{ is } A_p^j)$

Then　y is B^j（均勻式切割法）　(9.46)

或

If　$\underline{x}$ is A^j

Then　y is B^j（非均勻式切割法）　(9.47)

的型式；而輸出類神經元扮演的角色即為去模糊化單元；網路的訓練即是找出最佳的參數解。我們將在下一節中，詳細介紹如何經由訓練法則，從數值型資料中取得語意式模糊規則的方法。

9.8 模糊化類神經網路

在本節中，我們介紹幾年來較具代表性的模糊系統建立方法，四種較典型的「模糊化類神經網路」分別為：

1. 適應性網路架構的模糊推論系統(adaptive network-based fuzzy inference system 簡稱 ANFIS) [11]-[12]。
2. 模糊適應性學習控制網路(fuzzy adaptive learning control network 簡稱為 FALCON) [13]-[14]。
3. 倒傳遞模糊系統(backpropagation fuzzy system) [15]-[16]。
4. 模糊化多維矩形複合式類神經網路(Fuzzy HyperRectangular

Composite Neural Network 簡稱為 FHRCNN) [17]-[18]

基本上，在前三種網路架構中，第一層的隱藏層類神經元，所執行的是歸屬函數值的運算(即相容程度性的計算)，接下來的類神經元執行『及(AND)的運算』，以便獲得模糊規則的前鑑部的啓動強度，然後，有一層的類神經元執行『或(OR)』的運算，以便將所有模糊規則的前鑑部的啓動強度聯集起來，最後位於輸出層的類神經元便執行去模糊化的運算，以便提供明確的輸出值。至於模糊化多維矩形複合式類神經網路，則是執行非均勻式切割法的一種典型模糊化類神經網路。此種網路將模糊系統架構於一個二層的類神經網路中，結合類神經網路的學習能力、以及模糊規則可以解釋系統行為之能力，從所收集得到的資料中萃取出使用者所需之模糊規則。

以下各個小節所使用的符號，我們都盡可能地選用原作者當初所使用符號表示法，理由是希望讀者們能進一步研讀相關之原始資料時，能夠較快進入狀況。

9.8.1 適應性網路架構的模糊推論系統

適應性網路架構的模糊推論系統(adaptive network-based fuzzy inference system 簡稱為 ANFIS)可以適用於 9.4 節中所介紹的函數式模糊規則（Sugeno 模糊規則)、以及 9.5 節中所介紹的 Tsukamoto 模糊規則。為了簡化說明起見，我們令模糊系統只有二個輸入變數，x , y、一個輸出變數，z；因此，我們可以將函數式模糊規則（Sugeno 模糊規則）表示如下：

模糊規則 R^1 ： If x is A_1 and y is B_1, Then $z = f_1 = p_1 x + q_1 y + r_1$

模糊規則 R^2 ： If x is A_2 and y is B_2, Then $z = f_2 = p_2 x + q_2 y + r_2$

圖 9.12(a)所示為函數式模糊規則的模糊推論過程，其相對的 ANFIS 架構如圖 9.12(b)所示，其中同一層的類神經元執行相同的運算，以下我們就每一層的類神經元的功能及運算說明如下 （我們令第 l 層中的第 i 個類神經元的輸出為：$O_{i,j}$ ）：

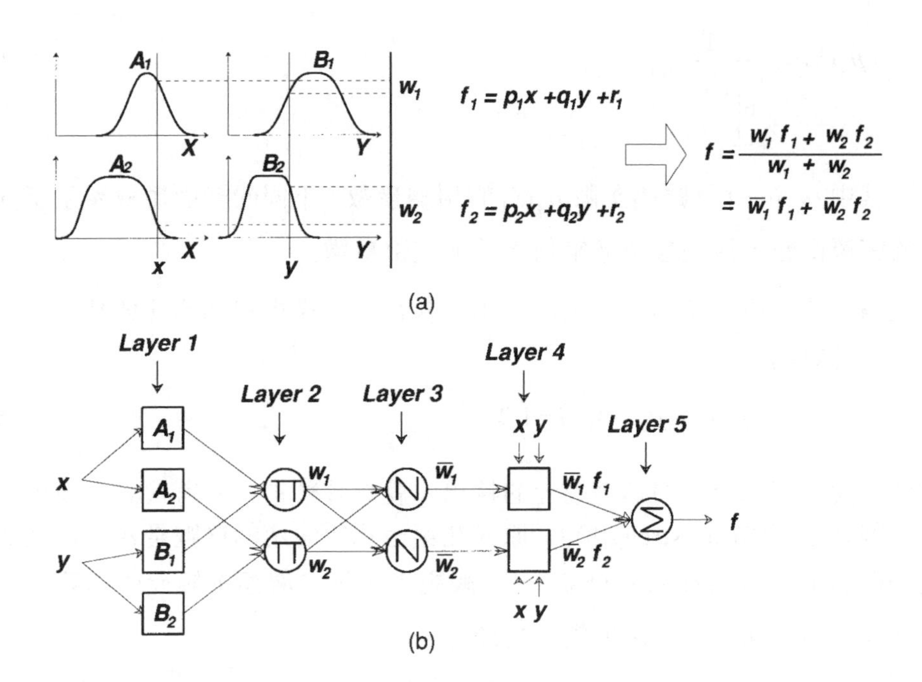

圖 9.12 (a) 函數式模糊規則的模糊推論過程 (b) 相對應於函數式模糊規則的 ANFIS 架構。(本圖摘自 J.-S. Roger Jang *et. al.* [12])

第一層：第一層的類神經元執行輸入與相關模糊集合的「相容程度性」之運算，計算如下：

$$O_{1,i} = \mu_{A_i}(x), \quad for \quad i = 1,2 \tag{9.48}$$

或

$$O_{1,i} = \mu_{B_{i-2}}(y), \quad for \quad i = 3,4 \tag{9.49}$$

其中 x（或 y）是第 i 個神經元的輸入，A_i（或 B_{i-2}）是第 i 個類神經元所代表的模糊集合。也就是說，$O_{1,i}$ 代表了輸入變數 x（或 y）對模糊集合 $A(= A_1, A_2, B_1, \ or \ B_2)$ 的歸屬程度，而模糊集合 A 的歸屬函數可以使用任何適當的參數型之歸屬函數，舉例來說，我們可以採用如下的倒鐘型之歸屬函數：

$$\mu_A(x) = \frac{1}{1+\left|\dfrac{x-c_i}{a_i}\right|^{2b_i}} \tag{9.50}$$

其中$\{a_i, b_i, c_i\}$是歸屬函數$\mu_A(x)$的相關參數，不同的參數值會產生不同形式的歸屬函數，這些參數通常稱為「前鑑部參數」。

第二層：第二層的類神經元標示為 Π，執行的式模糊規則的「啓動強度」之計算，計算如下：

$$O_{2,i} = w_i = \mu_{A_i}(x)\cdot\mu_{B_i}(y), \quad i=1,2 \tag{9.51}$$

也就是說，第二層中的類神經元的輸出，就是該類神經元所代表之模糊規則的「啓動強度(firing strength)」（原先在第七章所使用的符號是α_i，這裡改用w_i是配合原作者所採用的符號）。一般說來，第二層類神經元的運算可以是任何「t-norm 運算子」之模糊交集運算子。

第三層：第三層中的類神經元標示為 N，執行的是將啓動強度正規化之運算，計算如下：

$$O_{3,i} = \overline{w}_i = \frac{w_1}{w_1+w_2}, \quad i=1,2 \tag{9.52}$$

為了簡化起見，我們通常將第三層類神經元的輸出值稱之為「正規化之啓動強度」。

第四層：第四層的類神經元執行的是，每個模糊規則之後鑑部該執行多少之運算，計算如下：

$$O_{4,i} = \overline{w}_i f_i = \overline{w}_i(p_i x + q_i y + r_i), \quad i=1,2 \tag{9.53}$$

其中$\overline{w}_i$為第三層類神經元所計算的正規化之啓動強度，$\{p_i, q_i, r_i\}$為第四層類神經元之參數，通常我們將這些參數稱之為「後鑑部參數」。

第五層：第五層只有單一個類神經元，標示為 Σ，計算前一層中類神經元輸出值的總合，以作為最後網路的輸出值：

$$O_{5,1}=\sum_i \bar{w}_i f_i=\frac{\sum_i w_i f_i}{\sum_i w_i} \tag{9.54}$$

經由上述的說明可知，適應性網路架構的模糊推論系統(ANFIS)和以函數式模糊規則所組成之模糊系統是等效的。值得注意的是，ANFIS 的網路結構不是唯一的；舉例來說，我們可以結合第三層和第四層的功能，合併至同一層的類神經元中；或是在最後一層中，加入鍵結值正規化的運算，如圖 9.13 所示。其實，網路應該安排成幾層的結構，以及每一層中的類神經元所執行的運算，都是可以視其需要而加以改變的，只要每一層中的類神經元所執行的運算都是有意義的模組化函數即可。

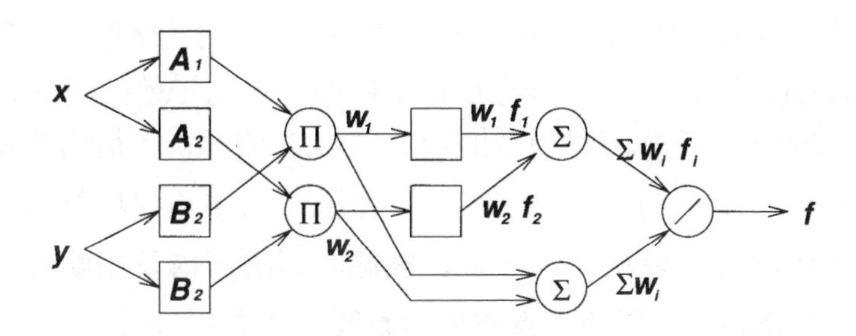

圖 9.13　相對應於函數式模糊規則另類 ANFIS 架構
其中最後一層執行鍵結值之正規化計算。(本圖摘自 J.-S. Roger Jang *et. al.* [12])

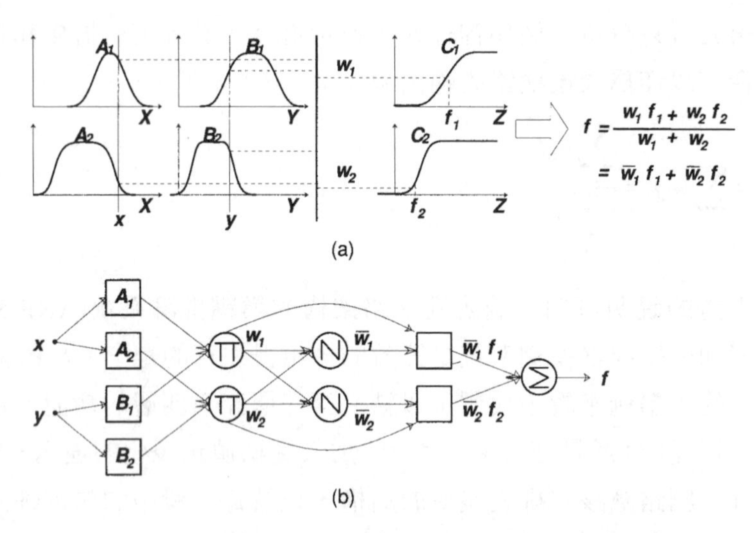

圖 9.14 (a)Tsukamoto 模糊規則的模糊推論過程；(b)相對應於 Tsukamoto 模糊規則的 ANFIS 架構（本圖摘自 J.-S. Roger Jang *et. al.* [12]）

若是要將 ANFIS 中所使用的模糊規則，由上述之「函數式模糊規則」推廣至「Tsukamoto 模糊規則」，其方法相當直觀且容易，就如圖 9.14 所示，網路所需做的改變，只是每個模糊規則 (f_i, $i=1,2$) 的輸出，是由後鑑部歸屬函數以及啓動強度兩者計算而得。當然，ANFIS 中所使用的模糊規則也可以採用 Mamdani 的語意式模糊規則，只是整體的網路架構及相關計算會比較複雜而已。至於 ANFIS 的相關參數如何調整呢？讀者可參考[11],[12]之複合式學習演算法。

9.8.2 模糊適應性學習控制網路

模糊適應性學習控制網路(fuzzy adaptive learning control network 簡稱爲 FALCON)是一種前向式多層網路架構，基本上，FALCON 將傳統的模糊控制器、以及具備分散式學習能力的類神經網路，兩者整合至同一網路架構中。在 FALCON 的網路架構中，輸入層代表外界輸入至網路之狀態，輸出層代表網路的輸出控制信號，而隱藏層則包括了歸屬函數、以及模糊規則。

FALCON 的網路架構如圖 9.15 所示，共有五層。第一層是輸入層，每各類神經網路處理一個語意式變數；第五層是輸出層，每個語意式變數都由兩個類神經元負責處理，其中一個是外界輸入至網路的訓練資料（網路的期望輸出值，以 y_i 代表之），其中一個是網路本身計算得到的輸出值（網路輸出值，以 y_i' 代表之）。第二層和第四層都是執行歸屬函數直的運算（即相容程度性的計算），事實上，第二層的形式（對每一個語意式變數而言）可以是單一個類神經元，執行較簡單的歸屬函數值（三角形歸屬函數、高斯形式之歸屬函數等等）之計算；也可以是一組多層的網路架構（模組化之子網路），來負責執行較複雜的歸屬函數模糊化之工作；因此，網路的總層數可能不只五層，使用者也可以自行發展出更多層的網路結構。第三層的類神經元負積模糊規則的運算，每個類神經元代表一條模糊規則，因此，第三層的類神經元也就可以代表一組模糊規則庫(fuzzy rule base)，第二層和第三層的連結以及第三層和第四層的連結，也就定義了模糊規則的推論方式（9.2.3 節中的模糊推論引擎），第二層和第三層的連結定義了模糊規則的前鑑部，第三層和第四層的連結定義了模糊規則的後鑑部；對每個模糊規則而言，其前鑑部與後鑑部所使用的語意式變數，可能包括了網路中所有的語意式變數，也可能只使用了網路中部份的語意式變數，因此，第二層和第三層的連結（前鑑部語意式變數）以及第三層和第四層的連結（後鑑部語意式變數），不是完全連結(partially connected)；而第一層和第二層的連結以及第四層和第五層的連結則是完全連結(fully connected)（這裡的完全連結是針對個別的輸入或輸出類神經元所定義的）。當網路已訓練好之後，訊號的傳遞方向是由下至上；當網路是處於訓練過程時，會有部份訊號經由第五層由上至下傳遞。

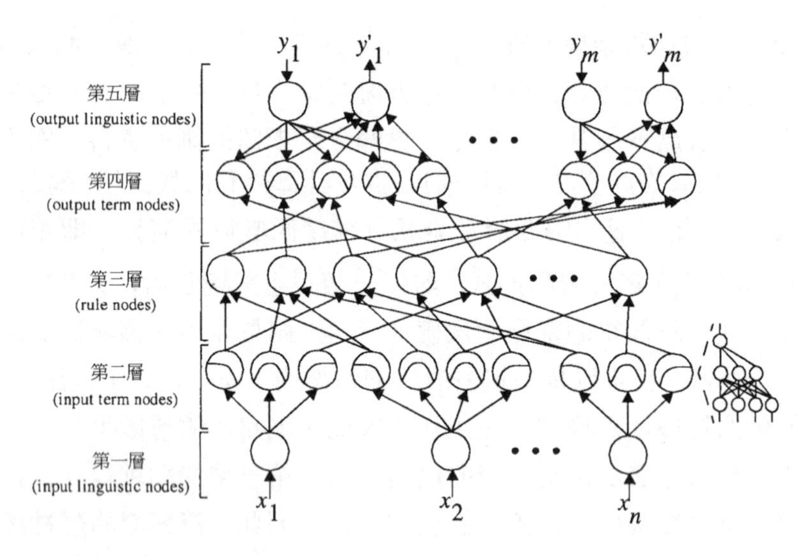

圖 9.15 模糊系統 FALCON 的網路架構圖（本圖摘自 C.T. Lin and C.S. George Lee [14]）

我們首先定義每個類神經元所執行的基本運算。對每一個類神經元而言，所執行的運算可以分爲兩部份，一爲「輸入部份」，一爲「輸出部份」。在輸入部份來說，對第 i 個類神經元而言，由前一層類神經元輸入至第 I 個類神經元的淨輸入爲：

$$net_i = f\left(u_1^{(k)}, u_2^{(k)}, \cdots, u_p^{(k)} \ ; w_1^{(k)}, w_2^{(k)}, \cdots, w_p^{(k)}\right) \tag{9.55}$$

其中 $u_1^{(k)}, u_2^{(k)}, \cdots, u_p^{(k)}$ 是前一層類神經元輸入至第 i 個類神經元的輸入訊號，$w_1^{(k)}, w_2^{(k)}, \cdots, w_p^{(k)}$ 則是其相關的鍵結值連結。上式中的上標 k 則是代表類神經元所在的層數。在輸出部分來說，對第 i 個類神經元而言，輸出至下一層類神經元的輸出値爲：

$$output = o_i^{(k)} = a(net_i) = a(f) \tag{9.56}$$

其中 $a(\cdot)$ 代表活化函數，接下來，我們逐一說明每一層類神經元所執行的運算及其功能。

第一層：第一層是輸入層，不負責實際之運算，只是將外界之輸入直接導引至下一層中，也就是說：

$$f = u_i^{(1)} \tag{9.57}$$

以及

$$a = f \tag{9.58}$$

注意，在上式中，第一層的鍵結值向量爲 1（由輸入信號連結至第一層的鍵結值），也就是說，$w_i^{(1)} = 1$，以及 $\mu_i^{(1)} = x_i$。

第二層：第二層所執行的功能是歸屬函數值之運算（即相容程度性之計算）。如果我們以單一個類神經元，執行較簡單的歸屬函數模糊化之工作，則此類神經元的輸出即爲該歸屬函數之輸出值，舉例來說，若我們採用高斯形式之歸屬函數，則：

$$f = -\frac{\left(u_i^{(2)} - m_{ij}\right)^2}{\sigma_{ij}^2} \tag{9.59}$$

以及

$$a = \exp(f) \tag{9.60}$$

其中 m_{ij} 代表高斯函數的中心點（平均值），σ_{ij} 代表高斯函數的寬度（變異數），下標 j 代表第二層的第 j 個類神經元，下標 i 代表第一層的第 i 個類神經元；因此，第二層的類神經元的鍵結值向量 $w_{ij}^{(2)}$ 就是 m_{ij}。（我們使用 $w_{ij}^{(2)}$ 來代表第一層的第 i 個類神經元連結至第二層的第 j 個類神經元的鍵結值，是採用原作者的符號表示法，若按照本書的符號使用法，應該是採用 $w_{ij}^{(2)}$）。如果我們以一組多層的網路結構（模組化之子網路），來負責執行較複雜的歸屬函數模糊化之工作，那麼該層類神經元所執行的運算，就可以採用任何形式的歸屬函數，而且整個子網路可以採用離線(off-line)的方式，以倒傳遞演算法則（或其他學習演算法則）先行訓練完畢。以節省整個網路的訓練時間。

第三層：第三層類神經元負責模糊規則的啓動強度的計算，也就是說，類神經元負責將相關之相容程度性用模糊交集(AND)的運算整合成啓動強度，計算如下：

$$f = \min(u_1^{(3)}, u_2^{(3)}, \ldots, u_p^{(3)}) \tag{9.61}$$

以及

$$a = f \tag{9.62}$$

注意，在上式中，第三層的鍵結值向量爲 1（由第二層連結至第三層的鍵結值），也就是說，$w_i^{(3)} = 1$。

第四層：第四層的類神經元有兩種計算模式：(1) 由下而上之傳輸模式；(2) 由上而下之傳輸模式。在由下而上之傳輸模式中，第四層的鍵結值（由第三層連結至第四層的鍵結值）負責模糊聯集(OR)之運算（採用的是邊界和之運算子），以便將所有具有相同後鑑部之模糊規則整合起來，計算如下：

$$f = \sum_i u_i^{(4)} \tag{9.63}$$

以及

$$a = \min(1, f) \tag{9.64}$$

注意，在上式中，第四層的鍵結值向量爲 1（由第三層連結至第四層的鍵結值），也就是說，$w_i^{(4)} = 1$。在由上而下之傳輸模式中，第五層連結至第四層的鍵結值的功能和由第一層連接至第二層的鍵結值的功能一樣，唯一需要注意的是，第四層類神經元只能使用單一個類神經元，而不需要使用一組子網路。

第五層：第五層的類神經元和第四層的類神經元一樣，也有兩種計算模式：(1) 由上而下之傳輸模式；(2) 由下而上之傳輸模式。在由上而下之傳輸模式中，也就是網路的訓練時期，類神經元執行下列之運算：

$$f = y_i \tag{9.65}$$

以及

$$a = f \tag{9.66}$$

在由下而上之傳輸模式中，第五層的類神經元以及其鍵結值負責執行解模糊化之工作；假設我們採用高斯形式之歸屬函數、m_{ij} 及 σ_{ij} 分別代表第 i 個輸出語意變數的第 j 項高斯型歸屬函數的中心點及寬度（變異數），然後，我們可以根據下式來計算出明確輸出值：

$$f = \sum_j w_{ij}^{(5)} u_{ij}^{(5)} = \sum_j \left(m_{ij} \sigma_{ij} \right) u_{ij}^{(5)} \tag{9.67}$$

以及

$$a = \frac{f}{\sum_j \sigma_{ij} u_{ij}^{(5)}} \tag{9.68}$$

注意，在上式中，第五層的鍵結值向量（由第四層連結至第五層的鍵結值）為 $w_{ij}^{(5)} = m_{ij} \sigma_{ij}^{(5)}$。式(9.67)至式(9.68)所執行的去模糊化運算，其效果相當於式(9.17)的修正型中心平均法，只是將 δ 用 $1/\sigma$ 來取代而已。讀者可參考[13],[14]之兩階段的複合式訓練演算法，以便能夠進一步瞭解網路中之相關參數 m_{ij} 及 σ_{ij} 之調整過程以及前鑑部和後鑑部之連結型態的建立方法。

9.8.3 倒傳遞模糊系統

倒傳遞模糊系統(backpropagation fuzzy system)的網路架構如圖 9.16 所示，其目的在於實現下述之模糊系統（採用 (1) 高斯形式之歸屬函數；(2) R_p 的模糊蘊涵；(3) 中心平均法去模糊化機構）：

$$f(x)=\frac{\sum_{l=1}^{J}\bar{y}^{l}\left[\prod_{i=1}^{p}\exp\left(-\left(\frac{x_i-\bar{x}_i^{l}}{\sigma_i^{l}}\right)\right)^2\right]}{\sum_{l=1}^{J}\left[\prod_{i=1}^{p}\exp\left(-\left(\frac{x_i-\bar{x}_i^{l}}{\sigma_i^{l}}\right)\right)^2\right]} \tag{9.69}$$

其中 p 代表輸入維度，J 代表模糊規則的總數，$\bar{y}^l$、$\bar{x}_i^l$ 和 σ_i^l 爲可調整的參數。我們將網路中的每一層的功能，分述如下：

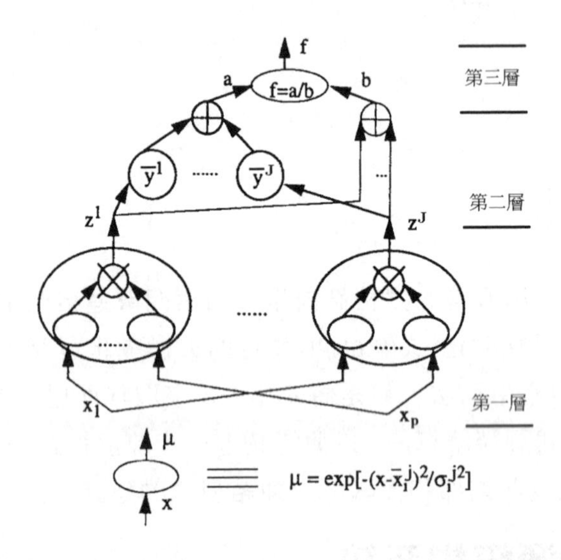

圖 9.16　「模糊邏輯系統的網路化表示法」之網路架構（本圖摘自 L.-X. Wang [16]）

第一層：前鑑部的啓動強度的計算：

$$z^l=\prod\exp\left(-\left(\frac{x_i-\bar{x}_i^l}{\sigma_i^l}\right)^2\right) \tag{9.70}$$

每個輸入變數所使用的是高斯形式的歸屬函數，因此，z^j 代表第 j 個模糊規則的啓動強度。

第二層：後鑑部該執行多少的計算：

$$a = \sum_{l=1}^{J} \overline{y}^l \cdot z^l \tag{9.71}$$

以及

$$b = \sum_{l=1}^{J} z^l \tag{9.72}$$

其中，$\overline{y}^l \cdot z^l$ 代表第 l 個模糊規則的後鑑部該執行多少的量，而 a 代表 J 個模糊規則後鑑部執行量的總和，而 b 則代表啓動強度的總和。

第三層：明確輸出的計算：

$$f(x) = \frac{\sum_{l=1}^{J} \overline{y}^l z^l}{\sum_{l=1}^{J} z^l} = \frac{a}{b} \tag{9.73}$$

此層執行的是「中心平均法」的去模糊化過程。

由於此種模糊化類神經網路是以上三種網路架構中，較爲簡單且容易理解的一種網路架構，因此，我們特別將此種網路的訓練演算法則，詳述如下：

假設目前有一組輸入/輸出對 $(\underline{x}_k, d_k)$ 、 $\underline{x}_k = (x_{k_1}, \cdots, x_{k_p})^T$ ，其中輸入向量 $\underline{x}_k \in U \subset R^p$ ，期望輸出 $d_k \in V \subset R$，網路訓練的目標就是要使得下列式子之誤差函數達到最小化：

$$e_k^2 = \frac{1}{2}[f(\underline{x}_k) - d_k]^2 \tag{9.74}$$

爲了簡化符號的表示方法，我們分別以$\{ e, f, d \}$來代表$\left\{e_k^2, f(\underline{x}_k), d_k\right\}$。

以下我們分別說明網路參數的訓練方法：

一、訓練網路參數 $\bar{y}^l$ 的方法為：

$$\bar{y}^l(k+1)=\bar{y}^l(k)-a\frac{\partial e}{\partial \bar{y}^l(k)} \tag{9.75}$$

其中，$l=1,\cdots,J$ ，$k=0,1,2,\cdots$，以及 α 是一個學習率常數，由圖 9.16 中可知，網路的輸出 f (或 e) 與參數 $\bar{y}^l$ 兩者之間，只與參數 α 相關，(因爲 $f=a/b$)
其中：

$$a=\sum_{l=1}^{J}\bar{y}^l z^l \tag{9.76}$$

$$b=\sum_{l=1}^{J}z^l \tag{9.77}$$

以及

$$z^l=\prod_{i=1}^{p}\exp\left[-\left(\frac{x_{ki}-\bar{x}_i^l}{\sigma_i^j}\right)^2\right] \tag{9.78}$$

因此，我們使用鎖鍊律 (chain rule) 可以得到：

$$\frac{\partial e}{\partial \bar{y}^l}=(f-d)\frac{\partial f}{\partial a}\frac{\partial a}{\partial \bar{y}^l}=(f-d)\frac{1}{b}z^l \tag{9.79}$$

我們將式 (9.79) 代入式 (9.75) 便可得到網路參數 $\bar{y}^l$ 的訓練公式：

$$\bar{y}^l(k+1)=\bar{y}^l(k)-\alpha\frac{f-d}{b}z^l \tag{9.80}$$

其中，$l=1,\cdots,J$ ，$k=0,1,2,\cdots$。

二、訓練網路參數 $\bar{x}_i^l$ 的方法為：

$$\bar{x}_i^l(k+1)=\bar{x}_i^l(k)-a\frac{\partial e}{\partial \bar{x}_i^l(k)} \tag{9.81}$$

其中，$i=1,2,\cdots,p$ ，$l=1,\cdots,J$，以及 $k=0,1,2,\cdots$，由圖 9.16 中可知，網路的輸出 f（或 e ）與參數 $\bar{x}_i^l$ 兩者之間，只與參數 z^l 相關，因此，我們使用鍊鎖律(chain rule)可以得到：

$$\frac{\partial e}{\partial \bar{x}_i^l}=(f-d)\frac{\partial f}{\partial z^l}\frac{\partial z^l}{\partial \bar{x}_i^l}=(f-d)\frac{\bar{y}^l-f}{b}z^l\frac{2\left(x_{ki}-\bar{x}_i^l\right)}{\sigma_i^{2l}} \tag{9.82}$$

我們將式（9.82）代入式（9.81）便可以得到網路參數 $\bar{x}_i^l$ 的訓練公式：

$$\bar{x}_i^l(k+1)=\bar{x}_i^l(k)-\alpha\frac{f-d}{b}\left(\bar{y}^l-f\right)z^l\frac{2\left(x_{ki}-\bar{x}_i^l(k)\right)^2}{\sigma_i^{l2}(k)} \tag{9.83}$$

其中，$i=1,2,\cdots,p$ ，$l=1,\cdots,J$，以及 $k=0,1,2,\cdots$。

三、訓練網路參數 σ_i^l 的方法為：

我們依照上述之方法可以推導出網路參數 σ_i^l 的方法如下：

$$\begin{aligned}\sigma_i^l(k+1)&=\sigma_i^l(k)-\alpha\frac{\partial e}{\partial \sigma_i^l(k)}\\&=\sigma_\mathrm{i}^1(k)-\alpha\frac{f-d}{b}\left(\bar{y}^l-f\right)z^l\frac{2\left(x_{ki}-\bar{x}_i^l(k)\right)^2}{\sigma_i^{l3}(k)}\end{aligned} \tag{9.84}$$

其中，$i=1,2,\cdots,p$ ，$l=1,\cdots,J$，以及 $k=0,1,2,\cdots$。

以上所述的訓練演繹法則是一個兩階段之學習演繹法則，我們首先以前向之方式來計算 $z^l(l=1,\cdots,J)$、a、b、以及 f。然後以倒傳遞演算法則之方式，依據式(9.80)、式(9.83)以及式(9.84)來修正網路參數 $\bar{y}^l$、$\bar{x}_i^l$、以及 σ_i^l 之值。

式(9.80)、式(9.83)以及式(9.84)執行所謂的「錯誤—倒傳遞演算法則」；在訓練網路參數 $\overline{y}^l$ 時，網路將誤差量$(f-d)/b$ 倒傳遞回第二層，依據式(9.80)以修正 $\overline{y}^l$ 之值，在訓練網路參數 $\overline{x}_i^l$ 以及 σ_i^l 之值時，網路將誤差量$(f-d)/b$ 乘上$(\overline{y}^l-f)$以及 z^l 倒傳遞回第一層，依據式(9.83)以及式(9.84)以修正 $\overline{x}_i^l$ 以及 σ_i^l 之值。

9.8.4 模糊化多維矩形複合式類神經網路

模糊化多維矩形複合式類神經網路(Fuzzy HyperRectangular Composite Neural Networks 簡稱為 FHRCNNs)，此種模糊系統採用的是非均勻式的切割法。傳統的單點式模糊規則為以下之形式：

模糊規則 R^j： If (x_1 is A_1^j) and…and(x_p is A_p^j)
Then y is c_0^j (9.85)

此種模糊規則，採用的是均勻式切割法，而採用均勻式切割法的缺點是，模糊規則無法反映出輸入變數問的交互關係(correlation)，為了克服此項缺點，輸入空間應該被適當地切割，以反映出輸入變數問的交互關係，因此，採用下列之模糊規則應該是較佳之形式：

模糊規則 R^j： *If* $\underline{x}$ *is* A^j *Then* y *is* c_0^j (9.86)

其中 A^j是一個多維之模糊集合。雖然，這種通用式之切割法可以提供我們的好處是，可以反映出輸入變數問的交互相關，然而採用此種模糊規則時，網路的訓練過程變得更加複雜，計算量也會大量增加，而且在網路訓練完成之後，我們無法從網路的鍵結值當中，得到類似模糊規則的解釋方式來解釋網路的行為。為了在網路的實用性與複雜性之間做一權衡，FHRCNN 採用的方式，是以一組多維矩形來逼近多維之模糊集合，因此，FHRCNN 採用的模糊規則形式為：

模糊規則 R^j： *If* $\underline{x}$ *is* $(HR_1^j \cup \cdots \cup HR_k^j)$ *Then* y *is* c_0^j (9.87)

其中 HR_k^j 代表一個定義在 p 維空間中的多維矩形。我們以圖 9.17 來說明式

(9.86)與式(9.87)兩種模糊規則切割方式的差異。由圖 9.17 可知，與均勻式切割法相較，採用非均勻式切割法可以使用較少數目之模糊集合，因此也可以減少模糊模型中，模糊規則的數目。在圖 9.17 的例子中，我們只需要使用三個較大之矩形，就可以逼近圖中的 U 型區域，而假若採用均勻式切割法，則需要 9 個較小之矩形，才能逼近圖中的 U 型區域。

基本上，「模糊化多維矩形複合式類神經網路(FHRCNN)」是將「多維矩形複合式類神經網路(HyperRectangular Composite Neural Networks 簡稱爲 HRCNNs)」模糊化之後而得到的，多維矩形複合式類神經網路(HRCNN)的圖形表示法如圖 9.18(a)所示，其數學表示法如下:

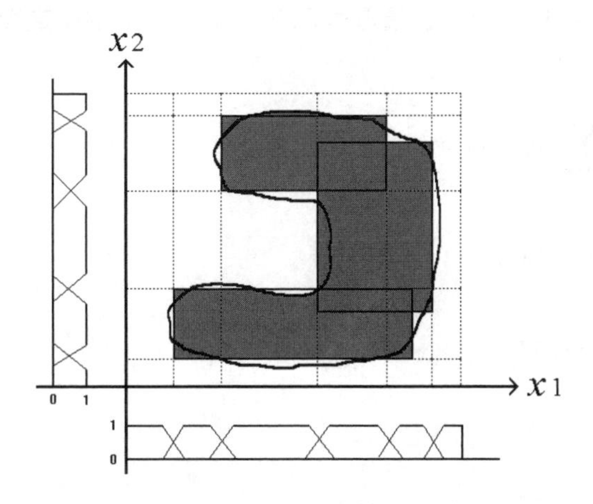

圖 9.17 「均勻式切割法」與「非均勻式切割法」 差異，其中虛線代表均勻式切割法之切割結果，實線方框是非均勻式切割法之切割結果

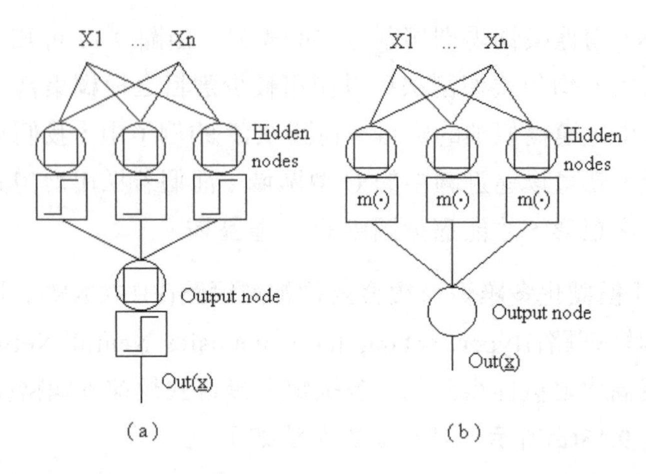

圖 9.18 (a) HRCNN 之圖形表示法；(b) FHRCNN 之圖形表示法

$$Out(\underline{x}) = f\left(\sum_{j=1}^{J} Out_j(\underline{x}) - \eta\right) \tag{9.88}$$

$$Out_j(\underline{x}) = f\left(net_j(\underline{x})\right) \tag{9.89}$$

$$net_j(\underline{x}) = \sum_{i=1}^{p} f\left((M_{ji} - x_i)(x_i - m_{ji})\right) - p \tag{9.90}$$

以及

$$f(x) = \begin{cases} 1 & if \quad x \geq 0 \\ 0 & if \quad x < 0 \end{cases} \tag{9.91}$$

其中 $M_{ji}, m_{ji} \in R$ 是隱藏層中，第 j 個類神經元的鍵結值，$\underline{x} = (x_1, \cdots, x_p)^T$ 是輸入網路的訓練資料，p 是輸入變數的維度，η 是一個微量正實數，網路的輸出函數爲：$Out(\underline{x}): R^p \to \{0,1\}$，假設網路中共有 J 個隱藏層類神經元（J 個模糊規則），我們可以從網路的鍵結值中得到下列之明確規則：

$$\begin{aligned} &If\ (\underline{x} \in [m_{11}, M_{11}] \times \cdots \times [m_{1p}, M_{1p}]) \quad Then\ Out(\underline{x}) = 1; \cdots \\ &If\ (\underline{x} \in [m_{J1}, M_{J1}] \times \cdots \times [m_{Jp}, M_{Jp}]) \quad Then\ Out(\underline{x}) = 1. \end{aligned} \tag{9.92}$$

我們可以利用所謂的「監督式決定導向學習演算法(supervised decision-directed learning algorithm 簡稱爲 SDDL algorithm)，來訓練 HRCNN，只要訓練資料彼此之間沒有交錯(overlap)的問題，此演算法可以保證訓練資料可以被 100%分類成功，詳細資料讀者可以參考 [19]-[20]。

模糊化多維矩陣複合式類神經網路(FHRCNN)的圖形表示法如圖 9.18(b)所示，其中採用了一個特殊的歸屬函數 $m_j(\underline{x})$，來代替式(9.91)所定義之硬限制器函數 $f(x)$，以作爲類神經元之活化函數，歸屬函數 $m_j(\underline{x})$ 是用來量測輸入資料與多維矩形間的相似程度性，FHRCNN 的數學表示法如下：

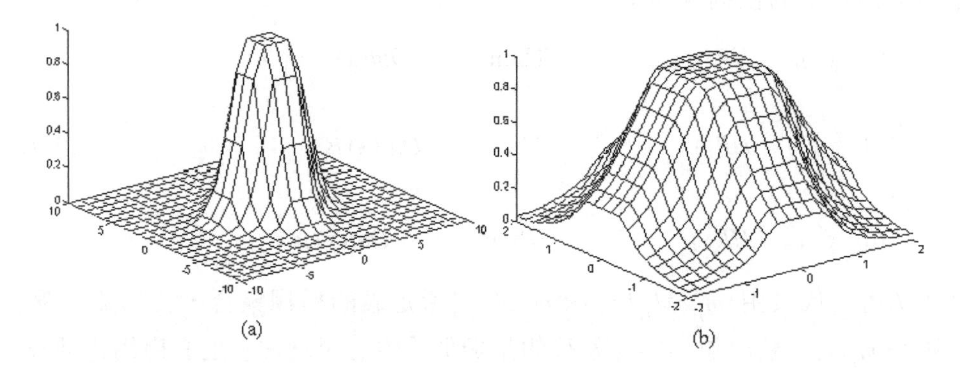

圖 9.19 歸屬函數 $m_j(\underline{x})$ 可以藉由調整參數之方式，來形成類似步階函數或高斯函數形式之歸屬函數 (a) 步階函數；(b) 高斯函數。

$$Out(\underline{x}) = \sum_{j=1}^{J} w_j m_j(\underline{x}) + \theta \tag{9.93}$$

$$m_j(\underline{x}) = \exp\left\{-s_j^2\left[per_j(\underline{x}) - per_j\right]^2\right\} \tag{9.94}$$

$$per_j = \sum_{i=1}^{p}\left(M_{ji} - m_{ji}\right) \tag{9.95}$$

以及

$$per_j(\underline{x}) = \sum_{i=1}^{p} \max\left(M_{ji} - m_{ji}, x_i - m_{ji}, M_{ji} - x_i\right) \tag{9.96}$$

其中 w_j 是隱藏層中第 j 個類神經元到輸出類神經元的鍵結值，s_j 是歸屬函數中的敏感因子，θ 是一個可調整的偏移量；很明顯地，我們可以發現 FHRCNN 的輸出函數，是 J 個模糊規則的線性加權組合。另外，必須強調的是，由式(9.94)至式(9.96)中可以發現，歸屬函數 $m_j(\underline{x})$ 比傳統的高斯函數更具有彈性，因爲歸屬函數 $m_j(\underline{x})$ 可以藉由調整參數的方式，形成步階函數或是高斯函數，如圖 9.19(a)與圖 9.19(b) 所示。網路經過充分訓練之後，我們可以從鍵結值中萃取出以下的模糊規則：

If ($\underline{x}$ is HR_1) Then $Out(\underline{x})$ *is* w_1 ;
…
If ($\underline{x}$ is HR_j) Then $Out(\underline{x})$ *is* w_j ; (9.97)
…
If ($\underline{x}$ is HR_J) Then $Out(\underline{x})$ *is* w_J .

其中 HR_j，代表由 $[m_{j1}, M_{j1}] \times \cdots \times [m_{jp}, M_{jp}]$ 所定義的模糊集合，其相關之歸屬函數是 $m_j(\underline{x})$。輸出類神經元執行的是類似「中心平均法」之去模糊化運算。至於 FHRCNN 的參數調整方法，讀者可以參考[17]-[18]的複合式訓練演算法，以便瞭解整個訓練過程。

9.9 結論

在本章中，我們介紹了各種以不同形式之模糊規則所建立之模糊系統。基本上，模糊系統可以被視爲專家系統，兩者的差異主要就在於所使用的規則是明確的(crisp)或是模糊的(fuzzy)，以及推論的方式。除此之外，我們也比較了各種常見的模糊規則表示法，各有其優缺點，至於該如何選擇，則需視問題而定。我們也介紹了四種模糊化類神經網路的架構，以便直接從訓練資料裡建立模糊系統，最後，我們建議讀者可以參考[17]，這本書收集了最近幾年來較具代表性的模糊系統的建立方法，以便對模糊系統的建立，可以很快地建立一個完整的概念。

參考文獻

[1] E. H. Mamdani and S. Assilian, "An experiment in linguistic synthesis with a fuzzy logic controller," Int. Journal of Man-Machine Studies, Vol. 7, No. 1, pp. 1-13, 1975.

[2] T. Takagi and M. Sugeno, "Fuzzy identification of systems and its applications to modeling and control," IEEE Trans. on Systems, Man, and Cybernetics, Vol. 15, No. 1, pp. 116-132, 1985.

[3] M. Sugeno and G. T. Kang, "Structure identification of fuzzy model," Fuzzy Sets and Systems, Vol. 28, pp. 15-33, 1988.

[4] Y. Tsukamoto, "An approach to fuzzy reasoning," in M. M. Gupta, R. K. Ragade, and R. R. Yager, editors, Advances in fuzzy set theory and applications, pp. 137-149, North-Holland, Ameterdam, 1979.

[5] L. A. Zadeh, "Outline of a new approach to the analysis of complex systems and decision processes," IEEE Trans. on Systems, Man, and Cybernetics, SMC-1, pp. 28-44, 1973.

[6] A Kaufmann, *Introduction to the Theory of Fuzzy Subsets*, New York : Academic Press, 1975.

[7] M. Mizumoto, "Fuzzy sets and their operations," Int. Control, Vol. 48, pp. 30-48, 1981.

[8] T. Poggio and F. Girosi, "Networks for approximation and learning," IEEE Proc. Vol. 78, No. 9, pp. 1481-1497, 1990.

[9] E. J. Hartman, J. D. Keeler, and J. M. Kowalski, "Layered neural networks with Gaussian hidden units as universal approximations," Neural Comput. Vol. 2, pp. 210-215, 1990.

[10] H. R. Berengi, "Fuzzy logic controllers," in R. R. Yager, ed., Fuzzy Sets and Possibility Theory, New York : Pergamon Press, 1992.

[11] J.-S. Roger Jang, "ANFIS : Adaptive-network-based fuzzy inference systems, "IEEE Trans. on Systems, Man, and Cybernetics, Vol. 23, No. 3, pp.665-685,1993.

[12] J.-S. R. Jang, C.-T. Sun, and E. Mizutani, Neuro-Fuzzy And Soft Computing, Prentice-Hall International, Inc., 1997.

[13] C.-T. Lin and C. S. G. Lee, "Neural-network-based fuzzy logic control and decision system," IEEE Trans. on Computers, Vol. 40, No. 12, pp. 1320-1336.1991.

[14] C. T. Lin, and C. S. George Lee, *Neural fuzzy System: A Neuro–Fuzzy Synergism to Intelligent Systems*, Prentice-Hall International, Inc., 1996.

[15] L.-X. Wang and J. M. Mendel, "Back-propagation fuzzy systems as nonlinear dynamic system identifiers," Int. Conf. on Fuzzy Systems, San Diego, 1992.

[16] L.-X. Wang, *Adaptive Fuzzy Systems and Control*: *Design and Stability Analysis*, Prentice Hall, Englowood Cliffs, NJ., 1994.

[17] M. C. Su, "Identification of singleton fuzzy models via fuzzy hyperrectangular composite NN," in Fuzzy Model Identification : Selected Approaches, H, Hellendoorn and D. Driankov Eds., pp. 193-212, Springer, Berlin, Germany, 1997.

[18] M. C. Su, C. W. Liu, S. S. Tsay, "Neural-network-based fuzzy model and its application to transient stability prediction in power systems," to be published in IEEE Trans on Systems, Man, and Cybernetics.

[19] M. C. Su, A Novel Neural Network Approach to Knowledge Acquisition, Ph.D. Thesis, August, University of Maryland, College Park, 1993.

[20] M. C. Su, "Use of neural networks as medical diagnosis expert systems," Computers in Biology and Medicine, pp. 419-429, 1994.

機器學習

CHAPTER 10

基因演算法則

10.1 引言

一般而言，最佳化的設計法則可分爲兩類，第一類是特定型最佳化法則，由於是針對某些特定的函數特性所發展出來，因此目標函數(object function)必須滿足某些特性，如線性、非時變、可微分等，微分法及梯度法屬於此類；第二類是廣義型最佳化法則，不論目標函數的特性爲何，皆不用修改設計法則，隨機搜尋及基因演算法則皆屬此類。依問題型態與系統效能之比較，基因演算法則的搜尋速度比隨機搜尋更有效率；而就系統效能而言，特定型最佳化法則效率較高但僅能處理特定系統；廣義型最佳化法則的應用範圍較廣但效率較低。

10.2 基因演算法則

基因演算法則的基本理論是由 Holland 於 1975 年首先提倡，是基於自然選擇過程的一種最佳化搜尋機構。其基本精神在於仿效生物界中物競天擇、優勝劣敗的自然進化法則，它能夠選擇物種中具有較好特性的上一母代，並且隨機性的相互交換彼此的基因資訊，以期望能產生較上一母代更優秀的子代，如此重覆下去以產生適應性最強的最佳物種。基因演算法則的三個主要運算子爲複製(reproduction)、交配(crossover)、以及突變(mutation)。應用基因演算法則來解最佳化問題的基本精神爲：將所要搜尋的所有參數編碼成稱爲染色體(chromosome)的離散(discrete)或二元(binary)字串(string)，譬如說，我們可以用五個位元的字串-11010 來代表參數的值；如此隨機地重覆產生 N 個初始物種(字串)，然後依據求解之條件來設計適應函數(fitness function)，適應函數值高的物種將被挑選至交配池(mating pool)中，此即複製過程，再依交配及突變過程的運算，即完成一代的基因演算法則，如此重覆下去以產生適應性最強的物種；其演化流程圖如圖 10.1 所示。以下將簡單介紹三個主要運算子的運作過程：

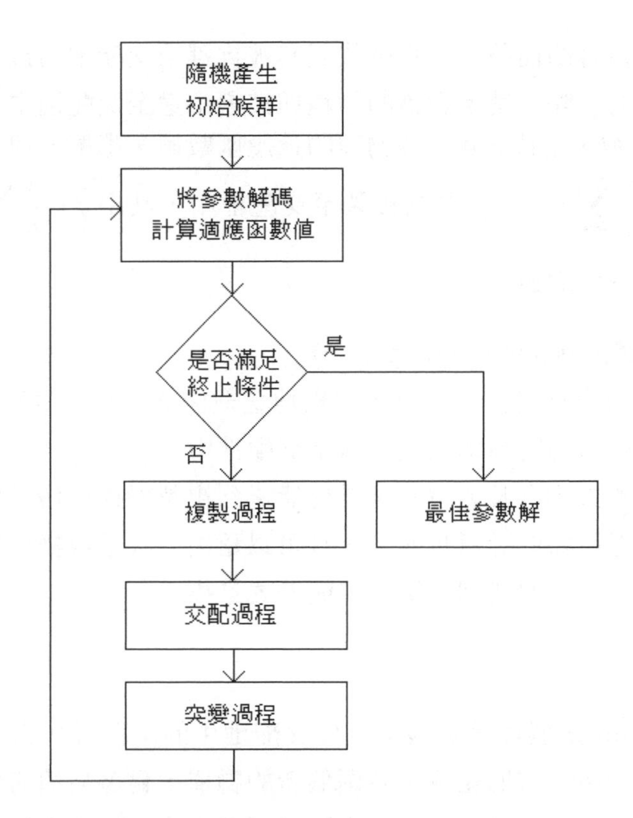

圖 10.1 基因演算法之演化流程圖

1. 複製

複製(reproduction)是依據每一物種的適應程度來決定其在下一子代中應被淘汰或複製的個數多寡的一種運算過程，適應程度高的物種在下一子代中將被大量複製；適應程度低的物種在下一子代中則被淘汰，其中適應程度的量測則是由適應函數來反應。複製過程有兩種型式：(a) 輪盤式選擇、以及(b)競爭式選擇，分述如下：

(a) 輪盤式選擇(roulette wheel selection)

在每一代的演化過程中，首先依每個物種(字串)的適應函數值的大小來分割輪盤上的位置，適應函數值越大則在輪盤上佔有的面積也越大，每個物種在輪盤上所佔有的面積比例也就代表其被挑選至交配池的機率；然後隨機地選取輪盤上的一點，其所對應的物種即被選中送至交配池中。假設交配池中共有 N 個物種，f_i 代表第 i 個物種的適應函數值，那麼，理論上，此物種應該會有 $N \cdot f_i \Big/ \sum_i f_i = f_i \big/ \bar{f}$ 個被複製至交配池中，其中 $\bar{f} = \frac{1}{N}\sum_i f_i$ 代表所有物種的平均適應函數值。

(b) **競爭式選擇**(tournament selection)

在每一代的演化過程中，首先隨機地選取兩個或更多個物種(字串)，具有最大適應函數值的物種即被選中送至交配池中。

基本上輪盤式選擇及競爭式選擇皆能達到複製過程中適者生存的要求，由於競爭式選擇所需的計算量較少、且可以藉由一次選取物種個數的多寡來控制競爭的速度，因此我們建議採用競爭式選擇。

2. 交配

交配(crossover)過程是隨機地選取交配池中的兩個母代物種字串，並且彼此交換位元資訊，進而組成另外兩個新的物種，藉著累積前代的優秀位元資訊以期望能產生更優秀的子代。交配過程發生的機率由交配機率所控制。而交配過程有三種型式：(a)單點交配、(b)兩點交配、及(c)字罩交配，分述如下：

(a) **單點交配**

在所選出的兩字串中，隨機地選取一交配點，並交換兩字串中此交配點後的所有位元。過程如圖 10.2 所示：

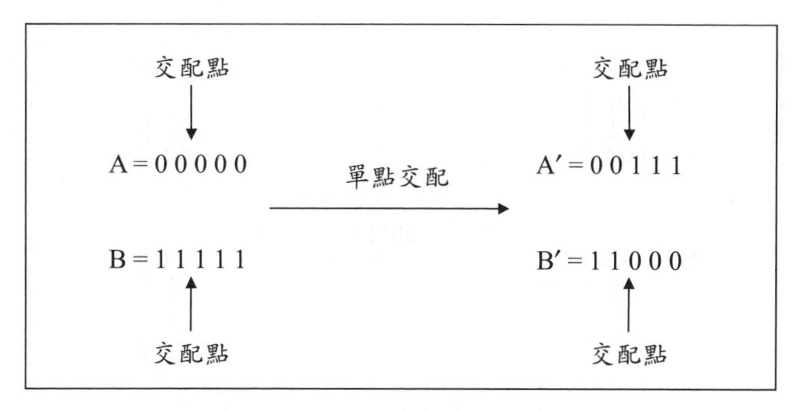

圖 10.2　單點交配過程示意圖

(b) 兩點交配

在所選出的兩字串中，隨機地選取兩個交配點，並交換兩字串中兩個交配點間的所有位元。過程如圖 10.3 所示：

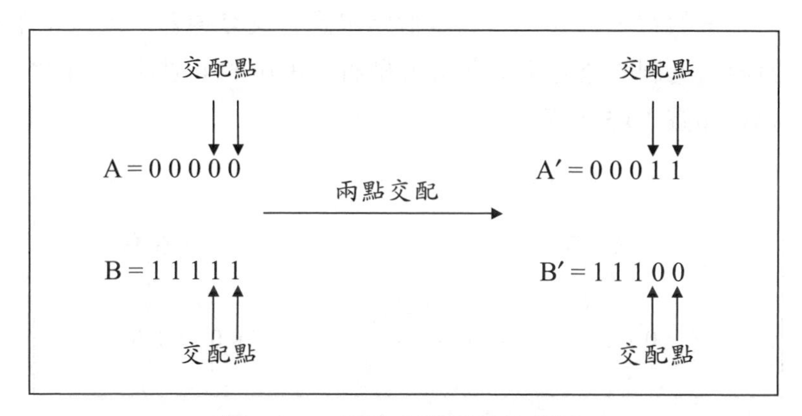

圖 10.3　兩點交配過程示意圖

(c) 字罩交配

首先產生與物種字串長度相同的字罩當作交配時的位元指標器，其中字罩是隨機地由 0 與 1 所組成，字罩中為 1 的位元即是兩物種字串彼此交換位元資訊的位置。過程如圖 10.4 所示：

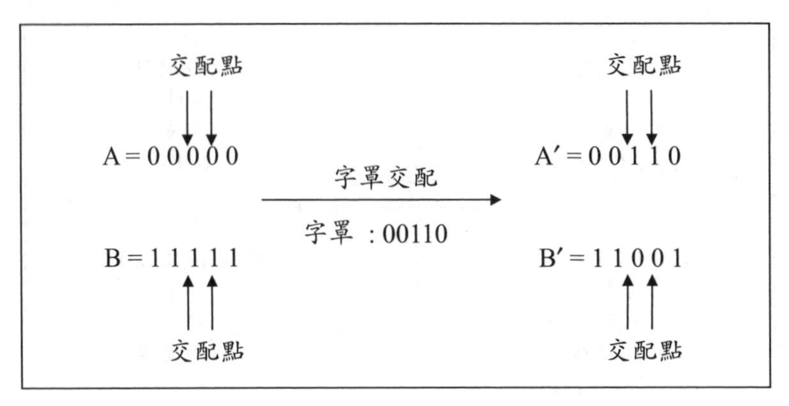

圖 10.4　字罩交配過程示意圖

3. 突變

突變(mutation)過程是隨機地選取一物種字串，並且隨機地選取突變點，然後改變物種字串裡的位元資訊。突變過程發生的機率由突變機率所控制。突變過程可以針對單一位元、或對整個字串進行突變運算、或以字罩突變方式爲之。對於二進制的位元字串而言就是將字串中的 0 變成 1，1 變成 0。單點突變的過程如圖 10.5 所示：

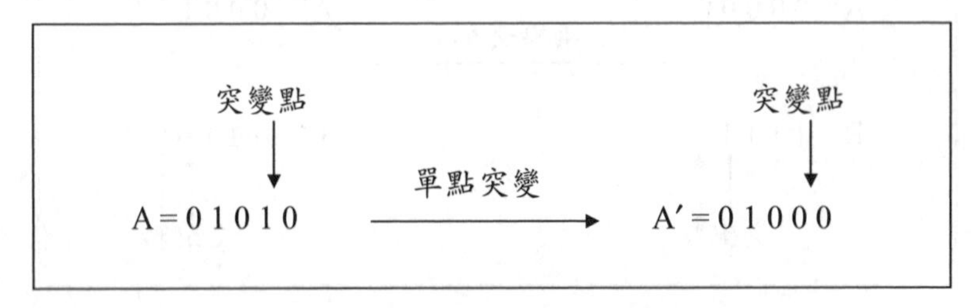

圖 10.5　單點突變過程示意圖

範例 10.1：手算範例

我們以一個函數最佳化的手算範例來說明前述之基因演算法則。假設所處理的函數是 $f(x)=-2(x-22)^2+968$，爲了說明方便起見，我們將變數 x 的範圍限制在$[0,31]$，希望能找到在限制範圍內的函數最大值，我們選定以五個位元來編碼變數 x，並將交配機率設定爲 1.0，突變機率設定爲 0.1，則基因演算法則的演繹過程如下：

步驟一、產生初始族群：

一般說來，初始族群中的字串(染色體)，都是以隨機設定的方式而得，我們設定族群數目的大小爲 4，隨機地產生如表 10.1 所示四個字串：

表 10.1　基因演算法則的初始族群

字串編號	初始族群(染色體)	對應至變數 x 的值
1	01010	10
2	11000	24
3	00110	6
4	00001	1

表 10.2　基因演算法則的複製過程

x	$f(x)$	$f_i/\sum f$	$f_i/\bar{f}$	複製個數
10	680	0.31	1.24	1
24	960	0.44	1.76	2
6	456	0.21	0.84	1
1	86	0.04	0.16	0

步驟二、複製過程：

由於我們所要最佳化的函數在$[0,31]$範圍內是大於 0 的拋物線函數，所以我們可以直接以此函數 $f(x)=-2(x-22)^2+968$ 當作爲適應函數，將四個字串的適應函數值相加可得總體適應函數值爲 $\sum f=2182$，將總體適應函數值除以族群數目可得平均適應函數值爲 $\overline{f}=545.5$，由表 10.2 可知在初始族群中，適應函數值的最大值爲 960。若我們想以輪盤法做爲複製數目的依據，則必需計算每個字串的適應函數值，佔總體適應函數值中的多少比例，也就是必

須計算 $f_i/\sum f$，因此，每個字串被複製至下一代的期望值爲 $f_i/\overline{f}$，我們以輪盤法得到的眞實複製個數如表 10.2 最後一欄所示，可知計算出來的期望值與眞實的複製個數很接近，也就是說，適應函數高的字串(如字串二)被大量複製至下一子代；而適應函數低的字串(如字串四)則被淘汰掉而無法複製至下一子代中。

步驟三、交配過程

由表 10.2 可知，在初始族群中的第一個字串被複製一個至交配池中，第二個字串被複製二個至交配池中，第三個字串被複製一個至交配池中，第四個字串則被淘汰，我們投擲兩個公平的硬幣以決定交配池中的字串應如何配對，結果如表 10.3 所示，交配池中的第一個字串與第二個字串交配，第三個字串與第四個字串交配；而交配點的選擇也是以投擲兩個公平的硬幣來作決定，結果如表 10.3 所示。由表 10.3 的最後一欄可知，在此新的族群中，總體適應函數值增加爲 $\sum f = 3056$，平均適應函數值增加爲 $\overline{f} = 764$，而適應函數值的最大值增加至 968，這個 $x = 22$ 剛好是這個函數的最佳答案。

表 10.3　基因演算法則的交配過程

交配池	配對	交配點	下一子代	x	$f(x)$
01010	2	4	01000	8	576
11000	1	4	11010	26	936
11000	4	2,3,4	10110	22	968
00110	3	2,3,4	01000	8	576

步驟四、突變過程：

突變過程的作法是將字串中的基因隨機地由 0 變 1 或由 1 變 0，由於我們設定的突變機率爲 0.1，而族群中的基因總數爲族群大小乘上每個字串的編碼位元數，也就是 $4 \times 5 = 20$，因此，族群中將被突變的基因總數爲 $20 \times 0.1 = 2$，亦即，有兩個基因將被突變。我們隨機地挑選一個字串中的一個基因來作突變，舉例來說，我們突變第一個字串中的第三個基因，則：

突變前：01010

突變後：01110

再強調一次，執行突變過程的主要用意是避免基因演算法則在搜尋過程中，陷入區域最佳值而無法到達整體最佳值。

步驟五、終止搜尋

判斷目前的最佳適應函數值是否以達所須要的標準。若是，則終止搜尋；若否，則回到步驟二，以進行下一代的演化。

10.3 基因演算法則之主要特性

基因演算法則基本上有別於傳統的搜尋方式，說明如下：

一、基因演算法則是以參數集合之編碼進行運算而不是參數本身，因此可以跳脫搜尋空間分析上的限制。

二、基因演算法則同時考慮搜尋空間上多個點而不是單一個點，因此可以較快地獲得整體最佳解(global optimum)，同時也可以避免陷入區域最佳值(local optimum)的機會，此項特性是基因演算法則的最大優點。

三、基因演算法則只使用適應函數的資訊而不需要其它輔助的資訊(例如梯度)，因此可以使用各種型態的適應函數，並可節省計算機資源避免繁複的數學運算。

四、基因演算法則使用機率規則方式去引導搜尋方向，而不是用明確的規則，因此較能符合各種不同類型的最佳化問題。

10.4 基因演算法則之細部探討

在這個章節,我們將討論一些會影響基因演算法則的成效性的一些細節。

1. 參數設定

應用基因演算法則在最佳化之設計上，參數的設定往往是最困難的地方,因爲這些設定將影響最後搜尋之結果,且參數之間互相關聯,彼此相依。重要參數包括有：

(1) 編碼範圍

(2) 字串長度

(3) 族群大小

(4) 交配機率

(5) 突變機率

(6) 適應函數之設計

2. 編碼及解碼過程

假設受控系統中有三個參數要編碼，三個參數值均界於[0,1]之間，且每個參數使用五個位元加以編碼，則二進制字串編碼流程如下：

隨機設定三個變數值於[0,1]，假設：

$$x=\frac{1}{2^5-1},y=\frac{2}{2^5-1},z=\frac{4}{2^5-1}$$

則編碼爲：

$$\begin{Bmatrix} x=00001 \\ y=00010 \\ z=00100 \end{Bmatrix}$$

最後的字串爲：

$\underline{00001}\ \underline{00010}\ \underline{00100}$

而解碼流程則以反對順序即可完成。

3. 字串長度

字串編碼的長度越長則精準度越高，但所須的編碼、解碼運算也相對增加。由於一個物種字串代表一組可能的參數解，在每代的演化過程中，適應函數的計算都需要對物種字串進行解碼運算，因此對於較複雜且具有較多參數的系統，在編碼及解碼上需要不少的浮點數運算，因此相當地耗時且耗費計算機資源。字串位元長度的選擇主要是依據問題所要求的精確度而定，定得太低可能會導致搜尋不到系統的整體最佳解，定得太高則耗費太多計算資源於編碼、解碼運算。

4. 交配機率

交配的頻率視交配機率的大小而定。交配率越高，則新物種進入族群的速度越快，整個搜尋最佳值的速度也越快。但是如果交配率太高，則優良的物種從族群中被取走的速度可能會比交配出新物種所產生的進化來的快，而使得交配的原意喪失；相反地，若交配率太低，則會使搜尋的過程停滯下來。雖然交配過程充滿許多隨機性，但是由於交配的物種來源已經事先經過複製過程的篩選，所留下的物種均是適應性較強的物種，因此，基因演算法比一般的隨機搜尋有效率。

5. 突變機率

突變是一項必須的運算過程，因爲在複製及交配過程中可能使得整個族群裡，所有字串中的某一特定位元皆一樣。舉例如下，假設有四個字串 A，B，C，D 分別爲：

A : 00110
B : 01111
C : 10110
D : 11111

其中第三與第四個位元在四個字串中皆爲相同的位元值，因此不管是經過複製或交配的過程都不會改變到第三及第四位元的位元值，因而限制了某些新物種進入族群的機會，造成基因演算法則在搜尋過程中有可能陷入區域最佳值，而無法搜尋到整體最佳值，因此我們必須要作少量的突變，以求所有的物種均能被考慮到；一般說來，突變機率都定得很低，因爲如果定得太高則與隨機搜尋無異。

6. 避免陷入區域最佳值

由於族群大小、交配機率、及突變機率控制著基因演算法則收斂速度的快慢；若定得太低則收斂的太快，容易陷入區域最佳值；若定得太高則可能需要很長時間才能收斂；須視所搜尋空間的維度及參數範圍大小與編碼時所採用的精確度(字串長度)一起考量。爲避免交配及突變機率的起始設定值太高，我們可以分別訂定交配及突變機率的最大值及最小值，交配及突變機率於啓始時設定爲其最大值並且隨著演化代數的增加而遞減至其最小值。另一個彈性的作法是採用浮動式交配機率及浮動式突變機率；其基本精神是當物種進化的速度停滯不前時，可以視爲系統已經收斂至區域最佳值，此時加入一些人爲擾動可以刺激新的物種產生；其作法是當每代的最佳適應函數值維持若干代不變時，則提高交配及複製機率以增加新物種產生速度，當最佳適應值增加時，再恢復爲原先的交配及突變機率。

7. 適應函數之設計原則

原則上，適應函數須能反應出不同物種間適應程度的差異即可，但爲了能增加新物種進入族群的機會，適應函數須能將次佳物種快速地淘汰，以加速搜尋過程。

8. 搜尋終止之條件

基因演算法則搜尋終止的條件是當所有物種(字串)均趨向一致，亦即不再有更好的適應函數值出現時予以終止；而對於某些線上即時系統而言；爲了結省時間，當適應函數值到達系統要求後即可終止搜尋程序。

10.5 適應函數的調整

在使用基因演算法來搜尋最佳解時，以下的兩種情況是我們所不願意見到的：

- 有可能在前面幾次演化過程中，已出現一些表現特別優良的染色體，根據複製的原理，這些特別優良的染色體會被大量地複製於交配池中，導致染色體的多樣性(diversity)降低，因此，沒經過多少次演化之後，演化的過程便因爲收斂而停止(因爲交配池中的染色體幾乎是清一色的類別)，這種未成熟的收斂(premature convergence)會使得搜尋的變數(即染色體的種類)不夠多，因此找到的解並不是很理想。
- 有可能在經過許多代的演化以後，交配池中的染色體種類仍然有很多種，整體的平均適應值與交配池中表現最好的適應值，相差不大，因此，根據複製的表現，這個表現最好的染色體，並不會有大量的子代被複製於交配池中，很顯然地，演化的過程能否順利地收斂到最佳值令人難以預料。

爲了避免上述兩種現象，適應函數的調整變得頗爲重要，目前較常使用的適應函數調整法有以下三種：

1. 線性調整(linear scaling)。
2. Sigma 截取(sigma truncation)。
3. 乘冪調整(power law scaling)。

我們將此三種適應函數調整法敘述如下：

1. 線性調整

我們將適應函數值依照下列線性方程式予以轉換：

$$f' = af + b \tag{10.1}$$

我們選擇參數 a 與 b 使得：

$$f_{avg} = f'_{avg} \tag{10.2}$$

$$f'_{\max} = C_{mult} \cdot f_{avg} \tag{10.3}$$

其中 C_{mult} 是調整後最大適應函數值與調整前的平均適應函數值的倍數。

也就是說，調整前與調整後的適應函數值的平均值一致，而且使得調整後的最大適應函數值是平均適應函數值的某個指定的倍數，如圖 10.6 所示。以統計上的觀點來看，這兩個條件可以保證使得具有平均適應函數值的染色體，可以被複製一個染色體到下一子代的族群中(因爲 $f'_{avg}/f'_{avg}=1$)，而具有最大適應函數值的染色體，可以被複製 C_{mult} 個染色體到下一子代的族群中 (因爲 $f'_{\max}/f'_{avg}=C_{mult}$)。而必需注意的是我們要避免調整過後的適應函數值會如圖 10.7 一樣產生負值的情況。

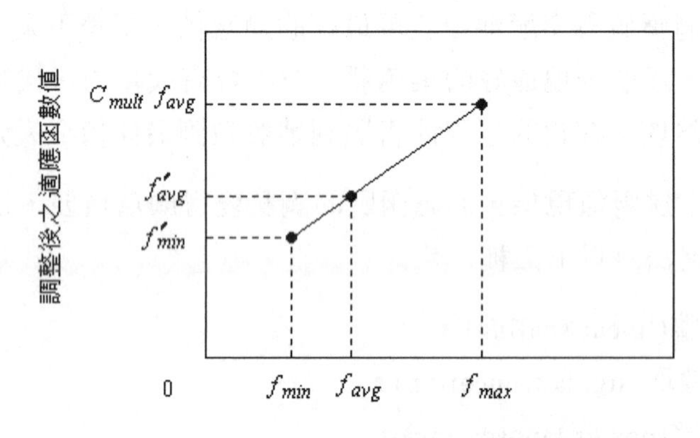

圖 10.6　適應函數值的調整示意圖

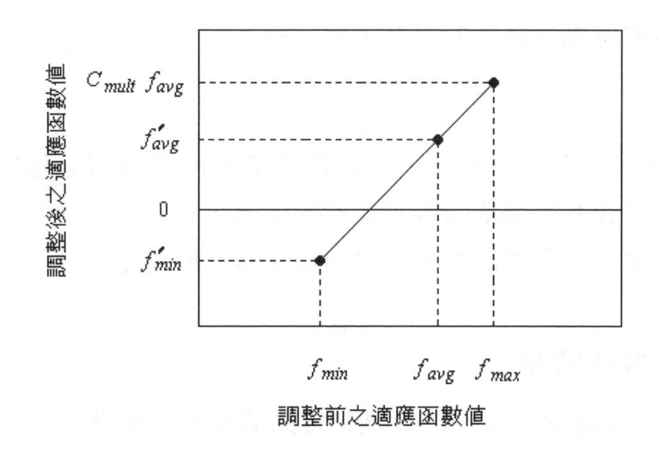

圖 10.7　調整過後的適應函數值會產生負值的情形

2. Sigma 截取

除了調整過後的適應函數值會產生負值的例外情形之外，線性調整可以很適當地將適應函數值調整至我們所期望的區域。而當 GA 的搜尋過程趨於成熟之後，族群中大部份的染色體都具有較高的適應函數值時，若有少數染色體的適應函數值很低時，調整過後的適應函數值就會產生負值。如圖 10.7 所示。爲了克服此項缺點，Forrest 建議使用族群適應函數值的變異數資訊，在做適應函數的調整前先予以前處理。由於我們使用族群適應函數值的變異數資訊，因此我們將此過程稱之爲「Sigma 截取」，其作法是將調整前的適應函數值依下列式子減去一常數值：

$$f' = f - (\overline{f} - c \cdot \sigma) \tag{10.4}$$

其中參數 c 的選擇是族群適應函數值的變異數的一個倍數。「Sigma 截取」可以避免調整過後的適應函數值會產生負值。

3. 乘冪調整

Gillies 建議使用乘冪的方式來調整適應函數值，使得調整過後的適應函數值是調整前的適應函數值的乘冪，如下所示：

$$f' = f^k \tag{10.5}$$

其中參數 k 的選取和問題有關，而且其值在 GA 的搜尋過程中必需加以改變，以達到伸展或收縮適應函數值範圍的要求。

我們以兩個線性調整的例子來說明相關參數的設定方法：

範例 10.2：線性調整一

令調整前的適應函數值爲 f，調整後的適應函數值爲 f'，調整前適應函數的最大值、平均值、最小值分別爲 $f_{\max}, f_{avg}, f_{\min}$，調整後適應函數的最大值、平均值、最小值分別爲 $f'_{\max}, f'_{avg}, f'_{\min}$。令 C_{mult} 爲具有最大適應函數值的染色體將被複製的個數，如同式(10.3) 一樣，也就是：

$$f'_{\max} = C_{mult} \cdot f_{avg} \tag{10.6}$$

具有平均適應函數值的染色體，可以被複製一個染色體到下一子代的族群中，而具有最大適應函數值的染色體，可以被複製 C_{mult} 個染色體到下一子代的族群中。當族群數目不大時(大約 50 到 100)，通常選擇 C_{mult} 爲 1.2 到 2。我們依線性調整法來調整適應函數值，也就是說調整後的適應函數值 f' 爲：

$$f' = af + b \tag{10.7}$$

其中

$$\delta = f_{\max} - f_{avg} \tag{10.8}$$

$$a = (C_{mult} - 1.0) \times f_{avg} / \delta \tag{10.9}$$

$$b = f_{avg} \times (f_{\max} - C_{mult} \times f_{avg}) / \delta \tag{10.10}$$

範例 10.3：線性調整二

令調整前的適應函數值爲 f，調整後的適應函數值爲 f'，調整前適應函數的最大值、平均值、最小值分別爲 $f_{\max},f_{avg},f_{\min}$，調整後適應函數的最大值、平均值、最小值分別爲 $f'_{\max},f'_{avg},f'_{\min}$。令 S_f 爲調整參數，使得：

$$f'_{\max}=S_f\times f'_{\min} \tag{10.11}$$

當族群數目不大時(大約 50 到 100)，通常選擇 S_f 爲 1.5 到 3。我們依線性調整法來調整適應函數值，也就是說調整後的適應函數值 f' 爲：

$$f'=af+b \tag{10.12}$$

其中

$$a=\frac{(1.0-S_f)\times f_{avg}}{(f_{\min}\times S_f-f_{\max})+(1.0-S_f)\times f_{avg}} \tag{10.13}$$

$$b=(1-a)\times f_{avg} \tag{10.14}$$

10.6 基因演算法則之圖形分析

就單一物種字串而言，交配及突變過程都會改變物種字串中某些位元資訊，我們以下列二進制字串的例子來說明基因演算法則在搜尋過程中，由於改變其位元資訊所造成的搜尋點移轉特性。假設目標函數只有一個參數且用五個位元來編碼，參數範圍是[0,32]。

圖 10.8 所示爲字串中第一個位元被設定爲 1 時，以 1****表示；新字串在搜尋空間中的可能落點，如灰色區域所示。

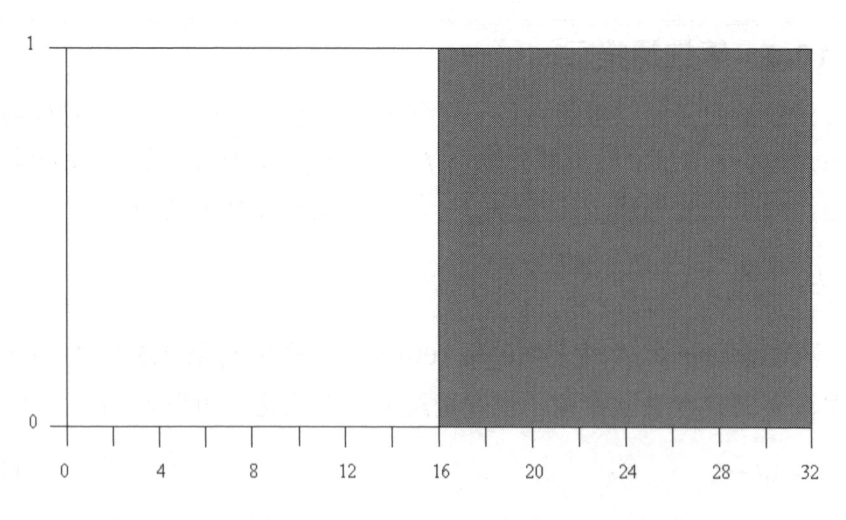

圖 10.8　控制字罩為 1** 時，搜尋點之可能落點**

圖 10.9 所示爲字串中第五個位元被設定爲 1 時，以 ****1 表示；新字串在搜尋空間中的可能落點，如灰色區域所示。

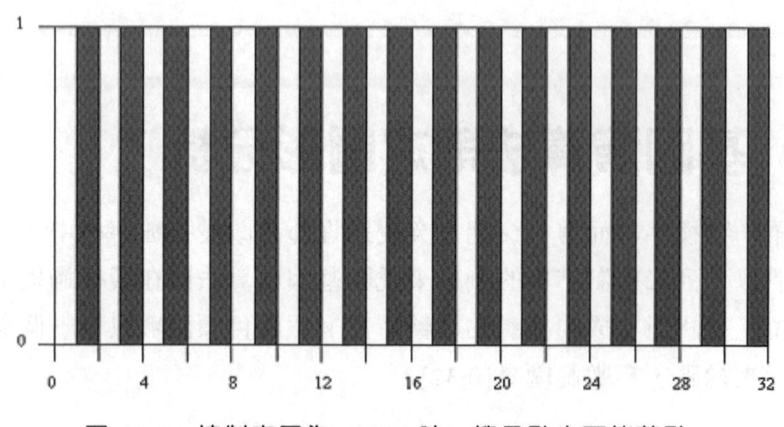

圖 10.9　控制字罩為 ****1 時，搜尋點之可能落點

圖 10.10 所示爲字串中第三個位元被設定爲 1、第五個位元被設定爲 1 時，以 **1*1 表示；新字串在搜尋空間中的可能落點，如灰色區域所示。

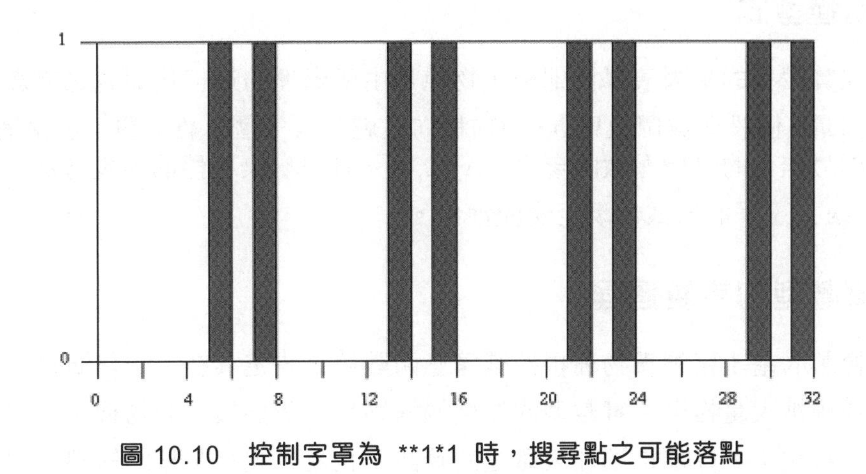

圖 10.10　控制字罩為 **1*1 時，搜尋點之可能落點

由以上的搜尋點移轉特性圖可知，我們可以藉由不同的字罩來控制基因演算法則的搜尋空間，將搜尋空間限制在某些特定區域進行搜尋，對於有限制條件(constraints)的系統提供了一個彈性的作法。

10.7 實數型基因演算法則

基於上述對基因演算法則之探討，我們發現基因演算法則在編碼及解碼的運算上相當地耗時，尤其是當目標函數參數增多時，編碼及解碼所需的浮點數運算將嚴重地減緩搜尋程式的執行速度；而且編碼時所使用的字串長度若不夠，將可能使基因演算法則雖然搜尋到系統整體最佳值出現的區域，但由於準確度不足的關係，只能搜尋到整體最佳值的附近而無法真正搜尋到整體最佳值。除此之外，大部份自然界中的最佳化問題的參數型式皆爲實數參數，因此我們最好是直接以實數參數來運算，而不是透過離散式的編碼型式。直接以實數運算的好處是，不但可以免去做編碼及解碼運算，而且可以提高系統準確度。我們將原本屬於離散型的基因演算法則進一步改良成爲實數型的基因演算法則(Real-Valued Genetic Algorithms)。實數型的基因演算法則之基本精神如下：

1. 物種型式

在實數型的基因演算法則中，物種是由所處理的最佳化問題之參數所組成的向量；假設參數個數為 p，則物種向量就代表一個 p 維向量；也就是說，若我們最佳化的目標函數的參數是 $x_1 \ldots . x_p$，那麼，染色體的表現方法，就是以 $\underline{x}=(x_1,...,x_p)^T$ 的形式出現至交配池中。

2. 實數型的複製過程

複製的基本精神為物種根據其適應函數值來決定其在下一代演化中將被淘汰或應被大量複製。實數型的複製過程則是將所要複製的物種，一部份採用完全複製；其餘部份則加入微量的雜訊。也就是說實數型的複製過程引入了“炸彈效應”的概念，這種作法的好處是將可提高系統的準確度，並且增加搜尋至系統整體最佳值的速度。我們以圖 10.11 來說明“炸彈效應”的概念。而所加入的微量雜訊將依演化代數的增加而遞減以防止搜尋過程不易收斂；以及可以增加搜尋至系統整體最佳值的速度。

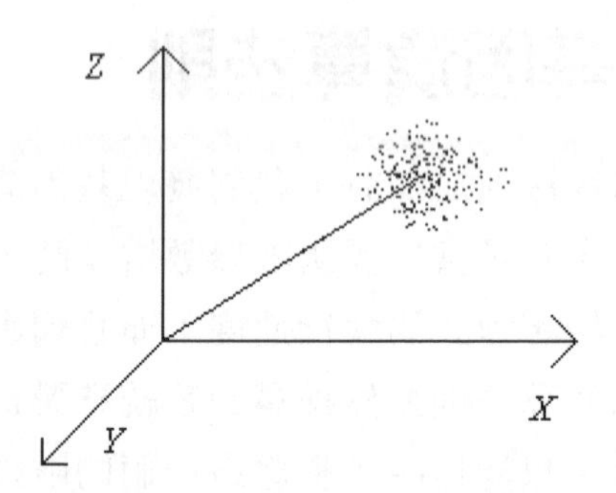

圖 10.11　「炸彈效應」示意圖

3. 實數型的交配過程

我們以圖 10.12 來說明離散型的交配過程會產生什麼樣的效果，從此圖可知，交配的過程會使得兩個物種之間的距離變得更近或更遠。由於在實數型的基因演算法則中物種向量就代表一個 p 維向量。因此我們定義實數型的交配過程如下：

$$\text{拉近：}\begin{cases}\underline{x}_1' = \underline{x}_1 + \sigma(\underline{x}_1 - \underline{x}_2) \\ \underline{x}_2' = \underline{x}_2 - \sigma(\underline{x}_1 - \underline{x}_2)\end{cases} \tag{10.15}$$

或

$$\text{遠離：}\begin{cases}\underline{x}_1' = \underline{x}_1 + \sigma(\underline{x}_2 - \underline{x}_1) \\ \underline{x}_2' = \underline{x}_2 - \sigma(\underline{x}_2 - \underline{x}_1)\end{cases} \tag{10.16}$$

其中

$\underline{x}_1$ 及 $\underline{x}_2$ 是兩個將執行實數型交配過程的母代物種。

$\underline{x}_1'$ 及 $\underline{x}_2'$ 是兩個新的子代物種。

σ 是隨機選取的微量正實數。

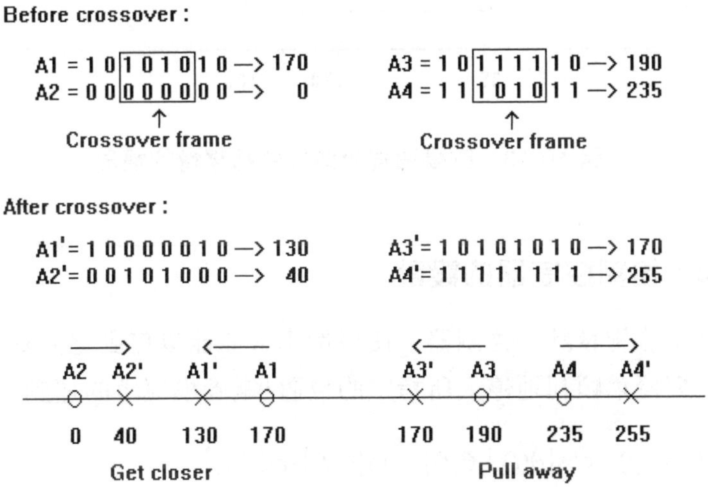

Before crossover :

A1 = 1 0 1 0 1 0 1 0 —> 170
A2 = 0 0 0 0 0 0 0 0 —> 0
↑
Crossover frame

A3 = 1 0 1 1 1 1 1 0 —> 190
A4 = 1 1 1 0 1 0 1 1 —> 235
↑
Crossover frame

After crossover :

A1'= 1 0 0 0 0 0 1 0 —> 130
A2'= 0 0 1 0 1 0 0 0 —> 40

A3'= 1 0 1 0 1 0 1 0 —> 170
A4'= 1 1 1 1 1 1 1 1 —> 255

A2 A2' A1' A1
0 40 130 170
Get closer

A3' A3 A4 A4'
170 190 235 255
Pull away

圖 10.12 交配過程所造成物種移轉的情形

4. 實數型的突變過程

我們以圖 10.13 來說明以物種移轉的觀點來看傳統的基因演算法則的突變過程。再一次強調由於在實數型的基因演算法則中物種向量就代表一個 p 維向量，因此實數型的突變過程爲隨機選取一個物種，並且加入微量或較大量的雜訊即可；但所加入的雜訊必須使新的字串仍然保留在所定的參數範圍中。我們定義實數型的突變過程如下：

$$\underline{x} = \underline{x} + s \times random\_noise \tag{10.17}$$

其中

以 s 控制所加入雜訊之大小。

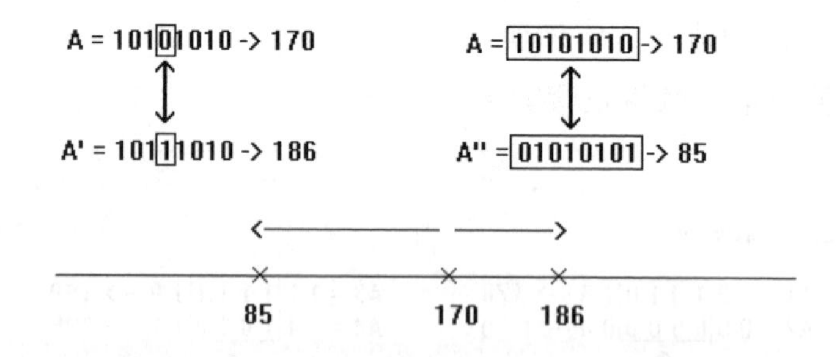

圖 10.13　突變過程所造成物種移轉的情形

範例 10.4：模糊控制器的設計

我們希望能夠設計一控制器，使得倒車入庫能以自動化方式完成，目地是要將電腦模擬車順利地停入所指定的位置，電腦模擬車的運動方程式如下：

$$x(t+1) = x(t) + \cos[\phi(t) + \theta(t)] + \sin[\theta(t)]\sin[\phi(t)] \tag{10.18}$$

$$y(t+1) = y(t) + \sin[\phi(t) + \theta(t)] - \sin[\theta(t)]\cos[\phi(t)] \tag{10.19}$$

$$\phi(t+1)=\phi(t)-\arcsin\left[\frac{2\sin[\theta(t)]}{b}\right] \tag{10.20}$$

其中 $\phi(t)$ 是模型車與水平軸的角度，b 是模型車的長度，x 與 y 是模型車的座標位置，$\theta(t)$ 是模型車方向盤所打的角度，我們以圖 10.14 來表示所模擬的系統，且對模擬的輸入輸出變數限制如下：

$$\begin{cases}\phi(t)\in[-90^\circ,270^\circ]\\ x(t)\in[0,20]\\ \theta(t)\in[-40^\circ,40^\circ]\\ (x_f,\phi_f)=(10,90^\circ)\end{cases} \tag{10.21}$$

其中 $(x_f,\phi_f)=(10,90^\circ)$ 代表模型車最後必須停止於位置為 10，與水平軸的角度為 90° 的指定位置上。

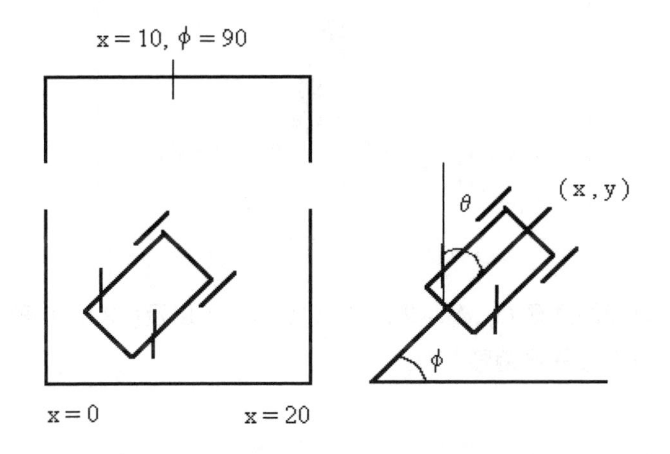

圖 10.14 模擬之倒車入庫系統示意圖

我們以實數型基因演算法則來訓練一個模糊化多維矩形複合式類神經網路[17]，並且實際收集了 26 個成功的範例來讓網路學習。其中實數型基因演算法則的參數設定為：

族群大小：2000

交配機率：0.6

突變基率：0.0333

網路訓練完成之後的學習成果如圖 10.15 與圖 10.16 所示；圖 10.15 是以初始狀態 (x_0, ϕ_0)=(0,30)、(15,120)、以及(12.5,30) 時，模型車倒車入庫的軌跡圖；圖 10.16 是以初始狀態 (x_0, ϕ_0)=(3.5,35)、以及(12.5,125) 時，模型車倒車入庫的軌跡圖。

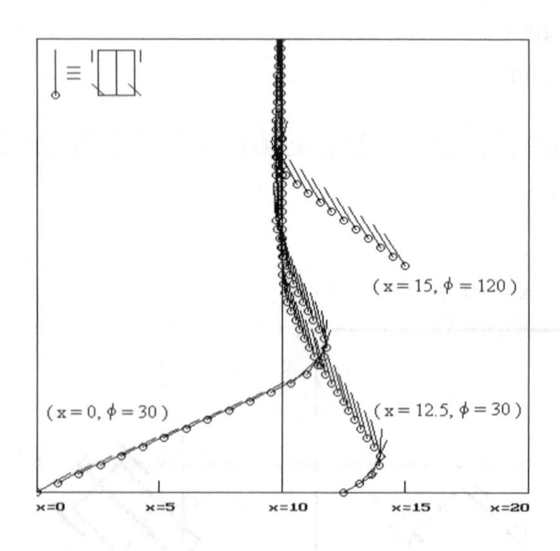

圖 10.15 以初始狀態 (x_0, ϕ_0)=(0,30)、(15,120)、以及(12.5,30)時，模型車倒車入庫的軌跡圖

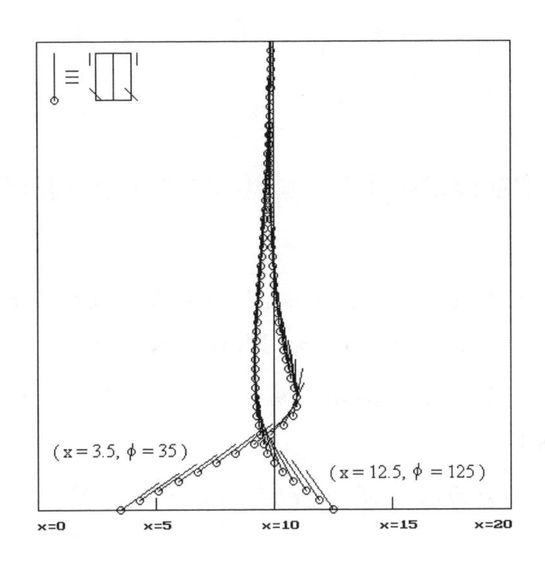

圖 10.16　以初始狀態 (x_0,ϕ_0)=(3.5,35)、以及(12.5,125)時，模型車倒車入庫的軌跡圖

10.8 結語

本章介紹了一種無須梯度(gradient)資訊的最佳化工具 — 基因演算法則，由於只要有合適的適應函數之後，經過多次的疊代，就能提供一組令人滿意的答案，因此，基因演算法則有很高的實用價值。接著，我們又介紹了實數型的基因演算法則，它的特性是直接以實數參數運算，其優點有三，分述如下：

(1) 不用作編碼及解碼的繁複運算。
(2) 克服準確度不足的問題。
(3) 增加搜尋至系統整體最佳值的機會。

由此可知，實數型的基因演算法則比傳統的基因演算法則提供了一個更加完備的理論架構。

參考文獻

我們並沒有採取前幾章處理參考文獻的方式，以下我們提供的是一些相關的參考文獻。

[1] R. K. Belew and L. B. Booker, eds., *Proceedings of the Four International Conference on Genetic Algorithms*, Morgan Kaufmann, 1991.

[2] L. Davis, ed., *Genetic Algorithms and Simulated Annealing*, Morgan Kaufmann, 1987.

[3] L. Davis, ed., *Handbook of Genetic Algorithms*, Van Nostrand Reinhold, 1991.

[4] D. B. Fogel, *Evolutionary Computation: Toward a New Philosophy of Machine Intelligence*, IEEE Press, 1995.

[5] S. Forrest, ed., *Proceedings of the Fifth International Conference on Genetic Algorithms*, Morgan Kaufmann, 1993.

[6] J. J. Grefenstette, ed., *Proceedings of an International Conference on Genetic Algorithms and Their Applications*, Erlbaum, 1985.

[7] J. J. Grefenstette, ed., *Genetic Algorithms and Their Applications: Proceedings of the Second International Conference on Genetic Algorithms*, Erlbaum, 1987.

[8] D. E. Goldberg, *Genetic Algorithms in Search, Optimization, and Machine Learning*, Addison-Wesley, 1989.

[9] J. H. Holland, *Adaptation in Natural and Artificial Systems*, University of Michigan Press, 1975. (Second edition: MIT Press, 1992.)

[10] Z. Michalewicz, *Genetic Algorithms + Data Structures = Evolution Programs*, Springer-Verlag, 1992.

[11] G. Rawlins, *Foundations of Genetic Algorithms*, Morgan Kaufmann, 1991.

[12] J. D. Schaffer, ed., *Proceedings of the Third International Conference on Genetic Algorithms*, Morgan Kaufmann, 1989.

[13] H.-P. Schwefel, *Evolution and Optimum Seeking*, Wiley, 1995.

[14] D. Whitley, ed., *Foundations of Genetic Algorithms 2*, Morgan Kaufmann, 1993.

[15] D. Whitley and M. Vose, eds., *Foundations of Genetic Algorithms 3*, Morgan Kaufmann, 1995.

[16] M. Mitchell, An Introduction to Genetic Algorithms, MIT Press, 1996.

[17] M. C. Su and H. T. Chang, "A neuro-fuzzy approach to designing controllers by learning from examples," 1996 International Fuzzy Systems and Intelligent Control Conference, 1996.

機器學習

CHAPTER A

附錄：網路資源

一、新聞討論區(news groups)

二、軟體(software)及重要網站

三、資料集(data sets)

四、期刊(Journals)

一、新聞討論區 (news groups)

1. comp.ai.neural-nets：newsgroup about neural networks.
2. comp.ai.fuzzy：newsgroup about fuzzy logic and fuzzy set Theory.
3. comp.ai.genetic：newsgroup about genetic algorithms.

二、軟體(software)及重要網站

1. http:// www-isis.ecs.soton.ac.uk/research/nfinfo/fzsware.htm 有完整的 fuzzy 和 neural-fuzzy 等有關之應用的目錄。
2. http://kalman.iau.dau.dk/Projects/proj/nnsysid.html 類神經網路於 system identification 方面的應用。
3. http://www.cs.cmu.edu/Web/Groups/Groups/CNBC/PDP++/PDP++.html 以 C++ 爲架構的類神經網路的程式。
4. http://www.mathworks.com/ fuzzybx.htm/有關模糊系統的使用工具
5. http://www.cs.tu-bs.de/ibr/projects/nefcon/nefclass.html neural-fuzzy 的分類器。
6. http://www.sgy.com/ Technology/mlc 機器學習的 library。
7. http://www.cs.berkeley.edu/projects/Bisc 加州大學柏克萊分校的 BISC。
8. http://seraphim. csee. usf. edu/ mafips.html 北美模糊資訊處理學會。

三、資料集 (data sets)

1. UCI Machine Learning Repository：
   http://www.ics.uci.edu/ ~mlearn/MLSummary.html
2. Face Detection Data Set：
   http://www.ius.cs.cmu.edu/ IUS/dylan_usro/har/faces/test /index.html
3. Time Series Repository：
   http://www.cs.colorado.edu/ ~andreus/Time-Series/TSWelcome.html

四、期刊 (Journals)

1. Neural Networks.
2. Neural Computation.
3. IEEE Transactions on Neural Networks.
4. International Journal of Neural Systems.
5. International Journal of Neurocomputing.
6. Neural Processing Letters.
7. Neural Networks News.
8. IEEE Transactions on Fuzzy Systems.
9. Fuzzy Sets and Systems.
10. IEEE Transactions on Evolutionary Computation.

讀者回函卡

掃 QRcode 線上填寫 ▶▶▶

姓名：______ 生日：西元____年____月____日 性別：□男 □女

電話：（ ）______ 手機：______

e-mail：（必填）______

註：數字零，請用 Φ 表示，數字 1 與英文 L 請另註明並書寫端正，謝謝。

通訊處：□□□□□______

學歷：□高中・職 □專科 □大學 □碩士 □博士

職業：□工程師 □教師 □學生 □軍・公 □其他

學校／公司：______ 科系／部門：______

・需求書類：

□ A. 電子 □ B. 電機 □ C. 資訊 □ D. 機械 □ E. 汽車 □ F. 工管 □ G. 土木 □ H. 化工

□ I. 設計 □ J. 商管 □ K. 日文 □ L. 美容 □ M. 休閒 □ N. 餐飲 □ O. 其他

・本次購買圖書為：______ 書號：______

・您對本書的評價：

封面設計：□非常滿意 □滿意 □尚可 □需改善，請說明______

內容表達：□非常滿意 □滿意 □尚可 □需改善，請說明______

版面編排：□非常滿意 □滿意 □尚可 □需改善，請說明______

印刷品質：□非常滿意 □滿意 □尚可 □需改善，請說明______

書籍定價：□非常滿意 □滿意 □尚可 □需改善，請說明______

整體評價：請說明______

・您在何處購買本書？

□書局 □網路書店 □書展 □團購 □其他______

・您購買本書的原因？（可複選）

□個人需要 □公司採購 □親友推薦 □老師指定用書 □其他______

・您希望全華以何種方式提供出版訊息及特惠活動？

□電子報 □ DM □廣告（媒體名稱______）

・您是否上過全華網路書店？（www.opentech.com.tw）

□是 □否 您的建議______

・您希望全華出版哪方面書籍？______

・您希望全華加強哪些服務？______

感謝您提供寶貴意見，全華將秉持服務的熱忱，出版更多好書，以饗讀者。

填寫日期： / /

2020.09 修訂

親愛的讀者：

感謝您對全華圖書的支持與愛護，雖然我們很慎重的處理每一本書，但恐仍有疏漏之處，若您發現本書有任何錯誤，請填寫於勘誤表內寄回，我們將於再版時修正，您的批評與指教是我們進步的原動力，謝謝！

全華圖書 敬上

勘誤表

書號		書名		作者	
頁數	行數	錯誤或不當之詞句		建議修改之詞句	

我有話要說：（其它之批評與建議，如封面、編排、內容、印刷品質等・・・）